化学工业出版社"十四五"普通高
普通高等教育研究生教材
郑州大学研究生教材出版项目资助

高等钢结构

GAODENG
GANGJIEGOU

邓恩峰　主编

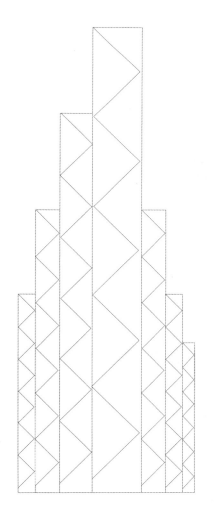

化学工业出版社

·北京·

内容简介

《高等钢结构》系统解析现代钢结构设计核心理论与技术，以"理论-设计-实践"为主线展开。全书 7 章，主要内容包括：钢结构失稳抑制研究及工程应用，高耸钢结构抗风设计，模块化钢结构连接技术与韧性提升方法，冷弯型钢结构设计与优化方法，不锈钢结构研究及应用现状，装配式多高层建筑钢结构体系，钢结构疲劳。

本书适用于土木工程、城市地下空间工程等土木类专业的师生教学使用，也可供相关工程技术人员学习参考。

图书在版编目 (CIP) 数据

高等钢结构 / 邓恩峰主编. -- 北京 ：化学工业出版社，2025.8. -- (普通高等教育研究生教材).
ISBN 978-7-122-48337-9

Ⅰ. TU375

中国国家版本馆 CIP 数据核字第 2025BQ4042 号

责任编辑：刘丽菲　　　　　　　文字编辑：罗　锦
责任校对：张茜越　田睿涵　　　装帧设计：刘丽华

出版发行：化学工业出版社
　　　　　（北京市东城区青年湖南街 13 号　邮政编码 100011）
印　　装：三河市君旺印务有限公司
787mm×1092mm　1/16　印张 11　字数 272 千字
2025 年 9 月北京第 1 版第 1 次印刷

购书咨询：010-64518888
售后服务：010-64518899
网　　址：http://www.cip.com.cn
凡购买本书，如有缺损质量问题，本社销售中心负责调换。

定　　价：49.80 元　　　　　　　　　版权所有　违者必究

前言

目前，我国的钢产量已位居世界首位。随着现代建筑与工程领域的不断发展，钢结构作为一种高效、灵活且具有广泛应用前景的结构形式，正面临着日益复杂的设计需求与技术挑战。近年来，随着科技的进步和工程技术的不断突破，钢结构的应用范围持续扩大，从高层建筑、大跨度桥梁到工业设施和公共建筑，钢结构的身影无处不在。然而，钢结构的设计、施工和维护也面临着诸多新的挑战，例如结构稳定性、抗风抗震性能、材料疲劳与腐蚀等问题。这些问题的有效解决对于确保工程安全、提高结构性能和延长钢结构使用寿命至关重要。

为了满足学生在钢结构设计领域的学习需求，并紧跟行业前沿技术的发展，我们组织编写了这本《高等钢结构》教材。

全书共分为 7 章，由邓恩峰统稿。本书主要章节内容如下：

第 1 章由张哲编写，主要讲述了钢结构失稳抑制的理论和工程应用，包括屈曲约束支撑、波纹腹板的结构与力学性能，以及这些结构在工程中的实际应用情况；第 2 章由张猛和赵桂峰编写，主要介绍了高耸钢结构的抗风设计，涵盖了从拟静力抗风设计到动力分析、风振分析以及非线性动力分析的各个方面，并给出了风振动力分析实例；第 3 章由邓恩峰编写，主要介绍了模块化钢结构的优势、应用实践、节点连接技术的研究现状，以及通过耗能减震技术提升模块化钢结构韧性的方法；第 4 章由张俊峰编写，主要讲述了冷弯型钢的特性、应用、失稳形式及设计优化方法；第 5 章由高焕栋编写，主要讲述了不锈钢材料的性能、构件和连接节点的研究现状，并介绍了其在建筑围护结构和承重结构中的广泛应用；第 6 章由张勋编写，主要介绍了装配式多高层建筑钢结构体系的背景、优势、分类及关键技术，重点探讨了钢框架体系、钢框架-钢板剪力墙体系和钢框架-支撑体系的结构特点、抗震性能和设计要求；第 7 章由王一泓编写，主要介绍了钢结构疲劳问题的背景、现状与发展趋势、理论基础及分析方法，探讨了疲劳破坏的历程、影响因素、裂纹分类与扩展机理，并总结了钢结构桥梁疲劳损伤的检测、监测评估及加固维护技术。

钢结构领域的发展日新月异，由于作者的水平和学识有限，书中仍可能存在一些不足之处。我们真诚地希望广大读者能够提出宝贵的意见和建议，帮助我们进一步改进和完善本书的内容。

编者

2025 年 2 月

目录

第1章
钢结构失稳抑制及工程应用

1.1 屈曲约束支撑结构

为了解决普通支撑的失稳问题，日本学者与工程师们在 20 世纪 70 年代提出了屈曲约束支撑的基本概念，并进行了初期尝试。1988 年，由 Saeki 和 Wada 等设计了第一根实际可用的屈曲约束支撑。屈曲约束支撑由内芯和约束构件构成，内芯一般为一字形、十字形、H形截面，约束构件可以分为纯钢型、混凝土型、钢管混凝土型等等。只要约束构件设计合理，屈曲约束支撑就可避免发生整体失稳，且在拉、压两个方向上均表现出稳定的屈服耗能能力。虽然成本高于普通支撑，但屈曲约束支撑也被积极地应用到了实际工程中，例如北京中国尊和大兴国际机场。在美国北岭地震、日本阪神地震、中国台湾 921 大地震以及汶川地震之后，随着这些国家和地区抗震要求的提高，屈曲约束支撑的研究也取得了比较大的进展。

1.1.1 屈曲约束支撑的特性

结构消能减震技术是在结构某些部位（如支撑、剪力墙、连接缝或连接构件）设置耗能（阻尼）装置（或元件），在主体进入非弹性状态前装置（或元件）率先进入耗能工作状态，并产生摩擦、弯曲（或剪切、扭转）弹塑性（或黏弹性）滞回变形来耗散能量或吸收地震输入结构的能量，以降低主体结构地震反应的技术。最近 20 余年出现的屈曲约束支撑（BRB，buckling-restrained brace）就是消能减震技术采用的一种消能构件。对 BRB 理论、试验和震害的研究一致表明其是一种高效可靠的抗震体系。作为一种新型金属耗能构件，屈曲约束支撑的原理是通过构件核心单元钢材屈服后的塑性变形来耗散地震能量，降低结构的地震响应，减少结构损伤。自 20 世纪 90 年代日本阪神大地震之后，BRB 结构体系在日本得到大量使用。1994 年北岭地震后，美国也开始研究这种体系并将其应用于实际工程。我国也涌现出大量应用了屈曲约束支撑体系的建筑物，如北京银泰中心大厦、上海世博中心、山西省图书馆、兰州皇冠酒店等。

中心支撑框是常用的抗震结构体系，支撑可为结构提供较大的抗侧刚度和承载力。常规的普通支撑在受压过程中会出现屈曲和滞回曲线不饱满等问题，当支撑屈曲后，其承载力和刚度会急剧下降，威胁结构安全。拟静力试验和振动台试验结果显示，传统支撑在轴压力下会产生整体屈曲以及局部屈曲，材料充分塑性变形前即因过度应力集中而断裂，滞回性能差，呈现出强度渐减及捏缩现象。美国北岭地震后，同样发现部分传统中心支撑框架中的支撑构件产生屈曲与断裂。这些试验研究与震害经验表明，传统中心支撑框架在强震作用下的损坏控制效果不佳。

屈曲约束支撑与传统中心支撑的主要区别是屈曲约束支撑核心单元平面外变形受到约束单元的限制，在轴向往复拉压过程中实现全截面屈服而不屈曲，避免了传统支撑在轴向压力作用下容易屈曲的不足，滞回曲线稳定饱满，具有良好的滞回耗能特性，在地震中耗能能力强，可减小地震作用对除屈曲约束支撑以外结构构件的损伤，如图 1-1 所示。研究表明，带有屈曲约束支撑的控制震害结构（damage control structure，DCS），在不增大结构变形的情况下能有效增大结构的刚度、承载力和耗能能力，在相同的层间剪力下可减小层间位移角。若通过合理的设计控制层间位移，保证结构梁、柱等高强度钢材构件在设防烈度地震下不产生塑性变形，即可满足结构整体抗震要求。

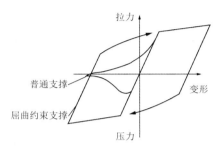

图 1-1   屈曲约束支撑与普通支撑滞回曲线对比

1.1.2   屈曲约束支撑的分类

目前屈曲约束支撑截面形式较多，其工作原理基本一致，即利用刚度较大的约束单元约束住核心单元的平面外屈曲。常规的屈曲约束支撑由核心单元、约束单元和滑动机制单元这 3 部分构成，如图 1-2 所示。核心单元，又称芯材或主受力单元，是 BRB 中的主要受力单元，由特定强度的钢板制成，其作用是承载与耗能。常见的截面形式为十字形、T 形、双 T 形和一字形等，如图 1-3 所示。约束单元又称侧向支撑单元，负责提供约束机制，防止核心单元受压时产生整体或局部屈曲，可以是钢管套筒、混凝土套筒、纯钢套筒等，最常见的形式为方形或圆形钢管填充混凝土，也有部分采用纯钢形式。滑动机制单元又称脱层单元，其在核心单元和约束单元之间提供滑动的界面，消除或减小核心单元与约束单元间的摩擦力造成的轴压强度增大，使支撑在受压与受拉时力学性能相近，通常为空隙或无黏结材料。

屈曲约束支撑在结构中发挥的作用可分为以下几种类型：①作为承载构件使用，屈曲约束机制主要用来保证支撑不发生提前失稳，从而提高支撑构件的设计承载力，充分发挥钢材的强度，称为"承载型屈曲约束支撑"；②作为耗能构件使用，指在弹性阶段，小、中震时利用支撑的设计承载力提高结构的抗震能力，在中、大震时利用芯板钢材的拉压屈服滞回来为建筑结构消能减震，称为"耗能型屈曲约束支撑"；③作为拉压屈服型软钢阻尼器使用，一般控制在小震屈服，称为"屈曲约束支撑型阻尼器"。现有的屈曲约束支撑工程项目中应用较多的支撑类型为耗能型屈曲约束支撑，其兼具支撑和阻尼器两种角色，在小震作用下，支撑不会屈服，保持弹性，与普通支撑的区别在于不会失稳；在中震或者大震作用下屈服耗能，起到阻尼器的作用。而对于部分工程有时又需要屈曲约束支撑在小震下提供刚度和阻尼，这时通常采用屈曲约束支撑型阻尼器（低屈服点屈曲约束支撑）。因此，应根据实际工程需求选择合适的支撑类型。实际工程中因选择的支撑类型不同，消能减震设计方法又有所区别。

屈曲约束支撑常见布置方式为 Z 形支撑、人字形支撑、V 形支撑及组合形式支撑等，如图 1-4 所示。屈曲约束支撑不适用 K 形支撑与 X 形支撑。支撑与柱的夹角宜在 35°～55°。

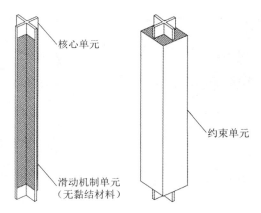

图 1-2 屈曲约束支撑构成

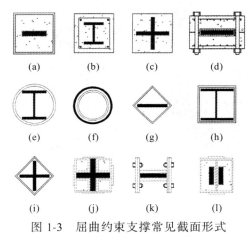

图 1-3 屈曲约束支撑常见截面形式

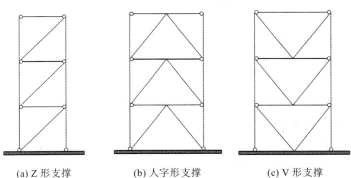

(a) Z形支撑   (b) 人字形支撑   (c) V形支撑

图 1-4 屈曲约束支撑常见布置方式

1.1.3 屈曲约束支撑的工程应用状况

近年来，屈曲约束支撑已经被用于混凝土结构、钢结构、框架核心筒混合结构、大跨空间结构和结构加固等，如图 1-5 所示。图 1-5（a）为安徽泗县医院门诊楼 BRB 施工现场，在框架结构中布置了人字形的 BRB；图 1-5（b）为美国加州大学戴维斯（UC Davis）分校植物与环境科学大楼，采用了 132 根 BRB，BRB 采用人字形进行布置；图 1-5（c）为上海虹桥枢纽磁浮车站地上 2 层布置的屈曲约束支撑，车站主体为混合框架结构，上部分别由钢筋混凝土框架和钢框架组成；图 1-5（d）为装配 BRB 的某钢结构商场。

(a) 安徽泗县医院门诊楼 BRB 施工现场

(b) UC Davis 分校植物与环境科学大楼

(c) 上海虹桥枢纽磁浮车站

(d) 某钢结构商场

图 1-5　屈曲约束支撑的实际工程应用

1.2　屈曲约束支撑的抗震性能

1.2.1　屈曲约束支撑钢框架

屈曲约束支撑被应用于钢框架结构时，已有一定数量的足尺或大比例尺含屈曲约束支撑钢框架试验被研究，主要研究方向包括：①结构在单向、双向地震作用下的抗震性能；②含屈曲约束支撑钢框架的设计方法；③节点板的设计方法；④屈曲约束支撑及其两端节点板构成的受压杆（"节点板 + 支撑 + 节点板"）在面外位移影响下的整体稳定性；⑤与屈曲约束支撑相连的框架构件的受力性能。相应研究成果不仅为屈曲约束支撑在钢框架中的应用提供了依据，也为屈曲约束支撑在钢筋混凝土框架中的应用提供了参考。

Mahin 等对三榀屈曲约束支撑平面钢框架进行了拟静力试验，见图 1-6，在 2% 层间位移下三榀支撑框架均表现出稳定饱满的滞回耗能性能。但之后的加载过程中，三个试件的框架部分或节点部分表现出了不同程度的破坏。其中，第一榀试件因梁柱节点、柱腹板、节点板产生明显屈服而终止试验；第二榀中一块节点板因梁柱开合作用发生受压屈曲，见图 1-6（b）；第三榀的框架梁在节点板端部发生翼缘撕裂，见图 1-6（c），并引发支撑平面外整体失稳。

蔡克铨等对一座足尺两层含屈曲约束支撑的钢框架进行了双向拟动力试验，见图 1-7。结果显示根据中国台湾地区设计规范中的力法进行设计，并采用位移设计方法对设计结果进行检核可以确保结构在不同等级地震下的层间位移角得到准确控制。屈曲约束支撑可以分担超过 85% 的层间剪力，耗散掉大部分能量。但是，试验中发现多处节点板与梁、柱间的焊缝发生断裂，见图 1-7（b）。之后，蔡克铨等对一座足尺三层屈曲约束支撑钢框架进行了拟动力试验，见图 1-8，该试验中支撑呈人字形布置。屈曲约束支撑在提供初始刚度和耗能方面依然表现得非常优秀，但在二、三层均出现了"节点板 + 支撑 + 节点板"面外失稳问题，见图 1-8（b）。

(a) 试件及加载装置

(b) 节点板屈曲

(c) 梁断裂

图 1-6　Mahin 等关于屈曲约束支撑钢框架的试验

(a) 试件及加载装置

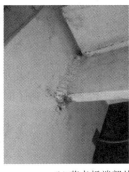
(b) 节点板端部从梁或柱表面撕裂

图 1-7　蔡克铨等关于屈曲约束支撑钢框架的两层楼试验

(a) 三层支撑及节点板面外失稳

(b) 二层支撑及节点板面外失稳

图 1-8　蔡克铨等关于屈曲约束支撑钢框架的三层楼试验

　　Palmer 等通过一座接近足尺的 2 层、1 跨 × 1 跨支撑钢框架对普通中心支撑框架与屈曲约束支撑钢框架在双向地震下的抗震性能进行了对比研究，见图 1-9。试验中，单层 X 形普通方钢管支撑在 2.0% 层间位移角时即发生断裂，而屈曲约束支撑直到 3.6% 层间位移角才因低周疲劳发生断裂。该试验中与屈曲约束支撑相连的节点板及梁柱构件没有发生严重破坏，主要是因为采用了纯铰接式的支撑与节点板连接方式。这样的连接方式不仅可以消除梁柱节点平面内扭转施加给节点板的约束荷载；还能减小节点板尺寸和连接段长度，有利于减小梁柱开合作用、防止"节点板 + 支撑 + 节点板"的面外失稳。

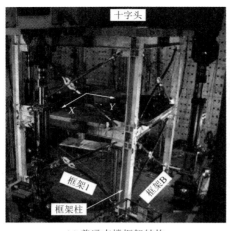 

(a) 普通支撑框架结构　　　　　　　　(b) 防屈曲支撑框架结构

图 1-9　Palmer 等关于支撑钢框架的两层楼双向试验

1.2.2　屈曲约束支撑的整体稳定性

　　设计合理的屈曲约束支撑构件可以有效地避免支撑发生整体失稳，因而，屈曲约束支撑在构件试验中普遍地表现出稳定的滞回耗能性能。在实际结构中，屈曲约束支撑一般需要通过节点板来与其他结构构件连接。如前所述，现行规范中已有相关设计规定对节点板的稳定性进行了保障。但是，当考虑由支撑和两端的节点板共同构成的受压构件时，屈曲约束支撑与节点板各自的稳定性就会变成局部稳定性问题。可见，虽然各个部分的稳定承载力足够，但"节点板＋支撑＋节点板"的整体稳定性却并不能得到保证。以往的试验中，尤其是当屈曲约束支撑所在结构平面的面外方向存在结构位移时（为了简洁，后文中将其表述为面外位移，相应的失稳问题称为面外失稳），"节点板＋支撑＋节点板"经常出现失稳现象，见图 1-10。这将影响屈曲约束支撑性能的发挥，并导致结构的破坏。

(a) 梅洋　　　　　　　　(b) Mahin 等　　　　　　　　(c) Takeuchi

图 1-10　屈曲约束支撑及其节点板的平面外整体失稳

　　针对屈曲约束支撑及其两端节点板的面外整体稳定性，日本学者进行了丰富的研究。日本《钢构造座屈设计指针》已对屈曲约束支撑及其两端节点板在面外方向的整体稳定性给出了相关设计规定。当节点区与约束区的弯矩传递能力较小时，则将其忽略，并采用图 1-11（a）所示模型进行分析。当节点区与约束区的弯矩传递能力足够时，则考虑"节点板＋支撑＋节点板"的整体弯曲变形［图 1-11（b）］。但是，这两个设计方法均没有考虑结构面外位移对"节点板＋支撑＋节点板"整体稳定性的影响。

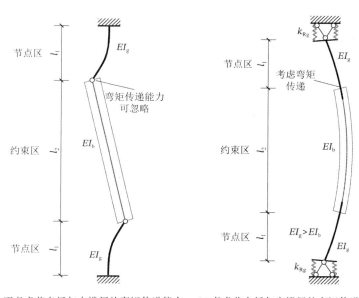

(a) 不考虑节点板与支撑间的弯矩传递能力　　(b) 考虑节点板与支撑间的弯矩传递能力

图 1-11　日本《钢构造座屈设计指针》2014 版中的两种失稳模式

l_1—节点区长度；l_2—约束区长度；EI_g—节点区抗弯刚度；EI_b—约束区抗弯刚度；k_{Rg}—支座刚度

　　竹内澈等考虑节点区与约束区之间的弯矩传递能力及面外位移的影响，对单斜式屈曲约束支撑及其两端节点板的整体稳定性进行了理论与试验研究。类似于赵俊贤等对两端铰接屈曲约束支撑整体稳定性的研究，竹内澈等对图 1-12 中所示的三种失稳模式（即 S 型、C 型、L 型）进行了理论研究。结果发现，S 型失稳对应的稳定承载力最小。由于本文研究将在竹内澈等的计算模型（图 1-13 和图 1-14）的基础上进行，下面将通过 S 型失稳对其分析过程和存在问题进行简单介绍。

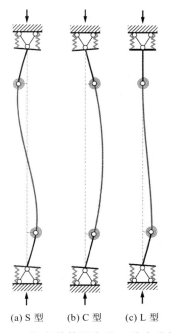

(a) S 型　　　(b) C 型　　　(c) L 型

图 1-12　竹内澈等研究的三种失稳模式

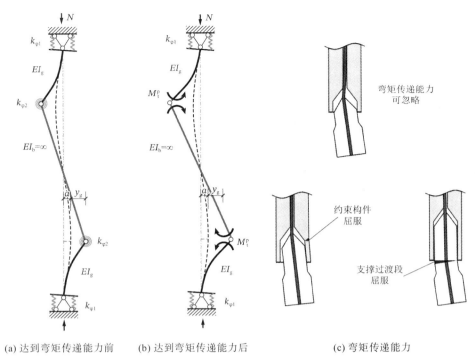

(a) 达到弯矩传递能力前　(b) 达到弯矩传递能力后　(c) 弯矩传递能力

图 1-13　竹内澈等的计算模型

$k_{\varphi 1}$—上部节点处的旋转刚度；$k_{\varphi 2}$—下部节点处的旋转刚度；M_t^p—达到弯矩传递能力后的塑性弯矩；
y_g—约束区在横向的变形量；a—变形后跨中约束区到对称轴的距离

首先，不考虑面外位移的影响。计算图 1-13（a）所示体系的弹性稳定承载力 N_{cr1}，并通过近似获得一条在初始缺陷 a 影响下的弹性失稳路径，见图 1-14（a）。节点区与约束区之间的弯矩传递能力可分为图 1-13（c）所示三种类型。实际设计中一般应使支撑端部加强段伸入约束构件的长度超过加强段的宽度，以提供一定的约束能力和弯矩传递能力。当该处在压力和弯矩的共同作用下产生塑性铰后，依据图 1-13（b），可获得另一条失稳曲线，见图 1-14（a）。图中 N_{cr2} 为图 1-13（b）所示体系的弹性稳定承载力。两条曲线的交点即为"节点板 + 支撑 + 节点板"在不考虑面外位移影响时的稳定承载力。竹内澈等通过折减节点区与约束区之间的弯矩传递能力来考虑面外位移对"节点板 + 支撑 + 节点板"整体稳定性的影响，见图 1-14（b）。

如图 1-14（a）所示，当节点区与约束区之间产生塑性铰后，竹内澈等给出的是一条递减并趋于 N_{cr2} 的失稳路径。也就是说，两条失稳曲线的交点一定在 N_{cr2} 的上方。这在不考虑面外位移的影响时是比较合理的。因为，这种情况下"节点板 + 支撑 + 节点板"这个体系在失稳前的弯曲变形很小，在节点区与约束区之间产生塑性铰时屈曲约束支撑所承受的轴力一般会超过 N_{cr2}。但是，当存在较大的面外位移时，可能在支撑轴力达到 N_{cr2} 前，节点区与约束区之间截面已因弯曲变形而进入塑性。可见，在存在较大面外位移的情况下"节点板 + 支撑 + 节点板"的稳定承载力可能小于 N_{cr2}，即图 1-14（a）所示的曲线可能高估了屈曲约束支撑及其节点板的稳定承载力。实际上，图 1-14（a）所示的下降段公式是通过下式简化得到的

$$N = \frac{y_g}{y_g + a} N_{cr2} + \frac{M_t^p}{y_g + a} \tag{1-1}$$

式中符号含义见图 1-13 和图 1-14。对式(1-1)求导得

$$\frac{\mathrm{d}N}{\mathrm{d}y_g} = \frac{N_{cr2}a - M_t^p}{(y_g + a)^2} \tag{1-2}$$

可见，节点区与约束区之间产生塑性铰后的失稳曲线的增减性是不确定的。此外，通过折减节点区与约束区之间的弯矩传递能力来间接地考虑面外位移对"节点板 + 支撑 + 节点板"整体稳定性的影响，面外位移带来的几何非线性将被忽略，这也可能导致不安全的设计结果。

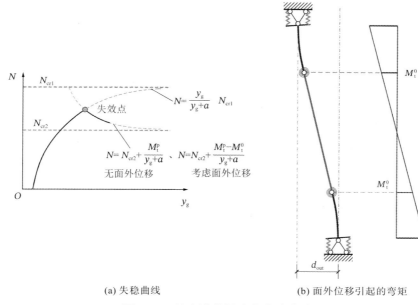

(a) 失稳曲线　　　　　(b) 面外位移引起的弯矩

图 1-14　竹内澈等提出的失稳曲线

M_t^0—初始弯矩；N_{cr1}—在不考虑节点板与支撑间弯矩传递能力时的弹性稳定承载力；
N_{cr2}—在考虑节点板与支撑间弯矩传递能力时的弹性稳定承载力；d_{out}—变形后上下节点区的横向位移

　　赵俊贤等通过试验和理论研究了屈曲约束支撑所在平面内梁柱节点的转动对屈曲约束支撑及其节点稳定承载力的影响。其中，梁柱节点及柱与基础的连接均为铰接。结果显示，支撑的布置（Z 形、人字形或 V 形）、节点板在柱根处的连接方式（与柱连接或与基础连接）直接影响支撑及其节点的整体失稳模式。同样，与节点板相连的其他结构构件的变形会对屈曲约束支撑及其节点板面外方向的失稳模态产生直接的影响。如图 1-15 所示，当梁柱节点及柱与基础之间的连接均为刚性连接时（如钢筋混凝土框架），对于底层 Z 形屈曲约束支撑，在面内结构位移下容易发生 C 型失稳，在面外结构位移下容易发生 L 型失稳；而对于上部楼层的 Z 形屈曲约束支撑，在面内、面外结构位移下均容易发生 S 型失稳。

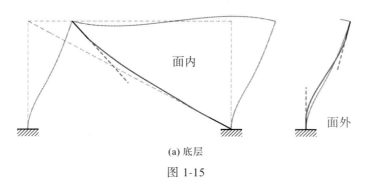

面内　　　　　面外

(a) 底层

图 1-15

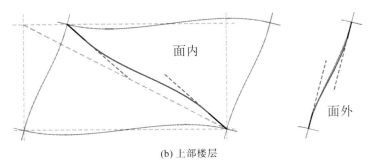

(b) 上部楼层

图 1-15　Z 形屈曲约束支撑及其节点在面内、面外结构位移下的失稳模式

　　吴斌、梅洋、鲁军凯等通过理论分析、有限元模拟、试验验证揭露了屈曲约束支撑芯板在约束构件的约束作用下发生多波屈曲的机理。并且，在此基础上对约束构件的设计方法和支撑及其连接节点的整体稳定性进行了研究（图 1-16）。但这些研究都是在屈曲约束支撑构件试验的基础上完成的，并未考虑与节点板相连接的其他结构构件的变形。钟根全等通过含屈曲约束支撑框架结构的双向试验对屈曲约束支撑及其节点板在面外结构位移下的整体稳定性进行了研究，见图 1-17（a）。图中可以看出，试验中并没考虑框架垂直方向上的梁对框架面外变形的影响。这导致框架在平面外的变形由剪切型变为弯曲型，相应的支撑失稳模式则由图 1-16（a）中所示的 L 型变为 C 型［图 1-17（b）］。

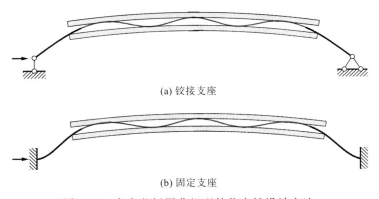

(a) 铰接支座

(b) 固定支座

图 1-16　考虑芯板屈曲机理的稳定性设计方法

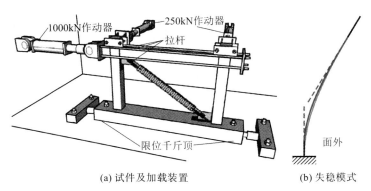

(a) 试件及加载装置　　　　　(b) 失稳模式

图 1-17　钟根全等关于屈曲约束支撑及其节点板在结构面外位移下稳定性的试验研究

　　日本学者还对人字形布置的屈曲约束支撑及其节点板在面外方向的整体稳定性进行了研究。这些研究考虑了梁的扭转与侧移（注意，这里梁跨中的侧移是梁在面外的弯曲变形产生

的，而非结构整体的面外位移）的影响。针对在梁的跨中有垂直向次梁提供侧向约束的情况，即不考虑梁的侧移，竹内澈等对计算模型进行了简化，得到了在结构面外位移影响下，人字形支撑及其节点板面外整体稳定性的设计公式。但是，由于与单斜支撑的研究思路相同，当节点区与约束区之间的截面产生塑性铰后，对应的失稳曲线总是递减的。

1.3　波纹腹板结构

1.3.1　波纹腹板钢梁的概念

波纹金属板的使用已经有了相当长的时间，最初应用在航天器制造中，由于其出色的力学性能，工程师随后将其应用到了工业民用建筑和桥梁结构领域。在工字钢或 H 型钢中用波纹腹板代替平腹板的建议最初由结构力学专家提出，在分析深梁腹板失稳问题时，他们认识到平腹板的缺陷，主张用波纹腹板取而代之。波纹腹板 H 型钢的技术改进主要在于将平腹板改为波纹腹板，从而能够以较薄的腹板厚度获得较大的平面外刚度和较高的抗剪切屈曲承载能力，同时局部承压承载力和抗疲劳性能也有所提高，因此该类型钢具有较高的承载能力及经济优势。

20 世纪 80 年代，日本住友公司首次采用焊接的方法生产出波纹腹板 H 型钢。我国开展波纹腹板钢梁的研究起步较晚，但是发展较快，我国东北重型机械学院在 20 世纪 80 年代初期进行了独创性的研究工作，并于 1985 年成功地轧制出了世界上第一根全波纹腹板 H 型钢。波纹腹板钢梁将腹板沿跨度方向弯折成有周期性的正弦曲线形、梯形、矩形或者折线形，如图 1-18 所示。

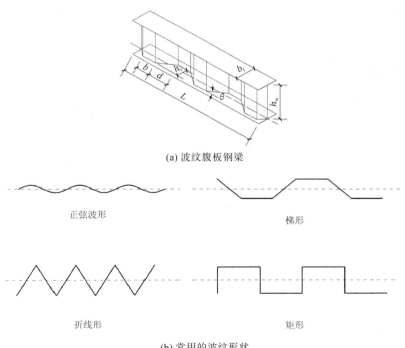

(a) 波纹腹板钢梁

正弦波形　　　　　　　　　梯形

折线形　　　　　　　　　矩形

(b) 常用的波纹形状

图 1-18　波纹腹板钢梁及常用波形

L—钢梁长；b_f—钢梁宽；h_w—钢梁高；h_r—波高；θ—斜边与波峰的倾角；$b+d$—半个波长

波纹腹板 H 型钢最初在欧美国家如德国、瑞典和美国应用发展较快，较多地应用于桥梁建设、船舶、集装箱物流储存、房屋、工业厂房等结构设计中，如图 1-19 所示。

(a) 波纹腹板应用于集装箱

(b) 波纹腹板应用于组合梁

(c) 波纹腹板应用于单层大跨结构

(d) 波纹腹板应用于桥梁结构

图 1-19　波纹腹板钢梁的应用

1.3.2　波纹腹板钢梁在局部稳定中的优势

在钢结构体系中，H 型钢梁是最常见的横向受力构件，承担弯矩和剪力的共同作用。H 型钢梁由翼缘和腹板焊接而成，其中腹板主要承担剪力，翼缘承担弯矩。由于加工型钢所用钢板较薄，容易发生局部稳定性破坏，因此进行工程设计时，在保证 H 型钢梁的抗弯及抗剪承载力的同时，需要对翼缘和腹板局部稳定性进行验算。传统的平腹板 H 型钢梁为提高腹板的局部稳定性，采取的措施主要是增大腹板厚度和加焊加劲肋，如我国《钢结构设计标准》（GB 50017—2017）规定，钢腹板的高厚比不应大于 250，以上这些因素都造成普通钢梁的腹板用钢量较大。

在 H 型钢梁截面中，腹板高度通常较大，这是因为增大 H 型钢梁截面的回转半径可以提高薄壁钢构件的材料利用效率，与此同时，为了满足规范规定的高厚比要求，腹板厚度一般也比较厚。然而实际应用中的梁所承担的剪力通常较小，腹板材料无法充分发挥作用，导致一定程度的浪费。在腹板上焊接加劲肋的做法同样会增大钢梁的用钢量，增加加工难度，延长工期，还会导致钢梁疲劳强度降低。因此，如何在腹板局部稳定性满足设计要求的同时做到腹板厚度最小化成为提高腹板材料利用率的关键。

波纹腹板 H 型钢梁的研究和应用为解决上述问题提供了一条新途径。由于其独特的几何特性，波纹钢板具有很强的平面外刚度和稳定性。和传统平腹板钢梁相比，波纹腹板钢梁具有以下优点：①波纹钢板在厚度较小的情况下有较大的抗剪性能和稳定性，因此波纹腹板钢梁在保证腹板的稳定性的同时做到了腹板厚度的最小化，解决了腹板轻量化和稳定性之间的矛盾，提高了腹板材料的利用效率。②由于具有较高的平面外刚度，波纹腹板钢梁在运输、吊装时无须额外的保护措施，这有助于加快施工速度，节约成本。③波纹钢腹板整体冷轧而成，无须焊接加劲肋，加工效率较高。④腹板上焊缝少，消除了使用过程中的应力集中现象，提高了型钢梁的疲劳寿命。⑤波纹腹板对翼缘的约束强于传统平腹板，有助于提高受压翼缘的局部稳定性。⑥波纹腹板轴向刚度小，梁上弯矩几乎全部由腹板承担，因此可以增强预应力效果。

由于波纹腹板具有这些优越的性能，我国《波纹腹板钢结构技术规程》（CECS 291—2011）规定，在无须加劲肋的情况下，波纹腹板 H 型钢梁的高厚比可达 600，因此材料的性能可以得到更充分的利用，同时波纹腹板 H 型钢梁的用钢量也可以得到极大的降低，如表 1-1 所示，用钢量减少 35%～55%，制造成本增加 10%，综合成本减少 10%～20%，因此可以较大程度地节省成本。

表 1-1　波纹腹板 H 型钢与平腹板 H 型钢用钢量比较

波纹腹板钢梁			平腹板 H 型钢			节省重量/%
型号	惯性矩/cm⁴	单重/（kg/m）	型号	惯性矩/cm⁴	单重/（kg/m）	
04	11616	26.72	HN350×175	11200	41.8	36.07
06	17496	30.98	HN400×150	18800	55.8	44.48
11	22862	38.27	HN400×200	23700	66.0	42.01
13	33191	43.34	HN450×200	33700	78.5	44.78
16	52285	50.11	HN500×200	56500	103	51.35
18	67415	56.65	HN650×200	69300	95.1	40.43
26	92433	71.80	HN650×200	91000	120	40.16

1.4　波纹腹板钢梁的力学性能

1.4.1　波纹腹板钢梁的抗剪性能

由于波纹腹板 H 型钢主要的技术革新在于腹板形式的改变，所以可以认为该类型钢的研究始于 20 世纪 50~60 年代对波纹金属板的研究。通过试验和理论研究，发现其破坏模式包括局部剪切屈曲、整体剪切屈曲及材料的屈服，如图 1-20 所示。其中局部剪切屈曲发生在某个板带宽度范围内，可以按照板均匀受剪的弹性稳定理论进行分析；而整体屈曲发生在整个板的高度范围内，屈曲波纹可能贯穿若干个波长，可以按照各向异性板的弹性稳定理论进行分析。

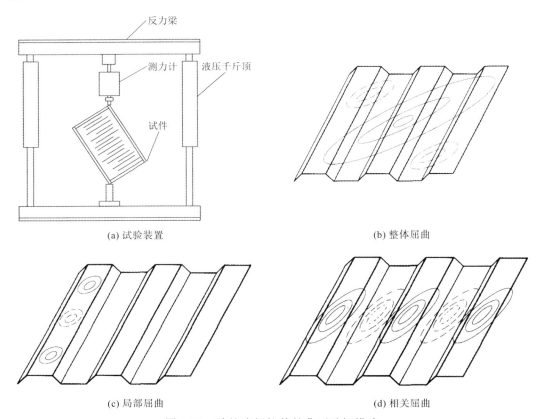

(a) 试验装置　　　　　　　　　　　　　　　　(b) 整体屈曲

(c) 局部屈曲　　　　　　　　　　　　　　　　(d) 相关屈曲

图 1-20　波纹腹板抗剪的典型破坏模式

以图 1-21 所示的波纹尺寸为例，梯形波纹钢板弹性局部屈曲极限应力可以表示为

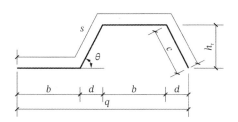

图 1-21　波纹腹板几何参数示意图

$$\tau_{\mathrm{cr,l}} = (k_{\mathrm{s}}\pi^2 E)/\left[12(1-\mu^2)(W/t_{\mathrm{w}})^2\right] \tag{1-3}$$

$$k_{\mathrm{s}} = 5.34 + 2.31(W/h_{\mathrm{w}}) - 3.44(W/h_{\mathrm{w}})^2 + 8.39(W/h_{\mathrm{w}})^3 \tag{1-4}$$

$$k_{\mathrm{s}} = 8.98 + 5.6(W/h_{\mathrm{w}})^2 \tag{1-5}$$

式中　W——b、c 中较大者。

　　　　μ——材料泊松比。

　　E——材料弹性模量。

　　h_w——波纹板高度。

　　t_w——波纹板厚度。

　　k_s——屈曲系数，与边界条件有关，若长边为简支，短边为固接，按式(1-4)计算；对于四边固接，按式(1-5)计算。

而对于弹性整体屈曲极限应力可以表示为

$$\tau_{cr,g} = k_s D_x^{0.25} D_y^{0.75} / (t_w h_w)^2 \tag{1-6}$$

式中　k_s——反映整体屈曲的边界条件屈曲系数，Hlavacek 将其取为 41，而 Easley 取为 36，Galambos 则定义为：简支边界条件，$k_s = 31.6$，固接边界条件，$k_s = 59.2$。

$D_x = 12sqEt_w^3$，$D_y = EI/q$，参数含义见图 1-21。对正弦波纹腹板

$$I_y = \frac{h_r^2 t_w}{8}\left[1 - \frac{0.81}{1 + 2.5(h_r^2/16q^2)}\right] \tag{1-7}$$

当由式(1-3)和式(1-6)计算得到的局部和整体稳定极限应力 $\tau_{cr} > 0.8\tau_y$ 时，将出现非弹性屈曲，则采用下列公式进行修正

$$\tau_{cri} = \sqrt{0.8\tau_{cr}\tau_y} \leqslant \tau_y \tag{1-8}$$

式中　τ_y——剪切屈服强度。

20 世纪 80 年代后，随着波纹腹板 H 型钢的研发，各国研究者进行了大量的波纹腹板 H 型钢梁的剪切性能试验及数值模拟研究。研究结果表明：①上述理论公式与试验结果吻合较好；②有限元方法可以有效地预测破坏模态及极限荷载。

其中 Smith 进行了 4 根波纹腹板 H 型钢梁试验分析，包括两种钢板厚度 0.455mm 及 0.75mm，采用同一种波纹尺寸，试验样品的波纹几何尺寸见表 1-2。其破坏模式除了腹板的屈曲外，还包括腹板由于较薄，被焊穿后造成的过早失效，及间断焊缝的连接破坏。试验结果说明间断焊缝的连接形式是不可取的。

Hamilton 进行了 42 根梁的试验。这些梁包括 4 种不同的波纹尺寸（表 1-2）和 2 种板厚 0.633mm 和 0.775mm。所有试件都采用单侧连续焊缝。试验中采用 UFS 腹板的构件表现为腹板的整体屈曲，而其他构件的屈曲模式都为局部屈曲。从试验结果来看，较稠密的波纹易发生整体屈曲，而较稀疏的波纹易发生局部屈曲。

Elgaaly 总结了 Smith 和 Hamilton 的试验结果，并进行了有限元模拟，发现有限元分析的结果略高于试验结果，分析原因在于构件中不可避免地存在初始缺陷。而将初始缺陷加入有限元模型后，将其计算结果、理论分析和试验结果三者进行分析比对，认为结果是令人满意的。

表 1-2　腹板波纹几何尺寸　　　　　　　　　　　　单位：mm

波纹几何尺寸		b	d	h_r	θ	s	q
Smith 试验		31.9	33.3	33.3	45	158.2	130.6
Hamilton 试验	UFS	19.8	11.9	14	50	76.2	63.5
	UF1X	38.1	25.4	25	45	148.1	127
	UFX-36	41.9	23.4	33	55	165.1	130.6
	UF2X	49.8	26.4	50	62.5	214.1	152.4

R. Luo 和 B. Edlund 进行了数值分析，考虑下列因素对屈曲强度的影响：腹板长度、腹板高度、腹板厚度、腹板波纹高度、波纹的角度和腹板各板带的宽度等。将分析结果与试验结果和理论公式进行了对比分析，得出如下结论：①抗剪承载力随梁高正比例增长，抗剪承载力与梁的高跨比无关；②屈曲后承载力不仅随梁高增加，而且随梁跨高比增加；③极限承载力随腹板厚度增加；④腹板波纹的波高对极限抗剪承载力没有太大影响，但是会影响局部屈曲的程度；⑤极限承载力随板带的宽度增加而降低；⑥第一屈曲模态将导致抗剪承载力的突然降低，降低幅度为 20%～30%。

Hassan H. Abbas 和 Richard Sause 进行了 2 根足尺波纹腹板 H 型钢梁的试验，梁腹板厚度为 6mm，高度为 1500mm。为验证局部缺陷对承载力的影响，试验前测量了腹板的初始缺陷。试验中梁的最终破坏模式分别为腹板局部屈曲和由局部屈曲触发的整体屈曲，且都是突然破坏。随后又利用有限元程序 Abaqus 来模拟波纹腹板剪切性能，发现剪切屈曲强度对腹板的几何缺陷较为敏感，并给出了整体屈曲应力的计算公式

$$(\tau_{cr,g})_{el} = k_s E t_w^{1/2} b^{3/2} F(\theta, \beta)/(12 h_w^2) \tag{1-9}$$

式中，$\beta = b/c$，h_w 代表腹板高度。上式实质上与公式(1-6)是一致的，只不过将波纹的几何参数用为无量纲系数 $F(\theta, \beta)$ 来表示。

$$F(\theta, \beta) = \sqrt{\frac{1 + \beta \sin^3 \theta}{\beta + \cos \theta}} \left[\frac{3\beta + 1}{\beta(1 + \beta)} \right]^{3/4} \tag{1-10}$$

当弹性剪切屈曲应力超过了抗剪屈服强度的 80%，同样采用公式(1-8)修正。

Abbas 将 Hamilton 的 42 根梁试验、Lindner and Aschinger 的 25 根梁试验、Peil 的 20 根梁试验结果进行了总结。通过对比分析，认为在弹性阶段理论公式偏于安全，而当非弹性屈曲或者是材料屈服起控制作用时，理论公式则过高估计了承载力，因此提出用 Linder 和 Aschinger 推导的考虑弹性屈曲的相互作用的一个公式来代替

$$\tau_n = \sqrt{(\tau_{cr,l} \tau_{cr,g})^2/(\tau_{cr,l}^2 + \tau_{cr,g}^2)} \tag{1-11}$$

Abbas 认为，该公式同时考虑局部屈曲和整体屈曲的影响，为试验结果提供了一个较为合理的下限值。由于整体腹板屈曲所造成的显著的强度损失，以及较低的屈曲后强度，建议在构件的设计中，应当以局部屈曲作为控制条件，而令整体屈曲承载应力等于钢材的剪切屈服强度。

为满足 $\tau_{cr,g} = \tau_y$，由公式(1-9)可推导出腹板的高厚比应该符合下列限制

$$h_w/t_w \leqslant 1.91 \psi \sqrt{(E/f_y)(b/t_w)^{1.5} F(\theta, \beta)} \tag{1-12}$$

式中　ψ——安全系数，推荐取为 0.9；

f_y——钢材的屈服强度。

若上式满足，则梁的名义剪切强度可以取为腹板局部屈曲承载力，可以分别按照腹板屈服、弹性局部屈曲和非弹性局部屈曲控制

$$V_n = 0.707 \left(f_y/\sqrt{3} \right) h_w t_w \tag{1-13}$$

$$V_n = \sqrt{1/(1 + 0.15\lambda_L^2)} h_w t_w f_y/\sqrt{3} \quad 2.586 < \lambda_L \leqslant 3.233 \tag{1-14}$$

$$V_n = \sqrt{1/(1 + 0.014\lambda_L^4)} h_w t_w f_y / \sqrt{3} \qquad\qquad \lambda_L > 3.233 \qquad (1\text{-}15)$$

式中　λ_L——通用局部屈曲宽厚比。

为了使局部屈曲强度取得最大值，波纹水平段的宽厚比应当满足下述限制

$$b/t_w \leqslant 2.586\sqrt{E/f_y} \qquad\qquad\qquad (1\text{-}16)$$

按照上述公式计算最高抗剪承载力为剪切屈服强度控制抗剪承载力的 0.707 倍，图 1-22 总结了国内外 81 个局部屈曲试验数据。

常福清、李艳文等利用能量方法和数值模拟方法研究了波纹腹板 H 型钢分别作为受弯构件及弹性地基梁情况下腹板的屈曲临界应力。而李艳文、张文志等则探讨了此类型钢的轧制工艺及产品的优化设计。

宋建永通过非线性有限元方法分析波纹腹板 H 型钢剪切屈曲极限荷载和屈曲模态，采用考虑剪切变形的 8 节点曲壳单元离散波纹腹板，并用一致缺陷模态法模拟波形尺寸缺陷，钢板厚度缺陷则通过钢板厚度分布函数来修正。在此基础上研究了波纹形状、腹板整体外形尺寸和腹板厚度等因素对波纹腹板剪切屈曲极限荷载和屈曲模态的影响。分析结果表明，过大的波形尺寸缺陷会降低波纹腹板的剪切屈曲极限荷载，而相比于平腹板，波纹腹板对厚度缺陷并不敏感，微小的厚度缺陷对极限荷载影响很小。

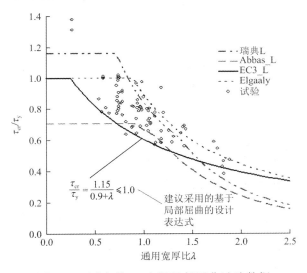

图 1-22　国内外 81 个梁局部屈曲试验数据

李时和郭彦林基于 Ansys 有限元软件，研究了波折腹板梁剪应力作用下的破坏机理及基本性能。在计算时，以腹板厚度相同的平腹板工字钢作为比较对象。通过采用一致缺陷模态法模拟波形尺寸缺陷，发现波折腹板梁的抗剪承载力明显高于普通工字钢梁。腹板厚度的增加可以显著提高波折腹板梁的抗剪承载力，而抗剪承载力与腹板高度成正比，与翼缘尺寸无关。若腹板厚度较厚，波折腹板梁的抗剪承载力与普通工字钢梁相比并无显著提高，因此提出波折腹板梁应充分利用腹板可以取得较薄这一优势。郭彦林利用 Ansys 计算了波折腹板工形构件在轴力、弯矩、剪力作用下的承载力。通过分析，认为在轴力和弯矩作用下翼缘承受大部分荷载，剪力作用下腹板承受大部分荷载。

《欧洲规范 3：钢结构设计》（EC3，prEN 1993-1-5：2004）并未确定以何种失效模式作为

控制极限状态，而是分别给出了局部屈曲和整体屈曲承载力计算方法，其对整体屈曲和局部屈曲抗剪承载力统一表达成下式

$$V_{\mathrm{Rd}} = \chi f_{\mathrm{yw}}(h_{\mathrm{w}} t_{\mathrm{w}})/(\sqrt{3}\gamma_{\mathrm{M1}}) \tag{1-17}$$

式中　χ——考虑屈曲的承载力折减系数；

　　　f_{yw}——腹板钢材的屈服强度；

　　　γ_{M1}——材料的分项系数，通常取 1.0。

1.4.2　波纹腹板钢梁的抗弯性能

普遍认为腹板对受弯极限承载力的贡献较少，极限弯矩一般取决于翼缘的强度，因此对于波纹腹板 H 型钢梁的抗弯性能研究相对较少。

Elgaaly、Hamilton 和 Seshadri 进行了波纹腹板钢梁受弯试验和理论分析，共测试了 6 根梁，这些梁在跨中纯弯段采用波纹腹板，而靠近支座的腹板则是平钢板。同时将平板腹板用斜向支撑进行加固，从而保证破坏出现在纯弯段。试验构件的最终破坏形态为受压翼缘的屈服，并在腹板范围内发生竖向的屈曲。通过试验的失效荷载和理论分析，均认为腹板未提供显著的抗弯承载力。

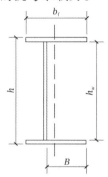

C. L. Chan 和 Y. A. Khalid 等用有限元方法研究了腹板波纹的几何尺寸对梁屈曲性能的影响。将平腹板梁、水平波纹梁和竖直波纹梁进行分析对比。分析发现，竖直波纹梁为翼缘的屈曲提供了更强的支撑。

Johnson R. P. 和 Cafolla J. 研究了受压翼缘局部屈曲及梁的整体弯曲性能。经研究发现：翼缘设计宽厚比应当以平均翼缘宽度 $(b_{\mathrm{f}} - t_{\mathrm{w}})/2$ 和水平波段到翼缘的边缘的距离 B（图 1-23）作为控制参数，而腹板对抗弯承载力的影响可以忽略。

图 1-23　构件截面尺寸示意图

经国内外学者研究，波纹腹板对受弯极限承载力的贡献较小，可以忽略，即截面弯矩承载力仅由翼缘提供

$$M_{\mathrm{u}} = b_{\mathrm{f}} t_{\mathrm{f}} f_{\mathrm{y}}(h_{\mathrm{w}} + t_{\mathrm{f}}) \tag{1-18}$$

式中　t_{f}——钢梁翼缘的厚度。

Linder 研究了波纹腹板 H 型钢的侧向扭转性能。研究认为截面的扭转常数与平腹板钢梁相同，但截面的翘曲常数是不同的

$$I_{\mathrm{w}}^* = I_{\mathrm{w}} + c_{\mathrm{w}} L^2/(\pi^2 E) \tag{1-19}$$

式中　I_{w}^*——波纹腹板 H 型钢的截面翘曲常数；

　　　I_{w}——平腹板的翘曲常数；

　　　L——梁长度；

　　　c_{w}——与波纹腹板几何形状相关的系数。

《欧洲规范 3：钢结构设计》（EC3，prEN 1993-1-5：2004）计算其抗弯承载力时，分别考虑了翼缘的抗弯强度及稳定问题

$$M_{\mathrm{Rd}} = \min\left\{\frac{b_2 t_2 f_{\mathrm{yw,r}}}{\gamma_{\mathrm{M0}}}\left(h_{\mathrm{w}} + \frac{t_1 + t_2}{2}\right), \frac{b_1 t_1 f_{\mathrm{yw,r}}}{\gamma_{\mathrm{M0}}}\left(h_{\mathrm{w}} + \frac{t_1 + t_2}{2}\right), \frac{b_1 t_1 \chi f_{\mathrm{yw}}}{\gamma_{\mathrm{M1}}}\left(h_{\mathrm{w}} + \frac{t_1 + t_2}{2}\right)\right\} \tag{1-20}$$

式中　$f_{\mathrm{yw,r}}$——翼缘的屈服强度，此强度考虑了翼缘的横向弯矩引起的强度降低；

χ——侧向扭转屈曲引起的强度折减系数；

b_1、b_2——上、下翼缘的宽度；

t_1、t_2——上下翼缘的厚度；

f_{yw}——腹板钢材的屈服强度；

γ_{M0}、γ_{M1}——材料的分项系数，通常取 1.0。

1.4.3　波纹腹板钢梁的局部承压性能

Aravena 设计了 6 根试件来验证当横向集中力作用在上翼缘，腹板边缘局部受压时腹板的局部承压性能。试验设计主要考虑下列三个因素：荷载分布宽度、荷载作用位置、腹板厚度。经过与有限元分析结果进行对比，得出结论：有限元分析能较好地预测波纹腹板 H 型钢在局部压应力作用下的极限荷载。

Elgaaly 和 Seshadri 做了 5 根试件的局部承压试验，有 4 种不同的波纹尺寸，并进行了大量的有限元分析。通过分析，观察到两种不同的破坏模式，如图 1-24 所示。

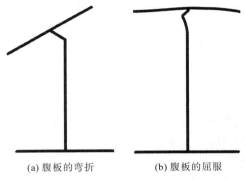

(a) 腹板的弯折　　　　　(b) 腹板的屈服

图 1-24　腹板局部边缘受压的破坏形态

对于腹板的弯折，当集中力位于波纹中的水平板带，可能出现受压翼缘竖向弯曲和扭转以及腹板的局部弯曲，如图 1-24（a）。其极限承载力可以由下式计算得出

$$P_u = P_{fl} + P_w \tag{1-21}$$

式中　P_w——腹板承载力；

　　　P_{fl}——翼缘承载力。

对于腹板的屈服，当集中力位于波纹中的倾斜板带或是位于水平与倾斜板带的交接处时，可能发生翼缘的竖向弯曲及腹板的局部弯曲，但不出现翼缘的扭转。其极限承载力为

$$P_u = (b + b_a)t_w f_{yw} \tag{1-22}$$

$$b_a = \alpha t_f (f_{yf}/f_{yw})^{0.5}$$

$$\alpha = 14 + 3.5\varphi - 37\varphi^2 \geqslant 5.5$$

$$\varphi = h_r/b_f$$

R. Luo 和 B. Edlund 通过非线性有限元分析，研究了下列因素对梁屈曲强度的影响：①应变硬化；②角部效应；③初始几何缺陷；④荷载位置；⑤荷载分布宽度；⑥几何尺寸的不同。分析中，分别采用理想弹塑性和 Ramberg-Osgood 材料模型，发现采用应变强化的 Ramberg-Osgood 模型计算得出的极限承载力比理想弹塑性模型高出 8%～12%。通过分析认为因冷弯所引起的局部效应对极限承载力影响较小。

1.4.4　波纹腹板在工程中的应用实例

随着建筑工业化进程的推进，建筑业愈发倾向于采用装配效率更高的建筑配件。钢结构因具有自重轻、施工速度快等优点被广泛运用于建筑工业化场景中，其中波纹腹板钢梁由于可以弥补传统钢梁结构存在的缺陷，同时，建筑工业化不仅要求建筑具备实用性，还强调美观性。波纹腹板 H 型钢梁凭借其独特的波纹特征，能有效提升建筑的美感，因而在工程领域得到广泛应用。

我国从 20 世纪 90 年代引入波形钢腹板组合桥至今，对该类桥进行了创新与突破性的研究，已形成独具特色的发展路线，总体技术水平已进入创新和超越时代。据统计，中国已建和在建波形钢腹板桥有 149 座，其中主跨 ≥ 120m 的有 45 座。如山西运宝黄河大桥，主跨 200m，是中国已建成跨度最大的波形钢腹板组合桥；伊朗德黑兰 BR-06L/R 特大桥，是中国"一带一路"倡议实施中先进核心技术输出的典范工程；合肥南淝河特大桥，横向由 19m（辅道）＋26m（主车道）＋19m（辅道）三幅桥面组成，是中国已建成桥宽最宽且首次大规模使用耐候钢的波形钢腹板组合桥。目前已经建设完成的波形钢腹板梁桥跨度最大的为曹娥江大桥（主跨 188m）。波纹腹板在工程中的部分应用实例如图 1-25 所示。波纹腹板钢梁应用广泛，尤其是在工业厂房以及桥梁建设等工程中，波纹腹板钢梁因其独特的结构优势和经济效益而受到青睐。

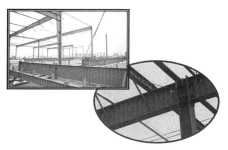

(a) 普洛斯宁波工程照片

(b) 特易购工程照片

(c) 芜湖美的工程照片

(d) 安博仓储工程照片

(e) 普杰无纺布工程照片

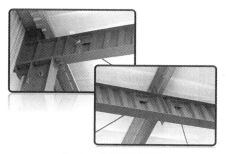

(f) 三一 4S 店工程照片

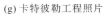

(g) 卡特彼勒工程照片

(h) 应用于吊车梁

图 1-25　工程应用实例

第 2 章
高耸钢结构抗风设计

2.1 钢结构拟静力抗风设计

2.1.1 风的分类

在结构工程设计中涉及的风主要有以下两类：一类是大尺度风，如台风、季风等；另一类是小尺度风，如龙卷风、雷暴风、冰雹风、焚风、布拉风及类似喷气效应的风等。

2.1.2 风的基本特性

大气流过地面时，地面上的各种粗糙元如草、砂砾、树木、房屋等会使大气流动受阻，这种摩擦阻力由于大气的滞流而向上传递，并随高度的增加而逐渐减弱，达到某一高度后便可忽略，此高度称为大气边界层厚度。这个高度随气象条件、地形、地面粗糙度而变化，大致在 300~1000m。在此高度下，靠近地球表面受地面摩擦阻力影响的大气层区域，称为大气边界层，又称摩擦层。在大气边界层厚度以上，风才不受地表的影响，能够在气压梯度作用下自由流动，这个风速叫作梯度风速，因此大气边界层厚度也称为梯度风高度。

根据大量风的实测资料可以看出，在风的顺风向时程曲线中包含两种成分：一种是长周期部分，其值通常在 10min 以上；另一种是短周期部分，通常只有几秒。根据这两种成分，通常把风分为平均风和脉动风。平均风给结构带来的影响相当于静力作用，而脉动风则引起结构的振动。由于脉动风的随机性，它引起的振动应根据随机振动理论和风工程实测资料进行分析。

根据统计分析可知，任意一点 (x,y,z,t) 风速为平稳 Gauss 随机过程，它分成平均风速 $\overline{V}(z)$ 和零均值风速 $v(x,y,z,t)$ 两部分，即

$$V(x,y,z,t) = \overline{V}(z) + v(x,y,z,t) \tag{2-1}$$

平均风速沿高度的变化规律，常称为平均风速梯度或风剖面，它是风的重要特性之一，平均风速随高度变化的规律一般有两种表达形式，即按边界理论得出的对数风剖面和按实测结果推出的指数风剖面，因而平均风速可用对数函数表达

$$\frac{\overline{V}(z)}{V_{10}} = \frac{\ln(z/z_0)}{\ln(10/z_0)} \tag{2-2}$$

或指数函数来表达，即

$$\frac{\overline{V}(z)}{V_{10}} = \left(\frac{z}{10}\right)^{\alpha} \tag{2-3}$$

式中　$\overline{V}(z)$——离地高度 z 处的平均风速；

$\overline{V}_{10}$——离地高度 10m 处的平均风速；

z_0——地面粗糙长度，m，按表 2-1 取用；

α——地面粗糙度系数。

表 2-1　地面粗糙长度 z_0

地表情况	粗糙长度范围
海面、沙滩	0.000003～0.004
雪地	0.004～0.006
除割过的草原	0.01～0.04
高原地	0.04～0.1
灌木丛	0.1～0.3
15m 高松林	0.90～1.00
市郊	0.20～0.45

为了工程设计的方便，我国《建筑结构荷载规范》（GB 50009）将地貌按地面粗糙度分为 A、B、C、D 四类。A 类指近海海面和海岛、海岸、湖岸及沙漠地区；B 类指田野、乡村、丛林、丘陵以及房屋比较稀疏的乡镇；C 类指有密集建筑群的城市市区；D 类指有密集建筑群且房屋较高的城市市区。这四类地貌的地面粗糙度系数 α 和梯度风高度 H_G 如表 2-2 所示。

表 2-2　各地貌下的粗糙度系数和梯度风高度

地貌类型	A	B	C	D
α	0.12	0.16	0.22	0.30
H_G/m	300	350	400	450

大气湍流是指空气质点做随机变化的一种运动状态，这种状态服从某种统计规律，从风的实测结果可知，风速随时间而随机变化，这正是由空气流中的湍流所引起的。

脉动风实际是三维的风湍流，它应包括顺风向、横风向和垂直向的湍流，由于垂直和横风向的湍流较小，因此一般只讨论顺风向湍流。

脉动风是一种随机动力干扰，它对结构的作用是动力的，要用随机振动的处理方法来进行分析，一般随机振动是非重现性的，但有一定的统计规律，可用概率论的方法来描述。

从大量脉动风实测记录的样本时程曲线统计分析可知，若将平均风部分去除，脉动风速本身可用具有零均值的高斯（Gauss）平稳随机过程来描述，且具有很明显的各态历经性，零均值脉动风速 $v(t)$ 的统计特性可用功率密度函数来表示。

Davenport 根据世界上不同地点、不同高度测得的 90 多次强风记录的谱分析结果，得出顺风向水平脉动风速谱中，湍流尺度沿高度是不变的，其功率谱密度函数 $S_v(f)$ 可用下式表示

$$S_v(f) = 4K\overline{V}_{10}^2 \frac{x^2}{f(1+x^2)^{4/3}} \tag{2-4}$$

$$x = L_v^* \frac{f}{V_{10}} \tag{2-5}$$

式中　$\overline{V}_{10}$——离地高度 10m 处的平均风速；

L_v^*——湍流整体尺度，Davenport 取 1200；

f——脉动频率，Hz；

K——反映地面粗糙度的系数，按表 2-3 取用。

表 2-3   反映地面粗糙度的系数 K

地表类型	K值
河湾	0.003
开阔草地	0.005
10m 高度以下的矮树	0.015
市镇	0.030
大都市	0.050

Davenport 谱不随高度而变化。Harris 基于 VaKarman 风洞试验值对 Davenport 谱做了修改，提出了水平脉动风谱，即

$$S_v(f) = 4K\overline{V}_{10}^2 \frac{x}{f(1+x^2)^{5/6}} \tag{2-6}$$

$$x = \frac{1800f}{\overline{V}_{10}} \tag{2-7}$$

上式隐含了流积分尺度为零，因而不能反映风谱随高度的变化，而有迹象表明，湍流尺度随高度的增加有减小的趋势，因此上述公式偏于安全。鉴于此，有不少学者根据风洞试验和实测结果建立了多种与高度有关的谱密度函数

Kaimal 谱（1972 年）

$$\frac{S_v(z,f)}{V_*^2} = \frac{105f_*}{f(1+33f_*)^{5/3}} \tag{2-8}$$

Simiu 谱（1974 年）

$$\frac{S_v(z,f)}{V_*^2} = \frac{200f_*}{f(1+50f_*)^{5/3}} \tag{2-9}$$

Tenuissen 谱（1980 年）

$$\frac{S_v(z,f)}{V_*^2} = \frac{105f_*}{f(0.44+33f_*)^{5/3}} \tag{2-10}$$

$$f_* = \frac{fz}{\overline{V}(z)} \tag{2-11}$$

式中　V_*——地面摩擦速度；

z——离地高度，m；

$\overline{V}(z)$——离地高度 z 处的平均风速。

Maier、Plate 谱（1988 年）

$$S_v(z,f) = \frac{2x^2}{(1+3x^2)^{4/3}} \times \frac{\sigma_v^2(z)}{f} \tag{2-12}$$

$$x = L_v^* \frac{f}{\overline{V}(z)} \tag{2-13}$$

式中　$\sigma_v(z)$——随高度变化的脉动风速的标准偏差。

另外，我国西安热工研究所在我国南部地区实测基础上，也提出了沿高度不变的风速谱经验公式，即

$$S_v(f) = \frac{1.611K\overline{V}_{10}^2}{f} \exp\left[-\frac{(\ln x - 0.61)^2}{0.5408}\right] \tag{2-14}$$

$$x = \frac{1200f}{\overline{V}_{10}} \tag{2-15}$$

2.1.3　空气动力学与荷载

风的强度通常称为风力，可用风级来表示。风级是根据风对地面或海面物体影响程度定出的等级。英国的 F. Beaufort 于 1805 年拟定了风级，称为蒲福风级。由于以风对地面或海面物体的影响程度作为确定风级的依据比较笼统，后来用风速的大小来表示风级。因此，现在在结构工程设计中常用风速的大小作为设计依据，但由于风荷载对结构的作用是以力的形式出现的，因而将风速换算成风压对结构设计更为方便，所以要知道风压与风速的换算公式。

根据流体力学的伯努利（Bernoulli）方程可得到风压（ω）与风速的关系式

$$\omega = \frac{1}{2}\rho\upsilon^2 = \frac{1}{2}\frac{\gamma}{g}\upsilon^2 \tag{2-16}$$

式中　　ρ——空气质量密度，kg/m^3；

γ——空气重力密度，kN/m^3，在标准大气压下取 $\gamma = 0.012kN/m^3$；

υ——基本风速，m/s；

g——重力加速度，在纬度 45°处的海平面上取 $g = 9.8m/s^2$。

根据以上条件可得到

$$\omega = \frac{1}{1630}\upsilon^2 \tag{2-17}$$

上式是在满足上述条件下得到的。由于各地地理位置不同，γ 和 g 的值也就不同，因此 $(1/2)(\gamma/g)$ 的值也就不等于 1/1630。对于内陆海拔 500m 以下地区可采用该值，对于内陆高原和高山地区，则 $(1/2)(\gamma/g)$ 随着海拔高度的增大而减小，取 1/2600，对于东南沿海地区，则取 1/1750。

下面讨论基本风压的确定。

平均风速的取值不仅随着高度与结构所在地区的地貌不同而变化，它还取决于统计时距的取值和年最大平均风速极大值出现的重现期。因此，对于某一规定高度处，在一定条件下统计平均风压，此时得到的风压值称为基本风压。

我国基本风压 ω_0 是以当地比较空旷平坦的地面在离地 10m 高度处统计的重现期为 50 年的 10min 平均年最大风速为标准，再按式 (2-16) 计算出最大风压。

由于风速随高度而变化，离地面越近，摩擦能量消耗越大，越影响风速取值。因此我国荷载规范规定观测风速的标准高度为 10m。观测点的地貌也影响风速的取值，地表越粗糙，能量消耗也越大，风速就越低。因此，《建筑结构荷载规范》（GB 50009—2012）同样规定选室外空旷平坦的地面作为标准，至于不同高度和不同地貌的风压可通过换算得到。

平均风速的数值与时距取值也有关，时距太短，易突出风速时程曲线中峰值的影响，把脉动风的成分包含在平均风之中；时距太长，则会把候风带的变化包括进来，从而使风速的变化变得平滑，不能反映强风作用的影响。根据大量风速实测记录的统计分析，10min～1h 时距内的平均风速基本上是稳定值。所以我国荷载规范规定 10min 作为平均风速的观测时距。

国际上各个国家的时距取值变化较大，从 3s～1h 不等，我国过去记录的资料中也有瞬时、1min、2min 等不同时距。由不同的时距得到的平均风速值之间可进行换算，表 2-4 给出了以 10min 时距为 1 的不同时距的换算系数。

表 2-4　各种不同时距与 10min 时距风速的平均比值

风速时距	1h	10min	5min	2min	1min	0.5min	20s	10s	5s	瞬时
统计比值	0.94	1	1.07	1.16	1.20	1.26	1.28	1.35	1.39	1.50

我国荷载规范目前采用 50 年重现期来确定基本风压。但对风荷载比较敏感、高柔且重要的塔式结构来说，应采用较长的统计重现期才能保证结构的安全。所以对于一般的塔式结构重现期取为 50 年，其重现期调整系数 μ_r 取 1.0；对重要的或有特殊要求的塔式结构重现期取为 100 年，其重现期调整系数 μ_r 可取 1.1。

我国荷载规范中给出了全国基本风压分布图和全国各城市 50 年一遇的风压值，其中主要城市的基本风压值如表 2-5 所示。

表 2-5　我国主要城市基本风压值　　　　　　　　　单位：kN/m²

城市	ω_0	城市	ω_0	城市	ω_0	城市	ω_0	城市	ω_0
北京	0.45	大连	0.65	合肥	0.35	喀什	0.55	海口	0.75
天津	0.50	长春	0.65	南昌	0.45	郑州	0.45	三亚	0.85
上海	0.55	哈尔滨	0.55	福州	0.70	开封	0.45	成都	0.30
重庆	0.40	齐齐哈尔	0.45	厦门	0.80	武汉	0.35	贵阳	0.30
石家庄	0.35	济南	0.45	西安	0.35	长沙	0.35	昆明	0.30
唐山	0.40	青岛	0.60	延安	0.35	广州	0.50	拉萨	0.30
太原	0.40	南京	0.40	兰州	0.30	汕头	0.80	台北	0.70
呼和浩特	0.55	连云港	0.55	银川	0.65	深圳	0.75	台中	0.80
包头	0.55	杭州	0.45	西宁	0.35	南宁	0.35	台东	0.90
满洲里	0.65	宁波	0.50	乌鲁木齐	0.60	桂林	0.30	香港	0.90
沈阳	0.55	温州	0.60	吐鲁番	0.85	北海	0.75	澳门	0.85

在大气边界层内，风速随离地面高度的增大而增大。当气压场随高度不变时，风速随高度增大的规律，主要取决于地面粗糙度和温度垂直梯度。我国荷载规范根据风速与风压的关系，以及实测得到的四类地貌 A、B、C、D 上离地 10m 高度处的风压与空旷平坦场地上 10m 高度处的基本风压之间的关系，定义任意高度处的风压与基本风压之比为风压高度变化系数（ μ_z ）。风压高度变化系数按下式计算，如表 2-6 所示。

$$\mu_z^A = 1.379 \left(\frac{z}{10}\right)^{0.24} \qquad \mu_z^B = 1.000 \left(\frac{z}{10}\right)^{0.32}$$

$$\mu_z^C = 0.616 \left(\frac{z}{10}\right)^{0.44} \qquad \mu_z^D = 0.318 \left(\frac{z}{10}\right)^{0.60} \tag{2-18}$$

表 2-6　风压高度变化系数

离地面或 海平面高度/m	地面粗糙度类别			
	A	B	C	D
5	1.17	1.00	0.74	0.62
10	1.38	1.00	0.74	0.62
15	1.52	1.14	0.74	0.62

续表

离地面或海平面高度/m	地面粗糙度类别			
	A	B	C	D
20	1.63	1.25	0.84	0.62
30	1.80	1.42	1.00	0.62
40	1.92	1.56	1.13	0.73
50	2.03	1.67	1.25	0.84
60	2.12	1.77	1.35	0.93
70	2.20	1.86	1.45	1.02
80	2.27	1.95	1.54	1.11
90	2.34	2.02	1.62	1.19
100	2.40	2.09	1.70	1.27
150	2.64	2.38	2.03	1.61
200	2.83	2.61	2.30	1.92
250	2.99	2.80	2.54	2.19
300	3.12	2.97	2.75	2.45
350	3.12	3.12	2.94	2.68
400	3.12	3.12	3.12	2.91
≥450	3.12	3.12	3.12	3.12

　　风荷载体型系数是指风作用在建筑表面上所引起的实际压力（或吸力）与来流风的速度压之比，它描述的是建筑物表面在稳定风压作用下静态压力的分布规律，主要与建筑物的体型和尺度有关，也与周围环境和地面粗糙度有关。由于它涉及的是固体与流体相互作用的流体动力学问题，对于不规则形状的固体问题尤为复杂，无法给出理论上的结果，一般可以通过风洞模型试验进行测定。

　　塔式结构的主要结构体型及风荷载体型系数 μ_s 如表 2-7、表 2-8 所示。

（1）柱形悬臂结构

　　① 局部计算时表面分布的体型系数 μ_s 值见表 2-7（图 2-1）。

　　② 整体计算时的体型系数 μ_s 值见表 2-8（图 2-2）。

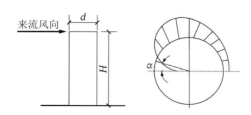

图 2-1　柱形悬臂结构局部计算时表面分布的体型系数示意图

H—柱形悬臂结构高；d—柱形悬臂结构宽；

α—风向角，即来流风的方向与结构某个特定方向（通常是结构的轴线方向等）之间的夹角

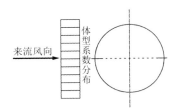

图 2-2　柱形悬臂结构整体计算时的体型系数示意图

表 2-7　局部计算时表面分布的体型系数 μ_s 值

$\alpha/(°)$	$\frac{H}{d} \geq 25$	$\frac{H}{d} = 7$	$\frac{H}{d} = 1$
0	+1.0	+1.0	+1.0
15	+0.8	+0.8	+0.8
30	+0.1	+0.1	+0.1
45	−0.9	−0.8	−0.7
60	−1.9	−1.7	−1.2
75	−2.5	−2.2	−1.5
90	−2.6	−2.2	−1.7
105	−1.9	−1.7	−1.2
120	−0.9	−0.8	−0.7
135	−0.7	−0.6	−0.5
150	−0.6	−0.5	−0.4
165	−0.6	−0.5	−0.4
180	−0.6	−0.5	−0.4

注：表中数值适用于 $\mu_z\omega_0 d^2 \geq 0.015$ 的表面光滑情况，其中 ω_0 以 "kN/m²" 计，d 以 "m" 计。

表 2-8　局部计算时表面分布的体型系数 μ_s 值

$\mu_z\omega_0 d^2$	表面情况	$\frac{H}{d} \geq 25$	$\frac{H}{d} = 7$	$\frac{H}{d} = 1$
≥ 0.015	$\Delta \approx 0$	0.6	0.5	0.5
	$\Delta \approx 0.02d$	0.9	0.8	0.7
	$\Delta \approx 0.08d$	1.2	1.0	0.8
≤ 0.002		1.2	0.8	0.7

注：中间值按插值法计算；Δ 为表面凸出高度。

（2）型钢及组合型钢结构

各种型钢（角钢、工字钢、槽钢）及其组合构件（图 2-3）的风荷载体型系数一律为 $\mu_s = 1.3$。

（3）塔架结构

塔架结构的迎风面及风向如图 2-4 所示。

① 角钢塔架的整体体型系数 μ_s 值如表 2-9 所示。

② 管子及圆钢塔架的整体体型系数 μ_s 值：当 $\mu_z\omega_0 d^2 \leq 0.002$ 时，μ_s 值按角钢塔架的 μ_s 值乘 0.8 采用；当 $\mu_z\omega_0 d^2 \geq 0.015$ 时，μ_s 值按角钢塔架的 μ_s 值乘 0.6 采用；当 $0.002 < \mu_z\omega_0 d^2 <$

0.015时，μ_s值按插入法计算。

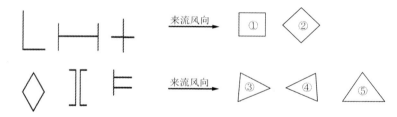

图 2-3 各种型钢及组合型钢 图 2-4 各种形状塔架结构迎风面及风向

表 2-9 角钢塔架的整体体型系数局部 μ_s 值

Φ	方形			三角形
	风向①	风向②		任意风向③④⑤
		单角钢	组合角钢	
$\leqslant 0.1$	2.6	2.9	3.1	2.4
0.2	2.4	2.7	2.9	2.2
0.3	2.2	2.4	2.7	2.0
0.4	2.0	2.2	2.4	1.8
0.5	1.9	1.9	2.0	1.6

注：1. 挡风系数$\Phi = \dfrac{迎风面杆件和节点净投影面积}{迎风面轮廓面积}$，均按塔架迎风面的一个塔面计算。

2. 六边形及八边形塔架的μ_s值，可近似地按表 2-9 方形塔架参照对应的风向①或②采用。

当塔式结构由不同类型截面组合而成时，应按不同类型杆件迎风面积加权平均后选用μ_s值。

（4）桁架

① 单榀桁架（图 2-5）的体型系数：$\mu_{st} = \Phi\mu_s$。其中μ_s为桁架构件的体型系数，对型钢杆件取 1.3，对圆管杆件按柱形悬臂结构整体计算时的体型系数取用；$\Phi = A_n/A$为桁架的挡风系数；A_n为桁架杆件和节点挡风的挡风系数；$A = hL$为桁架的轮廓面积。

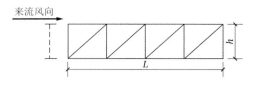

图 2-5 单榀桁架的体型系数

② n榀平行桁架（图 2-6）整体体型系数$\mu_{stw} = \mu_{st}\dfrac{1-\eta^n}{1-\eta}$。其中$\mu_{st}$为单榀桁架的体型系数，$\eta$按表 2-10 采用。

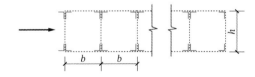

图 2-6 n榀平行桁架的体型系数

表 2-10 η 值

Φ	b/h			
	$\leqslant 1$	2	4	6
$\leqslant 0.1$	1.00	1.00	1.00	1.00
0.2	0.85	0.90	0.93	0.97
0.3	0.66	0.75	0.80	0.85
0.4	0.50	0.60	0.67	0.73
0.5	0.33	0.45	0.53	0.62
0.6	0.15	0.30	0.40	0.50

（5）微波天线（图 2-7）

微波天线（抛物面天线）整体体型系数见表 2-11。

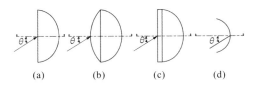

图 2-7　微波天线与风向水平角

表 2-11　微波天线整体体型系数

水平角 θ/（°）		0	30	50	90	120	150	180
图 2-7（a）	垂直于天线面的分量 μ_{sn}	1.3	1.4	1.7	0.15	0.35	0.6	0.8
	垂直于天线面的分量 μ_{sP}	0.01	0.05	0.06	0.19	0.22	0.17	0.06
图 2-7（b）	垂直于天线面的分量 μ_{sn}	0.80	0.84	0.90	0	0.20	0.40	0.60
	垂直于天线面的分量 μ_{sP}	0	0.40	0.55	0.41	0.29	0.14	0
图 2-7（c）	垂直于天线面的分量 μ_{sn}	1.1	1.2	1.3	0	0.24	0.48	0.70
	垂直于天线面的分量 μ_{sP}	0	0.31	0.60	0.44	0.31	0.16	0
图 2-7（d）	垂直于天线面的分量 μ_{sn}	1.3	1.4	1.7	0.15	0.35	0.6	0.8
	垂直于天线面的分量 μ_{sP}	0.01	0.05	0.06	0.19	0.22	0.17	0.06

（6）球状结构（图 2-8）

① 光滑球：当 $\mu_z \omega_0 d^2 \geqslant 0.003$，$\mu_s = 0.4$；当 $\mu_z \omega_0 d^2 \leqslant 0.002$，$\mu_s = 0.6$；当 $0.003 < \mu_z \omega_0 d^2 < 0.002$ 时按插入法计算。

② 多面球：$\mu_s = 0.7$。

（7）封闭塔楼和设备平台（图 2-9）

当 $D/d \leqslant 2$ 时，$\mu_s = 0.7$；当 $D/d \geqslant 3$ 时，$\mu_s = 0.9$；当 $2 < D/d < 3$ 时，μ_s 按插入法计算。

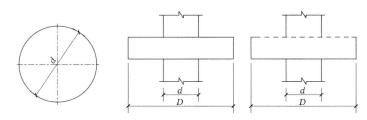

图 2-8　球状结构　　图 2-9　封闭塔楼及设备平台

2.1.4　风荷载的模拟

研究风荷载作用下塔式结构动力响应的方法，除了试验外，在理论上目前主要有两种方法，即频率域法和时间域法。频率域法（频域法）按随机振动理论，建立了输入的风荷载谱特性与输出的结构响应之间的直接关系；时间域法（时域法）是将随机的风荷载模拟成时间函数，然后直接求解运动微分方程的方法。

频域法比较方便，但它只能对结构进行线性化分析，在结构抗风分析中要做大量的模型简化工作。而时域法可精确地进行非线性分析，使人更直接地了解结构的特性。随着人们对风的随机性的认识以及对其所引起的结构振动的重视，结构风效应的分析方法逐渐由静力方法向动力方法过渡。将风荷载作为确定性荷载分析结构的风效应，是风工程发展初期的方法。随着随机振动理论的进一步完善和计算机技术的不断发展，采用随机荷载作用下的时程分析方法精确分析结构的风振反应已经成为可能。对许多重要的结构，除了进行频域内分析外，还应进行时域内的补充计算。要在时域范围内进行结构的风振分析，首要问题是确定结构上的风荷载。仅仅依靠已有的记录和观测作为荷载输入受到许多条件的限制，往往不能满足实际需求。人工模拟结构随机输入可以适应不同的要求，满足某些统计特性的任意性，而且由于随机过程的模拟从大量实际记录的统计特性出发，比单一实际记录更具有代表性、普遍性和统计性，因而被广泛采用。

自然风的模拟必须使模拟的风与自然风的基本特性如平均值、与高度有关的自功率谱和互功率谱以及相位角关系等尽可能接近。

目前，随机过程的模拟方法很多，大体可分为两类，一类是基于三角级数叠加的谐波合成法，另一类是线性滤波器法，并由此演变出多种模拟方法。1969 年，Borgman 提出改进的谐波合成法（CAWS）并应用线性滤波法模拟海洋随机过程；Shinozuka、Jan 于 1972 年提出应用均匀间隔的频率叠加法模拟随机过程；Wyatt 和 May 于 1973 年用回归技术模拟了互相关的风力；Iwatani 于 1982 年提出应用自回归滤波器可以产生多个风速时程曲线；Spanos 和 Mignolet 于 1986 年提出了自回归滑动平均模型法；Yousunli 等于 1993 年提出了离散 Fourier 变换和数字滤波相结合的模拟方法。

为了能完整描述实测得到的自然风特性，这里将利用谐波合成法并考虑塔式结构风速谱随竖向位置变化的特点，来模拟塔式结构的多变量互相关水平脉动风荷载时程曲线。

许多风的实测研究表明，风速的脉动部分可看作具有零均值的高斯平稳随机过程，其谱密度函数矩阵为

$$\boldsymbol{S}(f) = \begin{bmatrix} S_{11}(f) & S_{12}(f) & \cdots & S_{1n}(f) \\ S_{21}(f) & S_{22}(f) & \cdots & S_{2n}(f) \\ \vdots & \vdots & \ddots & \vdots \\ S_{n1}(f) & S_{n2}(f) & \cdots & S_{nn}(f) \end{bmatrix} \tag{2-19}$$

其中，单元 $S_{ij}(f)$（$i = 1,2,\cdots,n$，$j = 1,2,\cdots,n$）为自相关函数 $R_{ii}(\tau)$ 或互相关函数 $R_{ij}(\tau)$ 的傅里叶变换。由于互相关函数的不对称性，其实部与虚部通常都不为零，所以上述矩阵具有复数形式。由于 $S_{ij}(f) = S_{ij}^*(f)$ 是共轭的，上述矩阵具有埃尔米特性质，即

$$\boldsymbol{S}(f) = \begin{bmatrix} S_{11}(f) & S_{21}^*(f) & \cdots & S_{n1}^*(f) \\ S_{21}(f) & S_{22}(f) & \cdots & S_{2n}(f) \\ \vdots & \vdots & \ddots & \vdots \\ S_{n1}(f) & S_{n2}(f) & \cdots & S_{nn}(f) \end{bmatrix} \tag{2-20}$$

可以证明，上述矩阵是非负定的。为了计算方便，上述矩阵乘以 $2\Delta f$（Δf 为频率增量）后分解成一个下三角矩阵 $\boldsymbol{L}$ 和其转置矩阵 $\boldsymbol{L}^{\mathrm{T}}$ 的积，即

$$2\Delta f \boldsymbol{S}(f) = \boldsymbol{L}(f)\boldsymbol{L}^*(f)^{\mathrm{T}} \tag{2-21}$$

其中下三角矩阵 $\boldsymbol{L}(f)$ 为

$$\boldsymbol{L}(f) = \begin{bmatrix} L_{11}(f) & 0 & \cdots & 0 \\ L_{21}(f) & L_{22}(f) & \cdots & 0 \\ \vdots & \vdots & \ddots & \vdots \\ L_{n1}(f) & L_{n2}(f) & \cdots & L_{nn}(f) \end{bmatrix} \tag{2-22}$$

其单元为

$$L_{jj}(f) = \left(2\Delta f S_{jj}(f) - \sum_{k=1}^{j-1} |L_{jk}(f)|^2\right)^{\frac{1}{2}} \quad j = 1, 2, \cdots, n \tag{2-23}$$

和

$$L_{ij}(f) = \frac{\left(2\Delta f S_{ij}(f) - \sum_{k=1}^{j-1} L_{ik}(f)L_{jk}^*(f)\right)}{L_{jj}^*(f)} \quad j = 1, 2, \cdots, n; i = j+1 \cdots, n \tag{2-24}$$

必须注意到，上述解只有在矩阵 $\boldsymbol{S}(f)$ 既具有埃尔米特性质又正定时才有效。要模拟的脉动风速具有如下形式

$$v_i(t) = \sum_{m=1}^{i} \sum_{k=1}^{N} |L_{im}(f_k)| \cos\left[2\pi f_k t + \Psi_{im}^{\mathrm{L}}(f_k) + \theta_{mk}\right] \quad i = 1, 2, 3, \cdots, n \tag{2-25}$$

式中　　N——频率域内的数据采样数目；

$|\boldsymbol{L}_{im}(f_k)|$——下三角矩阵 $\boldsymbol{L}(f)$ 的单元之模；

$\Psi_{im}^{\mathrm{L}}(f_k)$——结构上两个不同荷载作用点之间的相位角；

θ_{mk}——介于 $0\sim2\pi$ 之间均匀分布的随机数。

理论上可以证明，$v_i(t)$ 的集合期望为零，而互相关函数 $R_{ij}(\tau)$ 在 $i > j$ 时等于直接风谱的傅里叶逆变换所得的目标互相关函数。

因此通过谐波合成法模拟的各个高度处的自功率谱与直接由公式求得的目标风谱相当符合，而其互功率谱在高频处虽有些误差，但可通过提高风谱在频率范围内的划分数目使其更接近目标谱，考虑到塔式结构的高度尺寸一般远比深度和宽度尺寸来得大，可近似只考虑脉动风荷载的竖向相关性。

2.1.5　风振系数的计算

如前所述，平均风在给定时间内风力大小、方向等不随时间改变，其性质相当于静力作用；脉动风则随时间按随机规律变化，其性质相当于动力作用。为了便于工程实际应用，对塔式结构的风振响应计算应予以简化，我国的荷载规范引入了一个等效静态放大系数（即风振系数），将静力作用与动力作用一并考虑在内。在脉动风作用下，结构的风振系数 β_z 定义为总风力的概率统计值与静风力的统计值之比。对于塔式结构，风振系数可由下式表示

$$\beta_z = 1 + \frac{\xi\nu\varphi_z}{\mu_z} \tag{2-26}$$

式中　　ξ——脉动增大系数，按表 2-12 确定；

ν——脉动影响系数，按表 2-13 确定；

φ_z——振型系数，按表 2-15 确定；

μ_z——风压高度变化系数，按表 2-6 确定。

表 2-12　脉动增大系数 ξ

$\omega_0 T_1^2/(\text{kN}\cdot\text{s}^2/\text{m}^2)$	0.01	0.02	0.04	0.06	0.08	0.10	0.20	0.40	0.60
钢结构	1.47	1.57	1.69	1.77	1.83	1.88	2.04	2.24	2.36
混凝土结构	1.11	1.14	1.17	1.19	1.21	1.23	1.28	1.34	1.38
$\omega_0 T_1^2/(\text{kN}\cdot\text{s}^2/\text{m}^2)$	0.80	1.00	2.00	4.00	6.00	8.00	10.00	20.00	30.00
钢结构	2.46	2.53	2.80	3.09	3.28	3.42	3.54	3.91	4.14
混凝土结构	1.42	1.44	1.54	1.65	1.72	1.77	1.82	1.96	2.06

注：计算 $\omega_0 T_1^2$ 时，对地面粗糙的 B 类地区可直接代入基本风压，而对 A 类、C 类和 D 类地区应当按当地的基本风压分别乘以 1.38、0.62 和 0.32 后代入。

脉动影响系数，对于塔式结构可按下列情况确定：

若外形、质量沿高度比较均匀，脉动影响系数可按表 2-13 确定。

表 2-13　脉动影响系数 ν

总高度 H/m		10	20	30	40	50	60	70	80	90	100	150	200	250	300	350	400	450
粗糙度类别	A	0.78	0.83	0.86	0.87	0.88	0.89	0.89	0.89	0.89	0.89	0.87	0.84	0.82	0.79	0.79	0.79	0.79
	B	0.72	0.79	0.83	0.85	0.87	0.88	0.89	0.89	0.90	0.90	0.89	0.88	0.86	0.84	0.83	0.83	0.83
	C	0.64	0.73	0.78	0.82	0.85	0.87	0.90	0.90	0.91	0.91	0.93	0.93	0.92	0.91	0.90	0.89	0.91
	D	0.53	0.65	0.72	0.77	0.81	0.84	0.87	0.89	0.91	0.92	0.97	1.00	1.01	1.01	1.01	1.00	1.00

当结构迎风面和侧风面的宽度沿高度按直线或接近直线变化，而质量沿高度按连续规律变化时，表 2-13 中的脉动影响系数应再乘以修正系数 θ_B 和 θ_v。θ_B 应为构筑物迎风面在 z 高度处的宽度 B_z 与底部宽度 B_0 的比值；θ_v 可按表 2-14 确定。

表 2-14　修正系数 θ_v

B_z/B_0	1	0.9	0.8	0.7	0.6	0.5	0.4	0.3	0.2	$\leqslant 0.1$
θ_v	1.00	1.10	1.20	1.32	1.50	1.75	2.08	2.53	3.3	5.60

结构振型系数应按实际工程根据结构动力学计算确定。对外形、质量、刚度沿高度按连续规律变化的悬臂型塔式结构，振型系数也可根据相对高度 z/H 确定。在一般情况下，对顺风向响应可仅考虑第 1 振型的影响，对横风向的共振响应，应验算第 1 至第 4 振型的频率，因而需要相应的前 4 个振型系数。

对迎风面宽度远小于其高度的塔式结构，其振型系数可按表 2-15 采用。

表 2-15　塔式结构的振型系数 φ_z

相对高度 z/H	振型序号			
	1	2	3	4
0.1	0.02	−0.09	0.23	−0.39
0.2	0.06	−0.30	0.61	−0.75
0.3	0.14	−0.53	0.76	−0.43

续表

相对高度z/H	振型序号			
	1	2	3	4
0.4	0.23	−0.68	0.53	0.32
0.5	0.34	−0.71	0.02	0.71
0.6	0.46	−0.59	−0.48	0.33
0.7	0.59	−0.32	−0.66	−0.40
0.8	0.79	0.07	−0.40	−0.64
0.9	0.86	0.52	0.23	−0.05
1.0	1.00	1.00	1.00	1.00

对截面沿高度规律变化的塔式结构，其第 1 振型系数可按表 2-16 采用。

表 2-16　塔式结构的第 1 振型系数 φ_z

相对高度z/H	塔式结构B_z/B_0				
	1.0	0.8	0.6	0.4	0.2
0.1	0.02	0.02	0.01	0.01	0.01
0.2	0.06	0.06	0.05	0.04	0.03
0.3	0.14	0.12	0.11	0.09	0.07
0.4	0.23	0.21	0.19	0.16	0.13
0.5	0.34	0.32	0.29	0.26	0.21
0.6	0.46	0.44	0.41	0.37	0.31
0.7	0.59	0.57	0.55	0.51	0.45
0.8	0.79	0.71	0.69	0.66	0.61
0.9	0.86	0.86	0.85	0.83	0.80
1.0	1.00	1.00	1.00	1.00	1.00

2.1.6　拟静力风荷载计算

塔式结构在风荷载作用下，除了平均风作用以外，还有脉动风作用，后者可通过平均风采用风振系数来等效表达，因此总的荷载还需采用风振系数。作用在塔式结构上的风压计算公式为

$$\omega_k = \beta_z \mu_s \mu_z \omega_0 \tag{2-27}$$

式中　　ω_k——风荷载标准值，kN/m^2；

β_z——高度z处的风振系数；

μ_s——风荷载体型系数；

μ_z——风压高度变化系数；

ω_0——基本风压，kN/m^2。

对于平坦或稍有起伏的地形，风压高度变化系数应根据地面粗糙度类别按表 2-6 确定。

对于山区的塔式结构，风压高度变化系数除可按平坦地面的粗糙度类别，由表 2-6 确定外，还应考虑地形条件的修正，修正系数 η 分别按下述规定采用。

① 对于山峰和山坡，其顶部 B 处的修正系数 η_B 可按下式采用

$$\eta_B = \left[1 + k\tan\alpha\left(1 - \frac{z}{2.5H}\right)\right]^2 \tag{2-28}$$

式中　$\tan\alpha$——山峰或山坡在迎风面一侧的坡度，当 $\tan\alpha > 0.3$ 时，取 $\tan\alpha = 0.3$；

k——系数，对山峰取 3.2，对山坡取 1.4；

H——山顶或山坡全高，m；

z——建筑物计算位置离建筑物地面的高度，m，当 $z > 2.5H$ 时取 $z = 2.5H$。

对于山峰和山坡的其他部位，按图 2-10 所示，取 A、C 处的修正系数 η_A、η_C 为 1，AB 间和 BC 间的修正系数按 η_B 的线性插值确定。

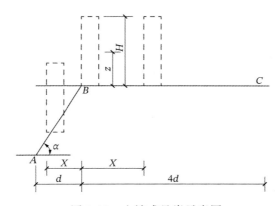

图 2-10　山坡或悬崖示意图

② 对于山间盆地、谷地等闭塞地形取 $\eta = 0.75 \sim 0.85$；对于与风向一致的谷口、山口取 $\eta = 1.20 \sim 1.50$。

对于远海海面和海岛的塔式结构，风压高度变化系数除需按 A 类粗糙度由表 2-6 考虑外，还应考虑表 2-17 的修正系数 η。

表 2-17　远海海面和海岛的修正系数 η

距海岸距离/m	η
< 40	1.0
40 ~ 60	1.0 ~ 1.1
60 ~ 100	1.1 ~ 1.2

塔式结构基本自振周期 $T \geqslant 0.26\text{s}$ 的，由风引起的结构振动比较明显，而且随着结构自振周期的增长，风振也随之增强，因此设计时均应考虑风振的影响。

2.1.7　横风向风振等效静力风荷载计算

一般的建筑物为钝体（非流线体），当气流绕过建筑物在建筑物后面重新汇合之时，会脱

落出旋转方向相反的两列旋涡（图 2-11）。开始时，这两列旋涡分别保持自身的运动前进，接着它们相互干扰、相互吸引，而且干扰越来越大，形成了所谓的涡流。如果旋涡的脱落呈对称稳定状态，就不会产生横向力；如果旋涡的脱落呈无规则状态，或旋涡周期性地不对称脱落，就会在横向对建筑物产生干扰力。

如果旋涡脱落频率与结构自振频率接近，则结构就会出现共振和显著的内力。

因此，在塔式结构设计时，除计算顺风向风振响应外，还要考虑垂直于风向的横向风振响应。

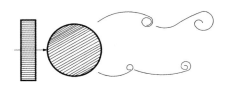

图 2-11　旋涡脱落示意图

对于圆截面的塔式结构，其背风向的涡流形式与来流的雷诺数有密切关系。雷诺数是表征流体惯性力与黏性力相对大小的一个无量纲参数，记为Re，其表达式为

$$Re = \frac{\rho \upsilon L}{\mu} = \frac{\upsilon L}{\nu} \tag{2-29}$$

式中　ρ——流体密度；

υ——流体特征速度；

L——建筑物特征长度；

μ——流体绝对黏性系数；

ν——运动黏性系数，$\nu = \mu / \rho$。

如果雷诺数很小，小于 0.001，则惯性力与黏性力相比可忽略，这意味着高黏性流动；如果雷诺数很大，大于 1000，则意味着黏性力的影响很小，空气就是这种情况。由于空气的运动黏性系数一般为 $1.45 \times 10^{-5} \mathrm{m^2/s}$，所以结构或构件在风流中的雷诺数为

$$Re \approx 69000 \upsilon L \tag{2-30}$$

式中　υ——风速，m/s；

L——垂直于流速方向的结构物截面的最大尺度，m。

圆截面结构及构件的横风向风振一般可考虑两种情况：

第一种情况是雷诺数 $Re < 3.0 \times 10^5$ 亚临界范围的微风共振。这种共振虽然不一定立即造成结构的破坏，但发生的概率很高，长期的频繁振动可能导致结构的疲劳破坏，是塔式结构所不允许的。此时宜采取适当的防振措施，比如设置阻尼器、防振锤等，或适当提高结构的刚度，以提高共振的临界风速 υ_{cr}，使发生共振的频繁程度予以降低。该种风振时应控制结构顶部风速 υ_H 不超过临界风速 υ_{cr}，υ_H 和 υ_{cr} 可按下列公式确定

$$\upsilon_{cr} = \frac{D}{T_1 Sr} \tag{2-31}$$

$$\upsilon_H = \sqrt{\frac{2000 \gamma_W \mu_H \omega_0}{\rho}} \tag{2-32}$$

式中 D——结构或构件的直径；

T_1——结构基本自振周期；

Sr——斯特劳哈尔数，对圆截面结构取 0.2；

γ_W——风荷载分项系数，取 1.4；

μ_H——结构顶部风压高度变化系数；

ω_0——基本风压，kN/m^2；

ρ——空气密度，kg/m^3。

第二种情况是雷诺数 $Re \geqslant 3.0 \times 10^6$ 跨临界强风共振，经常发生在等直径或斜率不大于 2/100 的筒体结构中。对于这种结构应验算横向共振。跨临界横向共振引起在高度 z 处振型 j 的等效静力风载可由下式确定

$$\omega_{czj} = |\lambda_j| v_{cr}^2 \varphi_{zj}/(12800\xi_j) \tag{2-33}$$

式中 ω_{czj}——等效静力风载，kN/m^2；

λ_j——计算系数，按表 2-18 确定；

φ_{zj}——在高度 z 处结构的 j 振型系数，由计算确定或查表 2-15；

ξ_j——第 j 振型的阻尼比，对第 1 振型钢结构取 0.01，混凝土结构取 0.05，对高振型的阻尼比若无实测资料可近似按第 1 振型的值取用。

表 2-18 计算系数 λ_j

结构类型	振型序号	H_1/H										
		0	0.1	0.2	0.3	0.4	0.5	0.6	0.7	0.8	0.9	1.0
塔式结构	1	1.56	1.55	1.54	1.49	1.42	1.31	1.15	0.94	0.68	0.37	0
	2	0.83	0.82	0.76	0.60	0.37	0.09	−0.16	−0.33	−0.38	−0.27	0
	3	0.52	0.48	0.32	0.06	−0.19	−0.30	−0.21	0.00	0.20	0.23	0
	4	0.30	0.33	0.02	−0.20	−0.23	0.03	0.16	0.15	−0.05	−0.18	0

注：$H_1 = H(v_{cr}/v_H)^{1/a}$ 为临界风速起始点高度，式中，a 为地面粗糙度指数，对 A、B、C、D 四类分别取 0.12、0.16、0.22、0.30；v_H 为结构顶部风速，m/s。

圆形结构雷诺数介于 $3.0 \times 10^5 \sim 3.0 \times 10^6$ 之间时，由于不发生横风向共振，可根据经验采取构造措施予以解决。

校核横风向风振时，风的荷载总效应可将横风向风荷载效应 S_C 与顺风向风荷载效应 S_A 按下式组合后确定

$$S = \sqrt{S_C^2 + S_A^2} \tag{2-34}$$

2.1.8 钢塔拟静力风荷载计算实例

青浦电视塔（图 2-12）位于上海青浦区境内，总高 168m，塔架主体为正五边形空间桁架结构，为国内首创。塔体分为天线段、塔楼和塔身三部分。92m 以下为正五边形塔身，标高 92～104m 为球碟形塔楼，标高 116m 以上为正四边形天线段，天线段边长分别为 2.5m × 2.5m（标高 116～135.5m）、2.0m × 2.0m（标高 135.5～157.5m）、0.7m × 0.7m（标高 157.5～168m）。钢塔基本风压 $\omega_0 = 0.55kN/m^2$，B 类地貌。求正塔面风荷载。

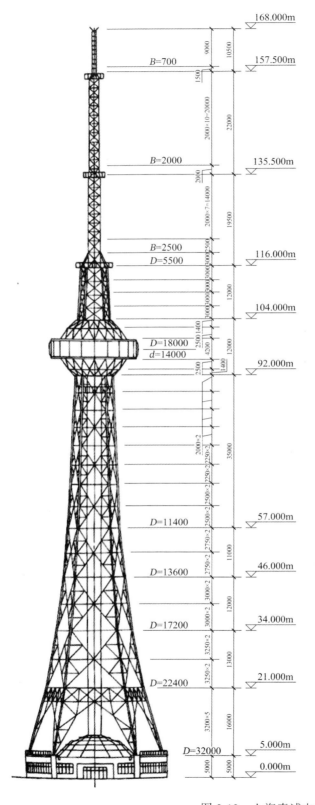

塔柱规格	斜杆规格	横杆规格
∟110×14		一480×450×14
φ159/8	φ30	φ89/4
φ168/8		
φ168/8	φ35	φ114/4
φ180/10		
φ219/10	φ40	φ133/6
φ245/10	φ146/6	φ168/8
φ299/10	φ146/6	φ133/6
φ351/10	φ159/6	φ146/6
φ426/10	φ168/6	φ159/6
φ478/10	φ180/6	φ168/6
φ478/12	φ194/6	φ180/6
φ478/12	φ219/6	φ194/6
φ478/12	φ245/8	φ219/6
φ478/12	φ245/8	φ245/8

图 2-12 上海青浦电视塔

根据有限元理论，求得塔架基本自振周期和振型，$T_1 = 1.94s$，则$\omega_0 T_1^2 = 2.07kN \cdot s^2/m^2$，查表 2-12、表 2-13 和表 2-14，得到脉动增大系数$\xi_1 = 2.80$，脉动影响系数$\nu_1 = 0.89$，修正系数$\theta_v = 5.60$。根据塔架几何尺寸和构件型号已求得各层挡风面积，根据挡风系数Φ可查表 2-9 求得体型系数μ_s；根据各层标高，查表 2-6 求得高度系数μ_z；进而根据式(2-27)求得塔架风荷载。正塔面塔架风荷载计算见表 2-19。

表 2-19 青浦电视塔正塔面风荷载计算

塔层	标高/m	挡风面积 $\sum A_c/m^2$	体型系数		高度系数 μ_z	风振系数$\beta = 1 + \xi_1\upsilon_1\theta_v\theta_B\varphi(z)/\mu_z$			设计 风载/kN
			挡风系数Φ	μ_s		修正系数	振型系数	β	
1	21.0	83.01	0.21	1.61	1.27	0.70	0.006	1.05	137.23
2	27.5	46.62	0.36	1.40	1.38	0.62	0.010	1.06	73.52
3	34.0	36.51	0.33	1.43	1.48	0.54	0.016	1.08	64.26
4	40.0	31.42	0.34	1.42	1.56	0.49	0.023	1.10	58.95
5	46.0	27.72	0.34	1.42	1.63	0.43	0.033	1.12	55.33
6	51.5	23.38	0.33	1.43	1.69	0.40	0.043	1.14	49.60
7	57.0	20.27	0.33	1.43	1.75	0.36	0.056	1.16	45.31
8	62.0	18.45	0.34	1.42	1.79	0.34	0.070	1.19	42.97
9	67.0	16.83	0.34	1.42	1.84	0.33	0.085	1.21	40.97
10	71.5	15.19	0.36	1.40	1.88	0.31	0.10	1.23	37.87
11	76.0	13.71	0.34	1.42	1.91	0.30	0.12	1.26	36.08
12	80.0	12.42	0.36	1.40	1.95	0.29	0.14	1.29	33.68
13	84.0	11.80	0.36	1.40	1.98	0.27	0.16	1.30	32.74
14	88.0	11.32	0.35	1.41	2.01	0.26	0.18	1.32	32.61
15	92.0	10.64	0.34	1.42	2.03	0.25	0.20	1.34	31.65
16	95.9	33.90	0.36	0.70	2.06	0.23	0.22	1.34	50.44
17	100.1	75.64	0.34	0.70	2.09	0.22	0.25	1.37	116.74
18	104.0	33.90	0.36	0.70	2.12	0.21	0.28	1.39	53.84
19	107.0	4.27	0.27	1.52	2.14	0.20	0.30	1.39	14.87
20	110.0	4.27	0.27	1.52	2.15	0.19	0.32	1.39	14.94
21	113.0	4.27	0.27	1.52	2.17	0.18	0.34	1.39	15.07
22	116.0	4.27	0.27	1.52	2.19	0.17	0.36	1.39	15.21
23	119.0	1.23	0.25	1.54	2.21	0.10	0.39	1.25	4.03
24	121.5	1.23	0.25	1.54	2.22	0.10	0.41	1.26	4.08
25	123.5	1.23	0.25	1.54	2.24	0.10	0.43	1.27	4.15
26	125.5	1.23	0.25	1.54	2.25	0.10	0.45	1.28	4.20
27	127.5	1.23	0.25	1.54	2.26	0.10	0.47	1.29	4.25
28	129.5	1.23	0.25	1.54	2.27	0.10	0.49	1.30	4.30

续表

| 塔层 | 标高/m | 挡风面积 $\sum A_c/m^2$ | 体型系数 | | 高度系数 μ_z | 风振系数 $\beta = 1 + \xi_1 v_1 \theta_v \theta_B \varphi(z)/\mu_z$ | | | 设计风载/kN |
			挡风系数 Φ	μ_s		修正系数	振型系数	β	
29	131.5	1.23	0.25	1.54	2.28	0.10	0.51	1.31	4.36
30	133.5	1.18	0.24	1.55	2.29	0.10	0.53	1.32	4.26
31	135.5	1.18	0.24	1.55	2.30	0.10	0.56	1.34	4.34
32	137.5	1.18	0.24	1.55	2.31	0.10	0.58	1.35	4.39
33	139.5	1.07	0.27	1.52	2.32	0.10	0.60	1.36	3.95
34	141.5	1.07	0.27	1.52	2.33	0.10	0.63	1.38	4.03
35	143.5	1.07	0.27	1.52	2.35	0.10	0.66	1.39	4.09
36	145.5	1.07	0.27	1.52	2.36	0.10	0.68	1.40	4.14
37	147.5	0.98	0.25	1.54	2.37	0.10	0.71	1.42	3.91
38	149.5	0.98	0.25	1.54	2.38	0.10	0.74	1.43	3.96
39	151.5	0.98	0.25	1.54	2.39	0.10	0.76	1.44	4.00
40	153.5	0.98	0.25	1.54	2.40	0.10	0.79	1.46	4.07
41	155.5	0.98	0.25	1.54	2.41	0.10	0.82	1.47	4.12
42	157.5	0.98	0.25	1.54	2.42	0.10	0.85	1.49	4.19
43	168.0	3.96	0.62	1.70	2.47	0.10	1.00	1.56	19.97

2.2 高耸钢结构动力分析

2.2.1 高耸钢结构的动力特性及计算模型

在风荷载的作用下对高耸结构进行动力分析或振动控制的研究，首先要充分了解结构的动力特性。在计算机技术和结构分析方法高度发达的今天，对各种结构形式进行结构分析计算已不存在什么困难。但是不同的方法会导致处理的难易程度不同，计算速度也有很大差别。因此，选择合适的结构、模型及分析方法，不仅可以提高计算精度，而且能够加快计算速度，从而带来一定的经济效益。这里我们以塔式结构为例进行结构动力特性及计算模型的讲解。

塔的动力特性主要有结构的自振周期、各阶振型及阻尼系数等，它们取决于结构样式、结构刚度、材料性质等，这些动力特性所对应的振动有水平振动、竖向振动和扭转振动。

2.2.2 高耸钢结构计算模型

钢结构塔一般为空间桁架结构，杆件和节点数量众多，原则上应按空间桁架模型计算其动力特性。目前，塔架的空间桁架计算方法可分为简化空间桁架法、分层空间桁架法和整体空间桁架法三种。空间桁架法考虑了塔架结构各杆件的变形协调条件和力学平衡条件，能够比较准确地反映塔架受力的实际情况。

如图 2-13 所示，求解水平刚度矩阵 K 时，通常可将塔架视为一个空间桁架体系，假定所有节点均为理想铰接，因此所有杆件都只承受轴力作用。对于一个 M 边形的塔，依次在各节点上作用单位力的 $1/M$，由此可求得各节点的位移，取各节点位移的算术平均值作为该层集中质量的位移，这样可得柔度矩阵 $\boldsymbol{f}$，由此可得刚度矩阵 $\boldsymbol{M} = \boldsymbol{f}^{-1}$。

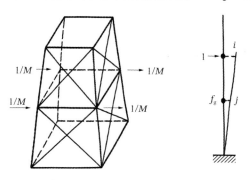

图 2-13　空间桁架计算模型

但是，这些方法都不简单，计算极为烦琐，而且受计算内存及机时的限制，应用受到约束。从工程精度的要求来说，在一般情况下也没有必要选择空间桁架法那样精确的计算模型。可根据结构的基本构造、受力特点等具体情况进行简化。国内外许多学者根据大量的试验研究和理论分析比较，提出了多种用于结构动力分析的简化模型，其中以层间模型最为简单，应用最广泛。由于钢结构塔所受外力为横向风荷载，塔架的每层横杆、横隔的平面内刚度较大，在水平荷载作用下，同一层塔架各节点之间的水平位移差值相对于它们的水平位移值很小，所以可以近似地将塔架的一层看作一个质点。整个钢塔的计算模型简化为层间弯剪模型。

基于上述分析，将塔架每一层塔柱、斜杆、横隔质量集中到相应层上，质点集中在横杆处，考虑塔柱和斜杆刚度的影响，钢结构的简化计算模型为如图 2-14 所示的多自由度体系。用简化模型分析结构的动力反应，减少了结构的自由度数，计算工作量小，能够很快得到所需要的结构内力和变形。

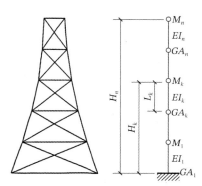

图 2-14　钢结构塔简化计算模型

在钢结构塔架简化计算中需要做如下假定：

① 结构质量集中在横杆处。

② 各层杆件均与横杆铰接。

③ 计算等效抗弯刚度时，只考虑塔柱的作用，不考虑杆的作用。

④ 计算等效抗剪刚度时，同时考虑塔柱与斜杆的作用。

（1）等效抗弯刚度

若设钢结构塔截面为 m 边形，第 k 层塔柱的截面积为 A_{ck}，如图 2-15 所示。则第 k 层塔柱等效抗弯刚度为

$$EI_k = EA_{ck}R_k^2 \sum_{j=1}^{m} \cos^2 \theta_j \tag{2-35}$$

式中　θ_j——第 j 根塔柱与 x 轴夹角；

　　　R_k——第 k 层塔柱外接圆半径。

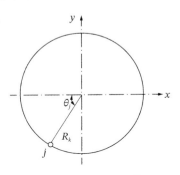

图 2-15　第 k 层塔柱模型

几种常见对称塔架截面形式的等效抗弯刚度列于表 2-20 中。

表 2-20　塔架截面形式的等效抗弯刚度

	正三边形	正四边形	正六边形	正八边形
截面形式	△	□	⬡	⯃
等效抗弯刚度系数 $EA_{ck}R_k^2$	1.25	2	3	4

（2）等效抗剪刚度

图 2-16 为塔架斜杆分布示意图。设第 k 层空间斜杆 ij 与 x 轴的夹角为 α_k，截面积为 A_{bk}，层高为 h_k，当单位力水平作用于 i 点时，斜杆 ij 的水平位移为

$$\Delta = \frac{l_k}{EA_{bk} \cos^2 \alpha_k} \tag{2-36}$$

层间剪切变形为

$$\gamma_k = \frac{\Delta}{h_k} \tag{2-37}$$

斜杆 ij 的抗剪刚度为

$$C_{ij} = \frac{1}{\gamma_k} = \frac{EA_{bk}\,h_k\cos^2 \alpha_k}{l_k} \tag{2-38}$$

式中
$$\cos^2 \alpha_k = \frac{1}{l_k}\left(R_{k-1}\cos^2 \theta_j - R_k \cos^2 \theta_i\right) \tag{2-39a}$$

杆长
$$l_k = \sqrt{h_k^2 + R_k^2 + R_{k-1}^2 - 2R_k R_{k-1}\cos(\theta_i - \theta_j)} \tag{2-39b}$$

当 $\theta_i = \theta_j$ 时，由式(2-38)即可得到塔柱的抗剪刚度。

若同时考虑塔柱与斜杆的影响，则塔架第 k 层等效抗剪刚度为

$$GA_k = \frac{EA_{ck}h_k}{l_{ck}} \sum_{j=1}^{m} \cos^2 \alpha_j + \frac{EA_{bk}h_k}{l_{bk}} \sum_{j=1}^{p} \cos^2 \alpha_j \tag{2-40}$$

式中　l_{ck}、l_{bk}——钢结构第 k 层塔柱、斜杆的长度；

　　　m、p——钢塔第 k 层塔柱、斜杆的数量；

　　A_{ck}、A_{bk}——第 k 层塔柱、斜杆的截面积。

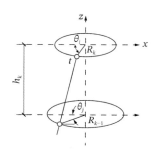

图 2-16　塔架斜杆示意图

2.2.3　高耸钢结构的动力特性

这里我们以钢结构塔为例，讲解结构的动力特性。钢结构塔一般为规则对称结构，结构的质心、刚心和空气动力作用中心都重合。钢结构塔的振动方程为

$$M\ddot{x} + C\dot{x} + Kx = F(z, t) \tag{2-41}$$

式中　M、C、K——结构的质量、阻尼、刚度矩阵；

　　$\ddot{x}$、$\dot{x}$、x——结构顺风向位移、速度、加速度向量；

　　　$F(z, t)$——脉动风荷载向量或地震作用。

在图 2-14 中，EI_k、GA_k 分别为钢结构塔简化模型各段的等效抗弯刚度、等效抗剪刚度，n 为模型的自由度数，由式(2-35)、式(2-40)求得模型的等效抗弯刚度 EI_k 和等效抗剪刚度 GA_k 后，可得结构的柔度系数矩阵为

$$f = \begin{bmatrix} f_{11} & f_{12} & \cdots & f_{1n} \\ f_{21} & f_{22} & \cdots & f_{2n} \\ \vdots & \vdots & \ddots & \vdots \\ f_{n1} & f_{n2} & \cdots & f_{nn} \end{bmatrix} \tag{2-42}$$

利用虚功原理，得到其中系数 f_{ij} 的计算公式为

$$f_{ij} = f_{ji} = \sum_{k=1}^{i} \frac{l_k}{EI_k} \left[d_{jk}d_{ik} + \frac{1}{2}L_k(d_{jk} - d_{ik}) + \frac{1}{3}L_k^2 \right] + \sum_{k=1}^{i} \frac{L_k}{GA_k}(i \leqslant j) \tag{2-43}$$

式中　L_k——简化模型各段长度；

　　　H_k——质点 M_k 的高度；

　　　d_{ik}——质点间高度差。

于是有

$$d_{ik} = H_i - H_k \tag{2-44}$$

求得结构的柔度矩阵 f 后，将其求逆即可得到结构的刚度矩阵 K。

瑞利阻尼是一般动力分析中经常采用的处理阻尼的方法。由瑞利阻尼假设得结构阻尼矩阵 C 为

$$C = \alpha M + \beta K \tag{2-45}$$

式中的参数 α、β 由下式确定

$$\alpha = \frac{2\omega_i\omega_j(\xi_i\omega_j - \xi_j\omega_i)}{\omega_j^2 - \omega_i^2} \tag{2-46}$$

$$\beta = \frac{2(\xi_j\omega_j - \xi_i\omega_i)}{\omega_j^2 - \omega_i^2} \tag{2-47}$$

式中　ω_i、ω_j——结构第i、j阶自振圆频率；

　　　ξ_i、ξ_j——结构相应振型的阻尼比。

对于钢结构塔，一般采用前两阶自振圆频率ω_1、ω_2及相应振型的阻尼比$\xi_1 = \xi_2 = 0.01$，这样，式(2-46)、式(2-47)可简化为

$$\alpha = \frac{0.02\omega_1\omega_2}{\omega_1 + \omega_2} \tag{2-48}$$

$$\beta = \frac{0.02}{\omega_1 + \omega_2} \tag{2-49}$$

由式(2-41)可得结构无阻尼振型方程

$$\boldsymbol{K}\boldsymbol{\phi}_j = \omega_j^2\boldsymbol{M}\boldsymbol{\phi}_j \tag{2-50}$$

式中　$\boldsymbol{\phi}_j$——结构第j振型向量。

通过广义雅可比法，由式(2-50)可以得到结构无阻尼自振频率与振型向量。由于在计算钢塔的等效刚度时忽略了横杆、横隔对结构产生的整体作用，计算时的结构刚度减小了，导致结构的自振频率减小，自振周期增大。

2.3　高耸钢结构的风振分析

2.3.1　结构的动力反应分析方法

作用于结构上的风荷载包括静力风荷载和脉动风荷载；相应地，钢结构塔的风效应包括静力风效应和动力风效应。静力风效应指由结构上的静力风荷载引起的静内力和静位移，动力风效应指由脉动风荷载引起的振动反应。结构的静力风效应可由传统的结构有限元法或其他方法进行计算，也可由振型分解法计算。

结构的风振响应分析分为确定性和非确定性两类。确定性分析是指结构在确定的风荷载作用下的响应分析；非确定性分析应考虑风荷载的随机性，研究结构在阵风作用下的随机振动响应。

研究结构动力反应的方法，除了试验方法外，在理论上主要有两种方法。第一种是频域法，它由随机振动理论建立起输入风荷载谱的特性与输出结构反应之间的直接关系；第二种是时域法，它将随机的风荷载模拟成时间的函数，然后直接求解运动方程。高耸结构由于对风荷载十分敏感，在抗风设计时，进行结构的时程分析可以全面了解结构在风荷载作用时间内的响应状况。

频域内的动力计算首先要将结构线性化，再按线性随机振动理论进行分析。但有时对柔度较大的非线性体系，采用频域内线性分析有时并不能正确反映结构的真实特性，必须采用非线性随机振动方法来解决，目前工程中常用的方法有：①FPK（fokker planck kolmogorov）法；②等效统计线性化方法；③摄动法；④随机模拟法等。其中，FPK法只能用于白噪声激

励；等效统计线性化方法必须做很多简化；摄动法的工作量随着所取项数的增加将成倍增加。以上非线性随机振动方法的分析求解都有一定难度，因此，时域内的随机模拟方法在非线性分析中得到了较广泛的应用。

给出风荷载的自谱和互谱函数。可将风荷载模拟成时间的函数。常用的模拟技术有基于一系列三角函数的加权和更有效的快速傅里叶变换方法、多次回归法等。

利用有限元法将结构离散化，在相应的单元节点上，作用模拟的风荷载，通过在时间域内直接求解运动微分方程的步步法求得结构的响应，在每一时间步长中，结构的非线性因素均可得到考虑。

时域内的非线性随机方法，可在相同风谱情况下模拟多条风荷载，然后对各个响应进行统计得到统计量，因而其结果比频域内的线性方法更接近实际，但时域内非线性随机方法的缺点是计算工作量较大，即所谓"风振系数"，将结构的动态作用采用等效静态放大的形式，把静力作用与动力作用一并考虑在内，应用于结构的设计计算。

2.3.2 频域响应分析

由上面的动力特性分析得到结构的无阻尼模态矩阵$\boldsymbol{\phi}$后，利用振型分解法，引入

$$\boldsymbol{x} = \boldsymbol{\phi}\boldsymbol{q} \tag{2-51}$$

将上式代入式(2-41)，并左乘模态矩阵的转置$\boldsymbol{\phi}^{\mathrm{T}}$，得

$$\boldsymbol{M}^*\ddot{\boldsymbol{q}} + \boldsymbol{C}^*\dot{\boldsymbol{q}} + \boldsymbol{K}^*\boldsymbol{q} = \boldsymbol{F}^*(t) \tag{2-52}$$

式中：

广义质量矩阵

$$\boldsymbol{M}^* = \boldsymbol{\phi}^{\mathrm{T}}\boldsymbol{M}\boldsymbol{\phi} \tag{2-53a}$$

广义阻尼矩阵

$$\boldsymbol{C}^* = \boldsymbol{\phi}^{\mathrm{T}}\boldsymbol{C}\boldsymbol{\phi} \tag{2-53b}$$

广义刚度矩阵

$$\boldsymbol{K}^* = \boldsymbol{\phi}^{\mathrm{T}}\boldsymbol{K}\boldsymbol{\phi} \tag{2-53c}$$

广义荷载向量

$$\boldsymbol{F}^*(t) = \boldsymbol{\phi}^{\mathrm{T}}\boldsymbol{F}^*(z, t) \tag{2-53d}$$

由质量矩阵、刚度矩阵的振型正交性原理可知，$\boldsymbol{M}^*$、$\boldsymbol{K}^*$均为对角矩阵；如果结构为弱阻尼体系，则广义阻尼矩阵$\boldsymbol{C}^*$也为对角矩阵。由此式(2-52)为n个解耦方程，其中第i个独立的运动方程为

$$\ddot{q}_j + 2\xi_j\omega_j q_j + \omega_j^2 \dot{q}_j = F_j(t) \tag{2-54}$$

式中　　q_j——结构第j阶振型广义坐标；

$\xi_j = \dfrac{C_j^*}{2\omega_j M_j^*}$——结构第$j$阶振型阻尼比；

$\omega_j^2 = \dfrac{K_j^*}{M_j^*}$——结构第$j$阶振型圆频率；

$F_j(t) = \dfrac{F_j^*(t)}{M_j^*}$——结构第$j$阶振型广义质量。

根据广义脉动风荷载$F_j(t)$与脉动风荷载$\boldsymbol{F}(z, t)$的关系，可得广义脉动风荷载的互功率谱密度函数为

$$S_{F_i F_j}(\omega) = \frac{\boldsymbol{\phi}_i^{\mathrm{T}} \boldsymbol{S}_{\mathrm{F}} \boldsymbol{\phi}_j S_{\mathrm{f}}(\omega)}{M_i^* M_j^*} \tag{2-55}$$

式中 $\boldsymbol{S}_{\mathrm{F}}$——脉动风荷载功率谱密度函数为 $n \times n$ 阶常量矩阵。

由上式，广义坐标 q_j 的自功率谱密度函数为

$$S_{q_j}(\omega) = \left| H_{q_j}(i\omega) \right|^2 S_{F_j}(\omega) \tag{2-56}$$

式中 $H_{q_j}(i\omega)$——结构第 j 阶振型传递函数。

$H_{q_j}(i\omega)$ 由系统本身的固有特性所决定，且有

$$\left| H_{q_j}(i\omega) \right|^2 = \frac{1}{\left(\omega_j^2 - \omega^2 \right)^2 + \left(2\xi_j \omega_j \omega \right)^2} \tag{2-57}$$

对于钢结构塔这类小阻尼体系，由于不同振型产生的响应几乎是统计独立的，因此，在求解结构反应的自功率谱密度函数时，可以忽略交叉项的影响。根据随机振动理论，结构第 k 层位移反应的自功率谱密度函数为

$$S_{x_k}(\omega) = \sum_{j=1}^{n} \frac{\phi_{kj}^2 \boldsymbol{\phi}_i^{\mathrm{T}} \boldsymbol{S}_{\mathrm{F}} \boldsymbol{\phi}_j}{\left(M_j^* \right)^2} \left| H_{q_j}(i\omega) \right|^2 S_{\mathrm{f}}(\omega) \tag{2-58}$$

式中 ϕ_{kj}——结构第 j 阶振型在第 k 层的幅值。

根据反应及其导函数与功率谱密度函数之间的关系，可以得到结构层速度和层加速度反应的自功率谱密度函数为

$$S_{\dot{x}}(\omega) = \omega^2 S_x(\omega) \tag{2-59}$$

$$S_{\ddot{x}}(\omega) = \omega^4 S_x(\omega) \tag{2-60}$$

因为脉动风荷载为零均值的高斯平稳随机过程，则结构层位移、层速度和层加速度亦为零均值的高斯平稳随机过程。由根方差与谱密度函数之间的关系，得到结构第 k 层反应的方差为

$$\begin{aligned}
\sigma_{x_k}^2 &= \int_{-\infty}^{\infty} S_{x_k}(\omega) \, \mathrm{d}\omega \\
&= \sum_{j=1}^{n} \frac{\phi_{kj}^2 \boldsymbol{\phi}_j^{\mathrm{T}} \boldsymbol{S}_{\mathrm{F}} \boldsymbol{\phi}_j}{\left(M_j^* \right)^2} \int_{-\infty}^{\infty} \left| H_{q_j}(\omega) \right|^2 S_{\mathrm{f}}(\omega) \, \mathrm{d}\omega
\end{aligned} \tag{2-61}$$

$$\begin{aligned}
\sigma_{\dot{x}_k}^2 &= \int_{-\infty}^{\infty} \omega^2 S_{x_k}(\omega) \, \mathrm{d}\omega \\
&= \sum_{j=1}^{n} \frac{\phi_{kj}^2 \boldsymbol{\phi}_j^{\mathrm{T}} \boldsymbol{S}_{\mathrm{F}} \boldsymbol{\phi}_j}{\left(M_j^* \right)^2} \int_{-\infty}^{\infty} \omega^2 \left| H_{q_j}(\omega) \right|^2 S_{\mathrm{f}}(\omega) \, \mathrm{d}\omega
\end{aligned} \tag{2-62}$$

$$\begin{aligned}
\sigma_{\ddot{x}_k}^2 &= \int_{-\infty}^{\infty} \omega^4 S_{x_k}(\omega) \, \mathrm{d}\omega \\
&= \sum_{j=1}^{n} \frac{\phi_{kj}^2 \boldsymbol{\phi}_j^{\mathrm{T}} \boldsymbol{S}_{\mathrm{F}} \boldsymbol{\phi}_j}{\left(M_j^* \right)^2} \int_{-\infty}^{\infty} \omega^4 \left| H_{q_j}(\omega) \right|^2 S_{\mathrm{f}}(\omega) \, \mathrm{d}\omega
\end{aligned} \tag{2-63}$$

在式(2-61)至式(2-63)的运算中，主要的计算量为积分运算。由于脉动风的卓越周期远大于结构的自振周期，被积函数可分为三段来描述，将被积函数看成由拟静态分量和窄带白噪

声组成，然后近似计算上面的无穷积分。如果为提高结果的精确性，则不采用近似的数值计算，而是采用直接积分法。考虑到上述积分计算中有两个明显的峰值，故此处可采用被积函数为强峰的自适应梯形来求解上面的积分。

2.3.3　时域响应分析

在结构的动力反应分析中，频域分析给出的是结构反应的统计矩，在分析过程中需要对结构进行许多数学上的简化，有时并不能正确反映结构的真实特性。而时域分析则利用结构本身特性，得到结构风振反应时程曲线，结果比较直观。

时域分析法是将已获得的脉动风实际记录或人造脉动风作为动力荷载输入，建立结构简化计算模型的运动微分方程，用振型组合法或直接积分法求解动力方程，得到结构在整个风荷载作用时间内的动力时程反应。这样得到的时程反应是对结构实际动力反应的模拟，由此就可得知结构风振反应的实际情况。时域分析法包括振型组合法和直接积分法。

（1）振型组合法

如上所述，利用振型分解法，得到结构各个振型的动力方程式(2-54)，在脉动风荷载作用下，每个方程相当于单自由度体系的受迫振动。由迪阿梅尔（Duhamel）积分得到第 j 阶振型动力方程的解为

$$q_j(t) = \mathrm{e}^{-\xi_j \omega_j t} \left(q_{j0} \cos \omega'_j t + \frac{\dot{q}_{j0} + \xi_j \omega_j q_{j0}}{\omega'_j} \sin \omega'_j t \right) +$$

$$\frac{1}{M_j^* \omega'_j} \int_0^t F_j(\tau) \mathrm{e}^{-\xi_j \omega_j (t-\tau)} \sin\left[\omega'_j (t-\tau) \right] \mathrm{d}\tau \tag{2-64}$$

$$\omega'_j = \omega_j \sqrt{1 - \zeta_j^2}$$

式中　ω'_j——结构有阻尼自振圆频率；

$F_j(\tau)$——第 j 振型在 τ 时刻所受脉动风荷载；

q_{j0}、$\dot{q}_{j0}$——结构广义坐标的初位移和初速度，可由体系的初始条件，即用 $t = 0$ 时的初位移向量和初速度向量，由下式求出，即

$$q_{j0} = \frac{\boldsymbol{\phi}_j^{\mathrm{T}} \boldsymbol{M} \boldsymbol{x}_0}{M_j^*} \tag{2-65}$$

$$\dot{q}_{j0} = \frac{\boldsymbol{\phi}_j^{\mathrm{T}} \boldsymbol{M} \dot{\boldsymbol{x}}_0}{M_j^*} \tag{2-66}$$

在上面的分析中，需要已知结构各振型的阻尼比。根据结构前两阶自振圆频率及阻尼比按式(2-46)、式(2-47)确定常数 α、β 后，再由下式求得结构各振型的阻尼比

$$\xi_j = \frac{1}{2} \left(\frac{\alpha}{\omega_j} + \beta \omega_j \right) \tag{2-67}$$

求得各个振型的广义位移后，由振型组合法得到结构的位移反应为

$$\boldsymbol{x} = \boldsymbol{\phi} \boldsymbol{q} = \sum_{j=1}^m \boldsymbol{\phi}_j q_j \tag{2-68}$$

式中　m——应考虑的振型数。

由式(2-68)可以看出，实际的结构位移是各个振型贡献的叠加。一般而言，不同振型的作用是不同的，在叠加过程中，不必考虑所有振型的贡献，只要得到的结构反应达到规定的精度要求，即可舍弃其他振型。

（2）直接积分法

直接积分法也称为逐步积分法，目前有很多种方法，如中心差分法、Houbolt 法、Newmark-β法、Wilson-θ法等。常用 Wilson-θ法、Newmark-β法。

① Wilson-θ法。Wilson-θ法的基本假定为，加速度在时间区段$[t, t + \theta\Delta t]$内是线性变化的，其中Δt为时间步长，即

$$\ddot{x}_{t+\tau} = \ddot{x}_t + \frac{\tau}{\theta\Delta t}(\ddot{x}_{t+\theta\Delta t} - \ddot{x}_t) \quad 0 \leqslant \tau \leqslant \theta\Delta t \tag{2-69}$$

将方程式(2-41)改写为时间区段$[t, t + \theta\Delta t]$内的动力增量方程，即

$$M\Delta\ddot{x} + C\Delta\dot{x} + K\Delta x = \Delta F(z, t) \tag{2-70}$$

对式(2-69)进行积分，得到

$$\Delta\ddot{x} = \frac{6}{\theta^2\Delta t^2}(x_{t+\theta\Delta t} - x_t - \theta\Delta t\dot{x}_t) - 3\ddot{x}_t \tag{2-71}$$

$$\Delta\dot{x} = \frac{3}{\theta\Delta t}(x_{t+\theta\Delta t} - x_t) - \frac{\theta\Delta t}{2}\ddot{x}_t - 3\dot{x}_t \tag{2-72}$$

$$\Delta x = \frac{\theta^2\Delta t^2}{6}(\ddot{x}_{t+\theta\Delta t} + 2\ddot{x}_t) + \theta\Delta t\dot{x}_t \tag{2-73}$$

将上面三式代入式(2-70)，经过整理得到

$$\tilde{K}x_{t+\theta\Delta t} = \tilde{F}_{t+\theta\Delta t} \tag{2-74}$$

式中

$$\tilde{K} = K + a_0 M + a_1 C \tag{2-75}$$

$$\tilde{F}_{t+\theta\Delta t} = F_t + \theta(F_{t+\theta\Delta t} - F_t) + M(a_0 x_t + a_2\dot{x}_t + 2\ddot{x}_t) + C(a_1 x_t + 2\dot{x}_t + a_3\ddot{x}_t) \tag{2-76}$$

由式(2-74)求得$x_{t+\theta\Delta t}$后，利用t时刻的已知条件即可求得$t + \Delta t$时刻的位移、速度和加速度，即

$$\ddot{x}_{t+\Delta t} = a_4(x_{t+\Delta t} - x_t) + a_5\dot{x}_t + a_6\ddot{x}_t \tag{2-77}$$

$$\dot{x}_{t+\Delta t} = \dot{x} + a_7(\ddot{x}_{t+\Delta t} + \ddot{x}_t) \tag{2-78}$$

$$x_{t+\Delta t} = x_t + \Delta t\dot{x}_t + a_8(\ddot{x}_{t+\Delta t} + 2\ddot{x}_t) \tag{2-79}$$

式中，$a_0 \sim a_8$为积分常数，见式(2-80)

$$\begin{aligned} a_0 &= \frac{6}{(\theta\Delta t)^2} & a_1 &= \frac{3}{\theta\Delta t} & a_2 &= 2a_1 \\ a_3 &= \frac{\theta\Delta t}{2} & a_4 &= \frac{a_0}{\theta} & a_5 &= -\frac{a_2}{\theta} \\ a_6 &= 1 - \frac{3}{\theta} & a_7 &= \frac{\Delta t}{2} & a_8 &= \frac{(\Delta t)^2}{6} \end{aligned} \tag{2-80}$$

可以证明，当$\theta \geqslant 1.37$时，Wilson-θ法是一种无条件稳定的线性加速度法。

② Newmark-β法。结构在$t + \Delta t$时刻动平衡方程为

$$M\ddot{x}_{t+\Delta t} + C\dot{x}_{t+\Delta t} + Kx_{t+\Delta t} = F(x_{t+\Delta t}, t + \Delta t) \tag{2-81}$$

求得$t + \Delta t$时刻结构速度和位移展开式为

$$\dot{x}_{t+\Delta t} = \dot{x} + [(1 - \gamma)\ddot{x}_t + \gamma\ddot{x}_{t+\Delta t}]\Delta t \tag{2-82}$$

$$x_{t+\Delta t} = x_t + \dot{x}_t\Delta t + \left[\left(\frac{1}{2} - \beta\right)\ddot{x}_t + \beta\ddot{x}_{t+\Delta t}\right]\Delta t^2 \tag{2-83}$$

引入初始条件x_0、$\dot{x}_0$、$\ddot{x}_0$，可由以下平衡关系式得到$t + \Delta t$时刻的位移值

$$\tilde{\boldsymbol{K}}_{t+\Delta t}\boldsymbol{x}_{t+\Delta t} = \tilde{\boldsymbol{F}}_{t+\Delta t} \tag{2-84}$$

式中
$$\tilde{\boldsymbol{K}}_{t+\Delta t} = \boldsymbol{K}_{t+\Delta t} + \boldsymbol{M}\frac{1}{\beta\Delta t^2} + \boldsymbol{C}\frac{\gamma}{\beta\Delta t} \tag{2-85}$$

$$\tilde{\boldsymbol{F}}_{t+\Delta t} = \boldsymbol{F}(x_{t+\Delta t}, t+\Delta t) + \boldsymbol{M}\left[\boldsymbol{x}_t\frac{1}{\beta\Delta t^2} + \dot{\boldsymbol{x}}_t\frac{1}{\beta\Delta t} + \ddot{\boldsymbol{x}}_t\left(\frac{1}{2\beta}-1\right)\right] +$$
$$\boldsymbol{C}\left[\boldsymbol{x}_t\frac{\gamma}{\beta\Delta t} + \dot{\boldsymbol{x}}_t\left(\frac{\gamma}{\beta}-1\right) + \ddot{\boldsymbol{x}}_t\frac{\Delta t}{2}\left(\frac{\gamma}{\beta}-2\right)\right] \tag{2-86}$$

由此可从时刻 t 求得 $t+\Delta t$ 的加速度和速度

$$\ddot{\boldsymbol{x}}_{t+\Delta t} = \frac{1}{\beta\Delta t^2}(\boldsymbol{x}_{t+\Delta t}-\boldsymbol{x}) - \frac{1}{\beta\Delta t}\dot{\boldsymbol{x}}_t - \left(\frac{1}{2\beta}-1\right)\ddot{\boldsymbol{x}}_t \tag{2-87}$$

$$\dot{\boldsymbol{x}}_{t+\Delta t} = \dot{\boldsymbol{x}}_t + \Delta t(1-\gamma)\ddot{\boldsymbol{x}}_t + \gamma\Delta t\ddot{\boldsymbol{x}}_{t+\Delta t} \tag{2-88}$$

Bathe 认为，Newmark-β 法对于 $\gamma = 1/2$，$\beta = 1/4$ 在计算过程中是无条件稳定的（即不出现发散）；而 Argyris 指出，Newmark-β 法仅对线性系统是无条件稳定的，对于非线性系统是有条件稳定的。因此，在此之后发展了许多修正的 Newmark-β 法。以下为作者推导的、较为实用的一种方法。

结构在 $t+\Delta t$ 时刻的动平衡方程为

$$(1-\alpha_{\rm B})\boldsymbol{M}\ddot{\boldsymbol{x}}_{t+\Delta t} + \alpha_{\rm B}\boldsymbol{M}\ddot{\boldsymbol{x}}_t + \boldsymbol{C}\dot{\boldsymbol{x}}_{t+\Delta t} + \boldsymbol{K}\boldsymbol{x}_{t+\Delta t} = \boldsymbol{F}(x_{t+\Delta t}, t+\Delta t) \tag{2-89}$$

求得 $t+\Delta t$ 时刻的结构速度和加速度展开式为

$$\dot{\boldsymbol{x}}_{t+\Delta t} = \dot{\boldsymbol{x}}_t + [(1-\gamma_{\rm B})\ddot{\boldsymbol{x}}_t + \gamma_{\rm B}\ddot{\boldsymbol{x}}_{t+\Delta t}]\Delta t \tag{2-90}$$

$$\boldsymbol{x}_{t+\Delta t} = \boldsymbol{x}_t + \dot{\boldsymbol{x}}_t\Delta t + \left[\left(\frac{1}{2}-\beta_{\rm B}\right)\ddot{\boldsymbol{x}}_t + \gamma_{\rm B}\ddot{\boldsymbol{x}}_{t+\Delta t}\right]\Delta t^2 \tag{2-91}$$

其中 Bossak 参数为

$$\alpha_{\rm B} = -0.1 \quad \gamma_{\rm B} = 0.6 \quad \beta_{\rm B} = 0.3025$$

同样可由下式得到 $t+\Delta t$ 时刻的位移值

$$\tilde{\boldsymbol{K}}_{t+\Delta t}\boldsymbol{x}_{t+\Delta t} = \tilde{\boldsymbol{F}}_{t+\Delta t} \tag{2-92}$$

式中
$$\tilde{\boldsymbol{K}}_{t+\Delta t} = \boldsymbol{K}_{t+\Delta t} + \boldsymbol{M}\frac{1}{\beta_{\rm B}\Delta t^2}(1-\alpha_{\rm B}) + \boldsymbol{C}\frac{\gamma_{\rm B}}{\beta_{\rm B}\Delta t} \tag{2-93}$$

$$\tilde{\boldsymbol{F}}_{t+\Delta t} = \boldsymbol{F}(x_{t+\Delta t}, t+\Delta t) +$$
$$\boldsymbol{M}\left\{\boldsymbol{x}_t\frac{1}{\beta\Delta t^2}(1-\alpha_{\rm B}) + \dot{\boldsymbol{x}}_t\frac{1}{\beta_{\rm B}\Delta t}(1-\alpha_{\rm B}) + \ddot{\boldsymbol{x}}_t\left[\left(\frac{1}{2\beta}-1\right)(1-\alpha_{\rm B}) - \alpha_{\rm B}\right]\right\} \tag{2-94}$$

$t+\Delta t$ 时刻的加速度和速度为

$$\ddot{\boldsymbol{x}}_{t+\Delta t} = \frac{1}{\beta_{\rm B}\Delta t^2}\left[(\boldsymbol{x}_{t+\Delta t}-\boldsymbol{x}_t) - \dot{\boldsymbol{x}}_t\Delta t - \left(\frac{1}{2}-\beta_{\rm B}\right)\ddot{\boldsymbol{x}}_t\Delta t^2\right] \tag{2-95}$$

$$\dot{\boldsymbol{x}}_{t+\Delta t} = \left(1-\frac{\gamma_\beta}{\beta_{\rm B}}\right)\dot{\boldsymbol{x}}_t + \left[(1-\gamma_{\rm B})\Delta t - \left(\frac{1}{2\beta}-1\right)\gamma_\beta\Delta t\right]\ddot{\boldsymbol{x}}_t +$$
$$\frac{\gamma_{\rm B}}{\beta_{\rm B}\Delta t}(\boldsymbol{x}_{t+\Delta t}-\boldsymbol{x}_t)$$

对于阻尼，有时可用对数衰减率 δ 来表示，δ 与 ξ 的关系为 $\delta = 2\pi\xi$，圆频率 $\omega = 2\pi f$，则式(2-48)、式(2-49)变为

$$\begin{cases} \alpha_1 + \alpha_2(4\pi^2 f_i^2) = 2\delta_i f_i \\ \alpha_1 + \alpha_2(4\pi^2 f_j^2) = 2\delta_j f_j \end{cases} \tag{2-96}$$

时域中数值计算的精度不仅取决于方法的稳定性，还与时间步长 Δt 有关。为保证计算的

精度，避免出现发散现象，时间步长Δt应满足

$$\Delta t \leqslant T_{\mathrm{P}}/20 \tag{2-97}$$

式中　　T_{P}——过程中出现最大频率的对应周期。

2.4　高耸钢结构的非线性动力分析

2.4.1　结构抗风极限状态分析

这里仍以钢塔结构为例来进行结构的抗风极限状态分析。钢塔是一种高柔的细长构筑物，风荷载起控制作用。强风压作用下，部分杆件进入弹塑性状态，同时钢塔架水平位移$P\text{-}\varDelta$效应等非线性特征影响较大；特别是重量较大的塔楼的电视塔，非线性因素变得更为明显；对钢塔架进行非线性动力分析是有实际意义的，对其极限状态的研究应同时考虑材料非线性和几何非线性。

（1）杆件的力学模型

轴心受力杆件的力学模型如图 2-17（a）、（b）所示。

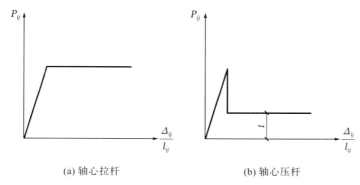

(a) 轴心拉杆　　　　　　　　　　(b) 轴心压杆

图 2-17　杆件的力学模型

t—压杆失稳后的剩余承载力

对于拉杆有

$$P_{ij} = \begin{cases} \dfrac{EA_{ij}\varDelta_{ij}}{l_{ij}} & \dfrac{\varDelta_{ij}}{l_{ij}} < \varepsilon_{\mathrm{y}} \\[3mm] f_{\mathrm{y}}A_{ij} & \dfrac{\varDelta_{ij}}{l_{ij}} \geqslant \varepsilon_{\mathrm{y}} \end{cases} \tag{2-98}$$

式中　　　　P_{ij}——杆件ij的内力；

EA_{ij}、l_{ij}、$\varDelta_{ij}$——杆件ij的刚度、长度和变形；

ε_{y}、f_{y}——钢材的屈服应变和屈服强度。

对于压杆有

$$\text{当}\left|\dfrac{\varDelta_{ij}}{l_{ij}}\right| < \dfrac{P_{\mathrm{u}}}{\varphi_{ij}EA_{ij}}\text{时，}\quad P_{ij} = \dfrac{\varphi_{ij}EA_{ij}\varDelta_{ij}}{l_{ij}}$$

$$\text{当}\left|\dfrac{\varDelta_{ij}}{l_{ij}}\right| \geqslant \dfrac{P_{\mathrm{u}}}{\varphi_{ij}EA_{ij}}\text{、}\lambda < 130\text{时，}\quad P_{ij} = 0.3P_{\mathrm{u}} \tag{2-99}$$

$$\text{当}\left|\dfrac{\varDelta_{ij}}{l_{ij}}\right| \geqslant \dfrac{P_{\mathrm{u}}}{\varphi_{ij}EA_{ij}}\text{、}\lambda \geqslant 130\text{时，}\quad P_{ij} = 0.4P_{\mathrm{u}}$$

式中　　P_u——压杆的极限承载力；

　　　　φ_{ij}——压杆纵向刚度折减系数。

（2）塔架单根杆件纵向刚度折减系数计算

对于单根杆件可考虑 1/1000 的初弯曲，作为初始缺陷。塔架的受压杆件由于弯曲变形使两端位移增大，从而影响塔架整体变形，杆件的单元刚度矩阵以纵向刚度折减系数相乘的方式，反映压杆的非线性因素作用。

设杆件初弯曲为

$$y_0 = cl\sin\frac{\pi x}{l} \tag{2-100}$$

式中　　l——杆件长度；

　　　　c——杆件初弯曲值与长度l之比值，一般$c = 0.001$。

当杆端作用一对压力P后，可解得其变形曲线为

$$y = \frac{cl}{1-\alpha}\sin\frac{\pi x}{l} \tag{2-101}$$

式中

$$\alpha = \frac{P}{\left(\dfrac{\pi^2 EI}{l^2}\right)} = \frac{\sigma\lambda^2}{\pi^2 E} \tag{2-102}$$

杆件受力之后，由于变形增大而产生的轴向缩短为

$$\begin{aligned}
\Delta x_\omega &= \frac{1}{2}\int_0^l\left(\frac{\mathrm{d}y}{\mathrm{d}x}\right)^2\mathrm{d}x - \frac{1}{2}\int_0^l\left(\frac{\mathrm{d}y_0}{\mathrm{d}x}\right)^2\mathrm{d}x \\
&= \frac{1}{2}\int_0^l\left(\frac{\pi c}{1-\alpha}\right)^2\cos^2\frac{\pi x}{l}\mathrm{d}x - \frac{1}{2}\int_0^l(\pi c)^2\cos^2\frac{\pi x}{l}\mathrm{d}x \\
&= \frac{c^2\pi^2 l\alpha(2-\alpha)}{4(1-\alpha)^2}
\end{aligned} \tag{2-103}$$

由于平均压应力引起的杆件轴向缩短为

$$\Delta x_N = \frac{Pl}{EA} \tag{2-104}$$

杆件在受力之后的轴向变形为$\Delta x_\omega + \Delta x_N$，引入杆件受压时轴向变形模量的概念

$$\Delta x_\omega + \Delta x_N = \frac{Pl}{E_p A} + \frac{Pl}{\varphi EA} \tag{2-105}$$

式中　　φ——纵向刚度折减系数。

$$\varphi = \frac{Pl}{EA(\Delta x_\omega + \Delta x_N)} = \frac{\sigma l}{E\left(\dfrac{Pl}{EA} + \dfrac{c^2\pi^2 l\alpha(2-\alpha)}{4(1-\alpha)^2}\right)} = \frac{1}{1 + \dfrac{c^2\lambda^2 l\alpha(2-\alpha)}{4(1-\alpha)^2}} \tag{2-106}$$

$$\lambda^2 = \frac{l^2}{r^2}$$

式中　　l——构件长度；

　　　　r——构件回转半径。

（3）考虑结构大位移的影响

考虑杆件坐标转换与刚度矩阵中大位移影响后，得杆件ij的刚度矩阵为

$$\boldsymbol{K}_{ij} = \frac{\phi_{ij}EA_{ij}}{l_{ij}} \begin{bmatrix} l''_{\overline{x}}l'_{\overline{x}} & l''_{\overline{x}}m'_{\overline{x}} & l''_{\overline{x}}n'_{\overline{x}} & -l''_{\overline{x}}l'_{\overline{x}} & -l''_{\overline{x}}m'_{\overline{x}} & -l''_{\overline{x}}n'_{\overline{x}} \\ m''_{\overline{x}}l'_{\overline{x}} & m''_{\overline{x}}m'_{\overline{x}} & m''_{\overline{x}}n'_{\overline{x}} & -m''_{\overline{x}}l'_{\overline{x}} & -m''_{\overline{x}}m'_{\overline{x}} & -m''_{\overline{x}}n'_{\overline{x}} \\ n''_{\overline{x}}l'_{\overline{x}} & n''_{\overline{x}}m'_{\overline{x}} & n''_{\overline{x}}n'_{\overline{x}} & -n''_{\overline{x}}l'_{\overline{x}} & -n''_{\overline{x}}m'_{\overline{x}} & -n''_{\overline{x}}n'_{\overline{x}} \\ -l''_{\overline{x}}l'_{\overline{x}} & -l''_{\overline{x}}m'_{\overline{x}} & -l''_{\overline{x}}n'_{\overline{x}} & l''_{\overline{x}}l'_{\overline{x}} & l''_{\overline{x}}m'_{\overline{x}} & l''_{\overline{x}}n'_{\overline{x}} \\ -m''_{\overline{x}}l'_{\overline{x}} & -m''_{\overline{x}}m'_{\overline{x}} & -m''_{\overline{x}}n'_{\overline{x}} & m''_{\overline{x}}l'_{\overline{x}} & m''_{\overline{x}}m'_{\overline{x}} & m''_{\overline{x}}n'_{\overline{x}} \\ -n''_{\overline{x}}l'_{\overline{x}} & -n''_{\overline{x}}m'_{\overline{x}} & -n''_{\overline{x}}n'_{\overline{x}} & n''_{\overline{x}}l'_{\overline{x}} & n''_{\overline{x}}m'_{\overline{x}} & n''_{\overline{x}}n'_{\overline{x}} \end{bmatrix} \tag{2-107}$$

得到杆件单元刚度矩阵后，再按一般方法合成结构总刚度矩阵，列出矩阵位移方程并求解位移。由于结构力与位移的非线性关系，在求解过程中应采用迭代法：

① 利用弹性方法求解结构的风振系数，根据不同的基本风压求解等效风荷载。

② 对于一定风压作用下的钢塔，首先利用弹性方法求解风荷载 $\boldsymbol{P}$ 作用下的节点位移 $\boldsymbol{U}_1 = \boldsymbol{K}_0^{-1}\boldsymbol{P}$，并计算变形后的节点坐标 $\boldsymbol{X}_1 = \boldsymbol{X}_0 + \boldsymbol{U}_1$ 以及各杆件的变形 $\boldsymbol{\Delta}_0$ 和内力 $\boldsymbol{T}_0$。刚度矩阵 $\boldsymbol{K}_0$ 中的材料模量用弹性模量 E 表示。

③ 根据 $\boldsymbol{X}_0$ 和 $\boldsymbol{\Delta}_0$ 重新计算各杆件的变形 $\boldsymbol{\Delta}_1$、内力 $\boldsymbol{T}_1$、刚度矩阵 $\boldsymbol{K}_1$ 以及结构的自振频率和振型，按照振型叠加法重新计算等效风荷载，修正节点外荷载。将杆件内力与节点外荷载相叠加，计算节点不平衡力 $\Delta\boldsymbol{P}_1$。

④ 重复步骤③，直到 $\Delta\boldsymbol{U}_1$ 很小，满足精度要求，输出计算结果。当 $\Delta\boldsymbol{U}_1$ 趋于无穷大时，结构已经破坏，达到极限承载状态。

2.4.2 等价线性化方法计算钢塔非线性振动

（1）基本假定

钢塔结构等价线性化动力分析是把多自由度体系的振动方程化为简单又能反映体系主要非线性特征的非线性方程，使其中质量矩阵、阻尼矩阵、线弹性恢复力矩阵均解耦，再适当简化非线性恢复力，然后对这些简化的非线性动力方程做等价线性化处理。这样，非线性动力分析就能像一般线性动力分析一样求解。

塔架非线性动力方程表达式为

$$\boldsymbol{M}\ddot{\boldsymbol{y}} + \boldsymbol{C}\dot{\boldsymbol{y}} + \boldsymbol{K}(\boldsymbol{y} - \boldsymbol{a}\boldsymbol{y}^3) = \boldsymbol{p}(t) \tag{2-108}$$

式(2-108)中未考虑非线性阻尼，因为钢结构在材料达到屈服之前阻尼变化绝对值甚小，而且衔接空间桁架体系的非线性恢复力，因为非线性动力反应过程中材料达到屈服阶段的杆件数量不会很多，为简化计算只考虑线性阻尼。

式(2-108)中以三次多项式表示非线性恢复力，因为非线性动力反应过程中非线性因素随结构变形的增大而逐步增强，在加载初期变形与恢复力接近线性关系，破坏时则非线性变形显著增大。变形与恢复力曲线以坐标原点为对称中心，故非线性恢复力可表达成三次抛物线型。

假定塔架各质点位移 $\boldsymbol{y}$ 按振型分解为

$$\boldsymbol{y} = \boldsymbol{\phi}\boldsymbol{x} \tag{2-109}$$

即

$$y_i = \phi_{i1}x_1 + \phi_{i2}x_2 + \cdots + \phi_{in}x_n \tag{2-110}$$

式中　$\boldsymbol{\phi}$——振型矩阵；

　　　$\boldsymbol{x}$——相互有联系的函数组，与线性体系的广义坐标不同。

塔架的几何非线性因素不会引起变形模式的重大变化。其线性无阻尼振型仍然可以表示其动力反应，因此假定非线性振型与线性振型相同。

按振型分解后，只考虑第一振型的非线性作用，因为在脉动风压作用下结构第一振型的动力反应占主导地位。高振型的动力位移幅值比第一振型的位移幅值小很多，而且位移有正有负，对高振型动力反应，其节点位移及 $P-\Delta$ 效应等非线性因素影响都很小。

（2）非线性刚度系数对角矩阵a的求解

在塔架上作用平均风压，用大位移空间桁架法逐步迭代计算其位移。然后按第一振型惯性力的分布对塔架分 m 级加载，直到塔架破坏为止，用同样方法求得其他各级荷载下的位移，取每一层形心的水平位移与平均风压作用下形心水平位移之差，组成悬臂梁集中质量体系的位移向量 $\boldsymbol{y}$，取各层惯性力组成力向量 $\boldsymbol{p}_s(s=1,2,\cdots,m)$。对每一组力和位移均应满足静力平衡方程

$$K(\boldsymbol{y}_s - \boldsymbol{a}_s \boldsymbol{y}_s^3) = \boldsymbol{p} \quad (s=1,2,\cdots,m) \tag{2-111}$$

对式(2-111)两边乘柔度矩阵，经变换后得

$$\boldsymbol{a}_s \boldsymbol{y}_s^3 = \boldsymbol{y}_s - \boldsymbol{y}_{ls} \tag{2-112}$$

式中　$\boldsymbol{y}_{ls}$——体系在 $\boldsymbol{p}_s$ 作用下的线性位移向量。

用统一的非线性系数对角矩阵 $\boldsymbol{a}$ 代替不同级别的 $\boldsymbol{a}_s$ 和荷载求得的 $\boldsymbol{a}_s$ 必然引起误差。误差用 $\boldsymbol{v}_s$ 表示，则式(2-112)变成

$$\boldsymbol{v}_s = \boldsymbol{y}_{ls} - \boldsymbol{y}_s + \boldsymbol{a}\boldsymbol{y}_s^3 \tag{2-113}$$

欲使 $\boldsymbol{a}$ 在整个非线性变形过程中引起的误差最小，则需满足极值条件

$$\frac{\partial}{\partial a_i}\left[\sum_{s=1}^{m} \boldsymbol{v}_s^T \boldsymbol{v}_s = 0\right] \quad (i=1,2,\cdots,n) \tag{2-114}$$

式中　n——体系质点总数；

　　　m——加载级数；

　　　a_i——$\boldsymbol{a}$ 的对角元素。

经推导得

$$a_i = \frac{\sum_{s=1}^{m}\left(y_{is}^4 - y_{lis}y_{is}^3\right)}{\sum_{s=1}^{m} y_{is}^6} \quad (i=1,2,\cdots,n)$$

式中　y_{lis}、y_{is}——$\boldsymbol{y}_{ls}$、$\boldsymbol{y}_s$ 的第 i 个元素。

由式(2-114)求得的非线性系数对角矩阵，以最小误差较全面地反映了体系在非线性振动时的非线性刚度特征。

（3）非线性动力方程的振型分解

与本章前述塔架结构振动方程及其解相同，对式(2-108)进行振型分解。以 $\boldsymbol{y}=\boldsymbol{\phi}\boldsymbol{x}$ 代入式(2-108)，并在两边左乘悬臂杆集中质量体系的线性振型矩阵的转置 $\boldsymbol{\phi}^T$，再同时左乘 $[\boldsymbol{\phi}^T M\boldsymbol{\phi}]^{-1}$，得

$$\ddot{x}_j + 2\xi_j\omega_j\dot{x}_j + \omega_j^2 x_j - [\boldsymbol{\phi}^T M\boldsymbol{\phi}]^{-1}\boldsymbol{\phi}^T K\boldsymbol{a}y_i^3 = p_i^* \tag{2-115}$$

式中　x_j——第 j 个振型广义坐标（$j=1,2,\cdots,n$）；

　　　p_j^*——广义外力。

$$p_j^* = [\boldsymbol{\phi}^T M\boldsymbol{\phi}]^{-1}\boldsymbol{\phi}^T \boldsymbol{p}(t) \tag{2-115a}$$

式(2-115)除左边第四项外，其余均同于线性动力方程组。左边第四项为

$$\boldsymbol{\phi}^{\mathrm{T}}\boldsymbol{K}\boldsymbol{a} = \begin{bmatrix} \phi_{11} & \phi_{21} & \cdots & \phi_{n1} \\ \phi_{12} & \phi_{22} & \cdots & \phi_{n2} \\ \vdots & \vdots & \ddots & \vdots \\ \phi_{1n} & \phi_{2n} & \cdots & \phi_{nn} \end{bmatrix} \begin{bmatrix} K_{11}a_1 & K_{12}a_2 & \cdots & K_{1n}a_n \\ K_{21}a_1 & K_{22}a_2 & \cdots & K_{2n}a_n \\ \vdots & \vdots & \ddots & \vdots \\ K_{n1}a_1 & K_{n2}a_2 & \cdots & K_{nn}a_n \end{bmatrix}$$

$$= \begin{bmatrix} a_1\sum_{j=1}^{n}\phi_{j1}K_{j1} & a_2\sum_{j=1}^{n}\phi_{j1}K_{j2} & \cdots & a_n\sum_{j=1}^{n}\phi_{j1}K_{jn} \\ a_1\sum_{j=1}^{n}\phi_{j2}K_{j1} & a_2\sum_{j=1}^{n}\phi_{j2}K_{j2} & \cdots & a_n\sum_{j=1}^{n}\phi_{j2}K_{jn} \\ \vdots & \vdots & \ddots & \vdots \\ a_1\sum_{j=1}^{n}\phi_{jn}K_{j1} & a_2\sum_{j=1}^{n}\phi_{jn}K_{j2} & \cdots & a_n\sum_{j=1}^{n}\phi_{jn}K_{jn} \end{bmatrix} \tag{2-116}$$

根据基本假定得简化公式

$$\begin{bmatrix} y_1^3 \\ y_2^3 \\ \vdots \\ y_n^3 \end{bmatrix} = \begin{bmatrix} (\phi_{11}x_1 + \phi_{12}x_2 + \cdots + \phi_{1n}x_n)^3 \\ (\phi_{21}x_1 + \phi_{22}x_2 + \cdots + \phi_{2n}x_n)^3 \\ \vdots \\ (\phi_{n1}x_1 + \phi_{n2}x_2 + \cdots + \phi_{nn}x_n)^3 \end{bmatrix} \approx \begin{bmatrix} \phi_{11}^3 x_1^3 \\ \phi_{21}^3 x_1^3 \\ \vdots \\ \phi_{n1}^3 x_1^3 \end{bmatrix} \tag{2-117}$$

根据基本假定略去所有高振型的非线性项得

$$-[\boldsymbol{\phi}^{\mathrm{T}}\boldsymbol{M}\boldsymbol{\phi}]^{-1}\boldsymbol{\phi}^{\mathrm{T}}\boldsymbol{K}\boldsymbol{a}y_i^3 = \begin{bmatrix} -\dfrac{1}{M_1^*}\left[\sum_{i=1}^{n}a_i\phi_{i1}^3\left(\sum_{i=1}^{n}\phi_{j1}K_{ji}\right)\right] \\ -\dfrac{1}{M_2^*}\left[\sum_{i=1}^{n}a_i\phi_{i1}^3\left(\sum_{i=1}^{n}\phi_{j2}K_{ji}\right)\right] \\ \vdots \\ -\dfrac{1}{M_n^*}\left[\sum_{i=1}^{n}a_i\phi_{i1}^3\left(\sum_{i=1}^{n}\phi_{jn}K_{ji}\right)\right] \end{bmatrix}x_1^3 = \begin{bmatrix} \lambda_1 \\ \lambda_2 \\ \vdots \\ \lambda_n \end{bmatrix}x_1^3 \tag{2-118}$$

式中　M_i^*——对应于第i振型的广义质量，$M_i^* = \boldsymbol{\phi}_i^{\mathrm{T}}\boldsymbol{M}\boldsymbol{\phi}_i$。

由此，得非线性方程组，式(2-115)变成

$$\begin{cases} \ddot{x}_1 + 2\xi_1\omega_1\dot{x}_1 + \omega_1^2 x_1 + \lambda_1 x_1^3 = p_1^* \\ \ddot{x}_2 + 2\xi_2\omega_2\dot{x}_2 + \omega_2^2 x_2 + \lambda_2 x_2^3 = p_2^* \\ \vdots \\ \ddot{x}_n + 2\xi_n\omega_n\dot{x}_n + \omega_n^2 x_n + \lambda_n x_n^3 = p_n^* \end{cases} \tag{2-119}$$

式中　ω_i——第i振型的圆频率；

　　　ξ_i——第i振型的阻尼比。

式(2-119)的第一式为独立的非线性方程，可用单自由度体系等价线性化方法求解。求得x_1后，可代入式(2-119)第二式及其余各式，求得x_2、$\cdots$、x_n，再利用$\boldsymbol{y} = \boldsymbol{\phi}\boldsymbol{x}$，可求得体系的动力反应。

（4）非线性动力方程组的解

将式(2-119)的第一式改为

$$\ddot{x}_1 + 2\xi_1\omega_1\dot{x}_1 + \omega_{\mathrm{e1}}^2 x_1 = p_1^* + \omega_{\mathrm{e1}}^2 x_1 - \omega_1^2 x_1 - \lambda_1 x_1^3 = p_1^* + N(t) \tag{2-120}$$

式中　ω_{e1}——等价自振基频；

　　　$N(t)$——方程的误差过程。

如果欲使等价线性方程$\ddot{x}_1 + 2\xi_1\omega_1\dot{x}_1 + \omega_{\mathrm{e1}}^2 x_1 = p_1^*$逼近原方程，须使误差过程$N(t)$平方的均值$E[N^2(t)]$取极小值，其必要条件为

$$\frac{\partial}{\partial(\omega_{e1}^2)}E[N^2(t)] = \frac{\partial}{\partial(\omega_{e1}^2)}E(\omega_{e1}^2 x_1 - \omega_1^2 x_1 - \lambda_1 x_1^3) = 0 \tag{2-121}$$

即

$$2\omega_{e1}^2 E(x_1^2) - 2\omega_1^2 E(x_1^2) - 2\lambda_1 E(x_1^4) = 0 \tag{2-122}$$

由等价线性方程解得 x_1 也应是均值为零的平稳高斯过程的计算，可得：$E[x_1^4] = 3\sigma_{x_1}^4$，$E(x_1^2) = 3\sigma_{x_1}^2$，代入上式得：

$$\omega_{e1}^2 = \omega_1^2(1 + 3\lambda_1\sigma_{x_1}^2/\omega_1^2) \tag{2-123}$$

为了求得根方差，必须求风压谱，采用 Davenport 提出的风速表达式

$$S_v(\omega) = \frac{4k_r\overline{v}_{10}^2}{\omega} \times \frac{x_0^2}{(1 + x_0^2)^{4/3}} \quad x_0 = \frac{600\omega}{\pi\overline{v}_{10}} \tag{2-124}$$

式中　$\overline{v}_{10}$——高度 10m 处的平均风速；

k_r——表达地面粗糙度的系数。

对于空旷地面和开阔草地 $k_r = 0.003 \sim 0.005$；对于矮树林和小市镇 $k_r = 0.015 \sim 0.030$。

进一步化为第一振型的风压谱 $S_{p_1}^*(\omega)$，并用考虑脉动风压上下相关而得到的简化折减系数 η_2 代替 Davenport 提出的相关函数，则有

$$S_{p_1}^*(\omega) = \sum_{i=1}^n \sum_{m=1}^n \frac{16k_r p_{z(i)} p_{z(m)} \phi_{i1}\phi_{m1}}{\sqrt{\mu_{z(i)}\mu_{z(m)}}} \times \frac{x_0^2}{\omega_1(1 + x_0^2)^{4/3}} \times \eta_2^2 \tag{2-125}$$

式中　$p_{z(i)}$、$p_{z(m)}$——第 i 点及其第 m 点上的水平风力；

$\mu_{z(i)}$、$\mu_{z(m)}$——第 i 点及其第 m 点的风压沿高度变化系数。

此时根方差为

$$\sigma_{x_1} = \sqrt{\int_{-\infty}^{+\infty} \frac{1}{(\omega_{e1}^2 - \omega^2)^2 + 4\xi_1^2\omega^2} \times S_{p_1}^*(\omega)\,d\omega} \tag{2-126}$$

利用式(2-123)和式(2-126)迭代求解 ω_{e1}、σ_{x_1}，一般先假定 $\omega_{x_1}^*$ 值，然后求 $\sigma_{x_1}^2$、ω_{e1}^2 再与假设值比较，修正后再迭代，直到 $\omega_{x_1}^*$ 与 ω_{e1} 相当接近为止。与此同时也求得 σ_{x_1} 值，若迭代时 ω_{e1} 及 σ_{x_1} 不收敛，表示塔架已破坏。

对于高振型方程的求解也可推导得类似的迭代公式，即

$$\sigma_{x_i} = \sqrt{\int_{-\infty}^{+\infty} \frac{1}{(\omega_{ei}^2 - \omega^2)^2 + 4\xi_i^2\omega^2} \times S_{p_i}^*(\omega)\,d\omega} \tag{2-127a}$$

$$\omega_{ei}^2 = \omega_i^2 + 3\lambda_i E(x_i x_1)\sigma_{x_1}^2/\sigma_{x_i}^2 \tag{2-127b}$$

式中，第 i 振型广义外力 p_i^* 的风压谱为

$$S_{p_1}^*(\omega) = \sum_{l=1}^n \sum_{m=1}^n \frac{16k_r p_{z(l)} p_{z(m)} \phi_{li}\phi_{mi}}{\sqrt{\mu_{z(l)}\mu_{z(m)}}} \times \frac{x_0^2}{\omega(1 + x_0^2)^{4/3}} R_{l,m}(\omega) \tag{2-128}$$

式中　$R_{l,m}(\omega)$——互相关函数，按 Davenport 的建议，取

$$R_{l,m}(\omega) = \exp\left(-\frac{K_c\omega\Delta}{2\pi\overline{v}_{10}}\right) \tag{2-129}$$

式中　K_c——无量纲系数，与地面粗糙度有关（A 类地面粗糙度，$K_c = 4.5$）；

Δ——l 点与 m 点高差的绝对值，$\Delta = |h_l - h_m|$。

式(2-127b)中 $E(x_i x_1)$ 体现了第一振型非线性因素对其他振型的影响，计算公式为

$$E(x_i x_1) = -3\lambda_i E(x_1^2) \int_0^\infty h_i(s) R_{x_1 x_1}(s)\, \mathrm{d}s \tag{2-130}$$

式中　$h_i(s)$——第i振型的脉冲响应函数；

　　$R_{x_1 x_1}(s)$——x_1自相关函数。

在实际工程中，考虑到高振型的反应相对较小，且各阶广义坐标即使在非线性振动时相关性也较小，可近似地将 $E(x_i x_1)$ 看作零（$i \neq 1$），再取 $R_{l,m}(\omega) = 1$，则可大大简化高振型反应的计算。

这时动力反应方程组变成如下形式：

$$\begin{cases} \ddot{x}_1 + 2\xi_1 \omega_1 \dot{x}_1 + \omega_1^2 x_1 + \lambda_1 x_1^3 = p_1^* \\ \ddot{x}_2 + 2\xi_2 \omega_2 \dot{x}_2 + \omega_2^2 x_2 = p_2^* \\ \qquad\qquad\vdots \\ \ddot{x}_n + 2\xi_n \omega_n \dot{x}_n + \omega_n^2 x_n = p_n^* \end{cases} \tag{2-131}$$

计算高振型动力反应的公式成为不考虑上下相关性的线性计算公式，即

$$S_{\mathrm{p1}}^*(\omega) = \sum_{l=1}^n \sum_{m=1}^n \frac{16 k_\mathrm{r} p_{\mathrm{z}(l)} p_{\mathrm{z}(m)} \phi_{li} \phi_{mi}}{\sqrt{\mu_{\mathrm{z}(l)} \mu_{\mathrm{z}(m)}}} \times \frac{x_0^2}{\omega \left(1 + x_0^2\right)^{4/3}} \tag{2-132}$$

$$\sigma_{x_i} = \sqrt{\int_{-\infty}^{+\infty} \frac{1}{\left(\omega_i^2 - \omega^2\right)^2 + 4\xi_i^2 \omega^2} \times S_{\mathrm{p}i}^*(\omega)\, \mathrm{d}\omega} \tag{2-133}$$

求得各振型的随机动力反应后，即可按一般线性随机动力分析的公式求各质点的动力反应。一般情况下，钢塔的阻尼较小，且各阶自振频率相隔较远，故略去交叉项后可得质点i的动位移的方差为

$$\sigma_{yi}^2 = \sum_{l=1}^n \phi_{il}^2 \sigma_{xl}^2 \quad (i = 1, 2, \cdots, n) \tag{2-134}$$

这样，求得了非线性体系的随机动力位移后，体系在第j点处截面剪力的方差为

$$\sigma_{vj} = \sqrt{\sum_{k=1}^n \left[\left(\sum_{i=j}^n m_i \phi_{ik} \right)^2 \omega_k^4 \sigma_{xk}^2 \right]} \quad (j = 0, 2, \cdots, n) \tag{2-135}$$

体系按第j点的截面剪力等效求得的风振系数为

$$\beta_{vj} = 1 + \frac{\mu \sigma_{vj}}{V_{\omega j}} \tag{2-136}$$

式中　$V_{\omega j}$——由平均风压引起的j点剪力值；

　　μ——保证系数，若取 $\mu = 2.5$，则保证率为 99.38%。

体系在第j点的截面弯矩方差为

$$\sigma_{Mj} = \sqrt{\sum_{k=1}^n \left\{ \left[\sum_{i=j}^n m_i (h_i - h_j) \phi_{ik} \right]^2 \omega_k^4 \sigma_{xk}^2 \right\}} \quad (j = 0, 2, \cdots, n-1) \tag{2-137}$$

体系按第j点的截面弯矩等效求得的风振系数为

$$\beta_{Mj} = 1 + \frac{\mu \sigma_{Mj}}{M_{\omega j}}$$

式中　　$M_{\omega j}$——由平均风压引起的 j 点弯矩值。

2.5　钢塔风振动力分析实例

以上海青浦电视塔作为工程实例，对其动力特性及风振响应进行分析计算。

按照本章结构层间计算模型的简化方法，将青浦电视塔简化成有 43 个集中质量的多自由度结构体系，简化计算模型的数据见表 2-21。青浦电视塔地处 B 类地貌，基本风压为 0.55kN/m²。经过动力特性分析计算，青浦电视塔的前四阶自振周期、圆频率、广义质量如表 2-22 所列，前四阶振型图如图 2-18 所示。在表中同时列出了由整体空间桁架法得到的电视塔动力特性。整体空间桁架法是将结构的所有节点考虑为铰接点，将每根杆件的重量聚集在其两端的节点上，然后在空间直角坐标系中进行分析。从表中结果可见，由本文方法得到的结构周期大于由整体空间桁架法得到的结果。这是因为采用本文提出的简化模型进行分析时，由于仅考虑塔柱和斜杆的刚度贡献，而忽略了横杆、横隔对结构产生的整体作用，计算时的结构刚度减小了，导致结构的自振频率减小，而自振周期增大。

表 2-21　青浦电视塔简化计算模型参数

质点	标高/m	质量/kg	等效抗弯刚度/（×10¹⁰N·m²）	等效抗剪刚度/（×10¹⁰N·m²）
1	21	25750	165	0.23
2	27.5	13300	105	0.31
3	34	12750	84.2	0.19
4	40	12130	61	0.19
5	46	12120	48.3	0.15
6	51.5	11366	39.1	0.13
7	57	11666	32.8	0.11
8	62	9870	24	0.1
9	67	9640	21.9	0.092
10	71.5	8770	15.6	0.09
11	76	8620	14.3	0.086
12	80	7900	9.76	0.087
13	84	7700	8.94	0.084
14	88	7400	6.36	0.073
15	92	19940	5.77	0.069
16	95	32380	5.22	0.067
17	100.1	32370	4.69	0.058
18	104	19460	4.18	0.059
19	107	1485	2.99	0.036

续表

质点	标高/m	质量/kg	等效抗弯刚度/（×10^10N·m²）	等效抗剪刚度/（×10^10N·m²）
20	110	1450	2.72	0.051
21	113	1430	2.46	0.051
22	116	1240	2.22	0.05
23	119	795	1.14	0.057
24	121.5	688	0.7	0.038
25	123.5	640	0.7	0.031
26	125.5	595	0.7	0.031
27	127.5	553	0.52	0.031
28	129.5	553	0.52	0.031
29	131.5	553	0.52	0.031
30	133.5	553	0.53	0.031
31	135.5	519	0.53	0.031
32	137.5	444	0.42	0.024
33	139.5	444	0.34	0.023
34	141.5	444	0.34	0.021
35	134.5	444	0.34	0.021
36	145.5	444	0.34	0.021
37	147.5	444	0.32	0.021
38	149.5	444	0.32	0.021
39	151.5	444	0.32	0.021
40	153.5	444	0.32	0.021
41	155.5	444	0.32	0.021
42	157.5	400	0.32	0.021
43	168	1000	0.31	0.021

表 2-22 青浦电视塔的前四阶自振周期、圆频率、广义质量

阶数	分层空间桁架法			整体空间桁架法	
	自振周期	圆频率	广义质量	自振周期	圆频率
1	1.94	3.23	12.1	1.79	3.51
2	0.95	6.61	3.3	0.87	7.22
3	0.37	16.97	7.43	0.32	19.62
4	0.25	25.13	5.57	0.21	29.9

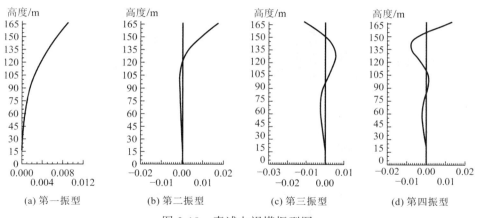

图 2-18　青浦电视塔振型图

图 2-19 为由计算机模拟得到的青浦电视塔塔楼脉动风荷载曲线。在时域内对钢塔进行动力分析，从而得到结构的动力反应。塔楼的加速度最大值已达 $0.601m/s^2$，远远超出舒适度要求，天线段由于刚度远小于塔身刚度，塔顶脉动位移最大值达 1.073m，因此对该塔实施风振控制十分必要。

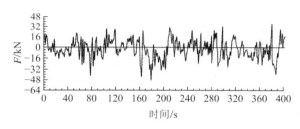

图 2-19　塔楼的脉动风荷载

为分析其他高阶振型对结构响应的贡献，图 2-20 至图 2-22 分别给出青浦电视塔前两阶振型的结构响应。计算结果表明，青浦电视塔风振响应主要以第一振型响应为主，高阶振型贡献很小。天线端第二阶振型位移响应最大值为 0.134m，与该点总位移响应最大值相比不超过 12.5%；因此，青浦电视塔的风振反应主要是第一振型的响应，进行结构控制设计时可主要考虑对第一振型进行控制。

根据本例题的计算结果可以得到以下结论：

① 分别考虑塔柱、斜杆的抗弯和抗剪作用，并将各层杆件的质量集中在横杆处，将钢结构电视塔的计算模型简化为多自由度悬臂体系，这种层间简化模型可以减少单元数目和自由度数，计算工作量少，能够很快提供结构的变形状态，可用于分析脉动风作用下的结构响应。

② 由虚功原理求得结构的柔度矩阵，并相应确定结构的刚度矩阵、质量矩阵和阻尼矩阵，由此得到钢结构电视塔简化模型的动力特性。与整体空间桁架法相比，由分层空间桁架法得到的结构自振周期偏大，但计算结果精度能够满足工程设计的要求。

③ 对高耸结构风振响应的时程分析，得到了结构在整个风力记录持续时间内的动力时程反应，为结构的风振分析和设计提供了手段和依据。

④ 本例研究了青浦电视塔的动力特性及风振反应（位移、速度、加速度）。从计算结果可以看出，钢塔的天线段位移远大于塔楼以下部分，塔楼处的加速度已经超过了人体的舒适度界限，钢塔各个振型响应对总响应的贡献不一，其中以第一振型响应为主。

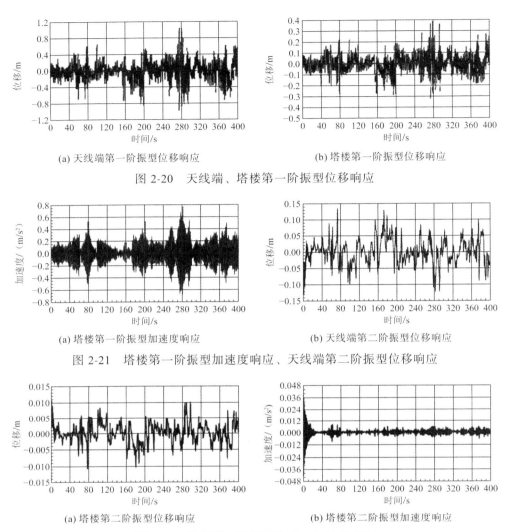

(a) 天线端第一阶振型位移响应

(b) 塔楼第一阶振型位移响应

图 2-20　天线端、塔楼第一阶振型位移响应

(a) 塔楼第一阶振型加速度响应

(b) 天线端第二阶振型位移响应

图 2-21　塔楼第一阶振型加速度响应、天线端第二阶振型位移响应

(a) 塔楼第二阶振型位移响应

(b) 塔楼第二阶振型加速度响应

图 2-22　塔楼第二阶振型位移、加速度响应

第 3 章
模块化钢结构连接技术与韧性提升方法

3.1 模块化钢结构

3.1.1 模块化钢结构的优势

近年来，随着我国经济社会的持续进步，节能与环保已成为时代发展的核心要求。自改革开放以来，我国基础设施建设实现了迅猛发展，特别是在住宅建设领域，呈现出前所未有的繁荣景象。截至 2024 年末，我国常住人口城镇化率已达到 67.00%，比 2023 年末提高了 0.84 个百分点。然而，长期以来，我国建筑业以现场建造为主，这种粗放式的发展模式带来了诸如二氧化碳排放量大、资源浪费严重、生态环境破坏等问题，对新型城镇化建设构成了巨大挑战。因此，转向建筑工业化成为我国建筑业发展的必由之路。

相较于传统的混凝土结构和砌体结构，钢结构因其自重轻、抗震性能优越、现场施工湿作业少、材料可回收等显著优势，成为建筑工业化进程中的重要发展方向。自 20 世纪 90 年代起，钢结构在建筑领域迎来了飞速发展，其应用范围已广泛覆盖机场、车站、大跨度空间结构以及高层建筑。随着钢铁产业的蓬勃发展，钢结构建筑的规模不断扩大，钢结构领域呈现出多样化、轻量化、高层化的发展态势。因此，钢结构建筑在推动建筑业可持续发展中的作用日益凸显，其综合效益逐渐成为公众关注的焦点。

装配式建筑是指结构构件和配件在工厂预制完成，运输至施工现场安装，将预制部件一体化集成的建筑形式。这种建筑形式对环境影响小，操作模式机械化，可以大量减少建筑垃圾和污染排放，有效减少施工现场的人力成本，符合现代建筑工程的建设理念。目前，国家与地方纷纷出台政策，支持装配式钢结构建筑的推广。例如，从 2016 年《关于大力发展装配式建筑的指导意见》的出台，到 2017 年《"十三五"装配式建筑行动方案》的颁布，再到 2020 年 9 月"双碳"目标的提出，再到《关于加快新型建筑工业化发展的若干意见》的印发，国家不断出台政策，支持装配式建筑推广应用。近年来，我国新建装配式建筑面积及占比逐年稳步增长，2021 年全国新开工装配式建筑面积达 7.4 亿 m^2，较 2020 年增长 18%，占新建筑面积的比例为 24.5%。模块化钢结构作为装配式建筑结构形式之一，符合建筑工业化、智能化、绿色化的发展方向，具有广阔的市场前景。

模块化钢结构建筑是装配式钢结构建筑中集成程度最高的结构形式，采用每个房间作为模块单元的方式进行建造.模块单元均在工厂预制生产，包括结构体系、外围护系统、设备与管线系统及内部装修，之后运输至现场，将模块堆叠并连接在一起，连接管线系统后即可投入使用。模块化钢结构建造流程如图 3-1 所示。模块建筑的建筑主体装配率可达 90% 以上，现场人工量可比传统模式减少 70%，综合建设工期可比传统建造方式缩短 1/3 以上。此外，模块化钢结构建筑在绿色与低碳方面具有显著优势，与传统建造方式相比，模块建筑可减少 75% 以上的现场建筑垃圾，减少 90% 以上的施工噪声污染。模块化钢结构建筑不仅继承了装配式钢结构建筑的所有优点，还体现了极高的标准化和工业化程度，进一步降低了建筑能耗，符合工程建设绿色低碳发展的趋势。

结构体系

内部装修

模块单元　　　运输单元　　　吊装与安装　　　模块化建筑

图 3-1　模块化钢结构建造流程

由上述特点可知，与传统建筑模式相比，模块化建筑具有好、快、省、活的技术优势。

（1）好：绿色环保，质量精良

模块化建筑模块单元在工厂加工制作，工厂内流水化作业，大大减少了制造误差，有效提高了施工质量。同时减少了施工现场建筑垃圾，尤其采用钢结构模块化建筑时，材料绿色环保。建筑物整个建造过程减少现场粉尘和噪声，将对周边环境的破坏降到最低。

（2）快：并行作业，施工高效

模块单元在工厂内流水线生产，大大提高了建筑建造效率，模块单元制造期间施工现场可同步进行基础的施工，工厂内加工环节受天气和季节制约小，最大限度地缩短了建造时间，大大减少了施工周期，有利于尽早交付投资方，使其更快地收回投资成本。

（3）省：人力物力，优化配置

据统计，2000—2014 年，劳动力成本占建筑业总产值的比例以年均 5% 的速度增长，而模块化建筑流水线作业工艺，解放了劳动力，将新生代务工人员培养为高素质产业工人，大大节约了人力成本。同时，工厂内施工环境好，其生活及工作环境趋于稳定，有利于社会稳定与和谐。

（4）活：方便拆卸、灵活组合

模块单元为模块化建筑的基本单元，可进行灵活组合以满足不同使用功能。当建筑在使用过程中面临拆除时，其模块化结构拆除方便，可减少建筑垃圾。经拆除的模块单元可重新组合，构建新的建筑，从而实现循环使用，降低建筑拆除与重建成本。

综上所述，在我国大力发展建筑工业化的背景下，作为一种新兴的建筑形式，模块化钢结构以其施工高效、质量精良、绿色环保等优越性逐渐成为工程界和学术界关注的热点。作为一种新型高度装配化的建筑形式，模块化钢结构符合国家相关政策，能极大地推进我国建筑工业化的发展，为我国建筑产业化带来新的曙光。因此，借助国家发展规划赋予钢结构产业不可多得的发展机遇，解决模块化钢结构抗震设防关键技术问题，深入研究模块化钢结构抗侧力构件与连接节点的抗震性能，对于化解钢铁产能过剩的矛盾、促进钢结构产业健康发展、推动模块化钢结构在抗震设防地区的应用及促进我国建筑业健康转型，具有深远而重要的意义。

3.1.2　模块化钢结构的应用实践

世界上最早出现的模块化建筑是 1967 年蒙特利尔世界博览会的 1 个展示项目——"住宅67"［图 3-2（a）］，354 个模块单元以类似于搭积木的形式建造而成。中银舱体楼［图 3-2（b）］是日本模块化建筑的代表，由日本著名建筑师黑川纪章于 1972 年设计，该建筑中间存在 2 个混凝土核心筒，模块单元摆放在其周围，是将模块建筑与传统核心筒结构相结合的优秀案例。美国纽约布鲁克林住宅大厦［图 3-2（c）］是目前最高的模块化建筑，该建筑共 32 层、350 套公寓，由 950 个钢框架模块单元构成。曼彻斯特大学 1 幢学生公寓［图 3-2（d）］采用了箱式模块体系，共包含 1425 个模块，仅用 4 个月即全部建成，是目前世界上规模最大的模块化建筑。此外，由于集装箱运输方便、拆装灵活的优点，将退役的集装箱改造成模块化建筑是 21 世纪以来备受青睐的模块化建筑形式，代表性建筑有英国经济型酒店公司 Travelodge 建设的 1 座集装箱旅店和苏格兰的希尔顿酒店，集装箱只需要像乐高玩具一样拼接起来即可。再如 2006 年荷兰政府为学生建造的有 1000 个房间的学生公寓［图 3-2（e）］，这让阿姆斯特丹成为世界上拥有集装箱房屋最多的城市。Kevin Giriunas 等对集装箱模块建筑的受力性能进行了研究，通过八种开洞模式的对比分析，证明集装箱有较高的承载力，可满足建筑用途。Hyung Keum-Park 等介绍了韩国 2014 年建成的 1 座 12 层框架式的模块化建筑［图 3-2（f）］，该建筑采用传统框架体系作为承重结构，框架内部填充模块单元。Lawson R. M.、Gerald Staib、Kim J. Y.以及 Ryan E. S.等针对模块化建筑在各自国家的应用开展了大量的案例研究，系统总结了模块化建筑的发展历史和技术优势，通过大量工程实例展示了模块化建筑在酒店、医院、宿舍、公寓等具有重复单元的建筑中的应用。Lacey A. W.等综述了模块化建筑的结构形式、建筑材料、节点形式和动力响应分析方法并指出了模块化建筑亟待解决的问题。

(a) 住宅 67　　　　(b) 中银舱体楼　　　　(c) 布鲁克林住宅大厦

(d) 大学生公寓　　　　(e) 集装箱宿舍　　　　(f) 框架式模块化建筑

图 3-2　国外代表性模块化建筑

　　国内在模块化钢结构领域做了大量探索和实践。如 2011 年上海国际冶金展上，宝钢集团展出的 1 套 2 层的模块化钢结构建筑房屋［图 3-3（a）］。图 3-3（b）所示为 2017 年天津静海子牙建成的白领宿舍。国内也出现了一批基于集装箱改造的模块化钢结构建筑，如香港大学黄竹坑学生宿舍项目［图 3-3（c）］是模块化建筑技术在教育领域的一个典型应用。该项目提供了两座 17 层的学生宿舍塔楼，包括学生公寓，每个公寓都有 8/9/10 个房间。项目采用了模块化综合建筑技术，大幅缩短了建设周期。图 3-3（d）所示为雄安新区市民服务中心项目，承担着政务服务、规划展示等多项功能。整个项目工期比传统模式缩短 40%，建筑垃圾比传统建筑项目减少超过 80%。该项目创造了全新的"雄安速度"——从开工到全面封顶仅历时 1000h。北京亦庄蓝领公寓项目［图 3-3（e）］是全国最高最大的模块化建筑群，共 9 层，高 32m，建筑面积达 12 万 m²，为产业技术工人提供 1810 间住房。模块化建造过程免湿作业，节水 70%；免搭建脚手架和模板，减少 80% 的建筑垃圾；免焊接等工序，节电 70%。循环材料利用率达

90%，抗震设防烈度为 8 度，模块化建造实现了更高速度、精度与质量。模块化钢结构建筑房屋产品的显著特点是其箱式模块单元在工厂完成所有的内部装修［如图 3-3（f）］，施工现场完成模块连接之后便可快速交付使用，是建筑工业化相比传统现场建造优势的集中体现。

(a) 宝钢模块化建筑

(b) 天津子牙白领宿舍

(c) 香港大学黄竹坑宿舍

(d) 雄安新区市民服务中心

(e) 北京亦庄蓝领公寓

(f) 模块内部装修

图 3-3　国内代表性模块化建筑

　　模块化建筑技术具有快速响应能力，在应急设施建设中发挥了重要作用。2020 年，雷神山医院和火神山医院［图 3-4（a）和（b）］分别在 13 天、10 天内完成建设。这两座医院均采用了模块化建造技术，大幅缩短了建设时间。2008 年汶川地震后，采用集装箱模块化建筑，通过规则排列和牢固连接，仅用了 3 个月时间就快速建成了能够满足 1100 名学生学习和生活需要的"集装化组合校区"汶川县雁门中心学校［图 3-4（c）］。这一案例展示了模块化建筑在灾害重建中的快速反应能力和可持续性。新西兰过渡性保障房［图 3-4（d）］是应急房屋，提供完整的配套设施，包括厨房、客厅、浴室和卧室，所有的管道和电气设施都是预制的。该模块化房屋可以满足新西兰建筑标准 HomeStar 6 和 New H1 保温要求，且能够满足 60min 防火要求。广州白云应急隔离病房［图 3-4（e）］采用了模块化建筑技术，快速响应了疫情防控的需求，展现了模块化建筑在应急医疗设施中的高效应用。

(a) 雷神山医院

(b) 火神山医院

(c) 汶川县雁门中心学校

(d) 新西兰过渡性保障房

(e) 广州白云应急隔离病房

图 3-4　模块化建筑应急建造应用

3.2　模块化钢结构模块间节点

近年来，我国建筑工业化程度不断提高，模块化钢结构的应用越来越广泛。在这种结构体系中，模块间节点的可靠性非常重要，直接关系到整体结构的稳定性和承载能力。各国学者对模块间节点进行了大量研究，研发了不同形式的模块间节点。不同于传统建筑，模块化建筑具有"多梁多柱"的典型结构特征，模块间连接节点根据所处位置可分为角部、外部和内部节点，分别实现两柱四梁、四柱八梁和八柱十六梁的组合拼接，如图 3-5 所示。为了保证模块化结构整体性能的安全可靠并发挥其施工高效、绿色环保等技术优势，连接节点的设计尤为重要，应做到整体性强、构造合理、传力可靠、便于施工和检测。模块单元根据材料不同可分为钢模块、混凝土模块、木模块、铝合金模块等，其中，钢模块制作工艺简单、重量轻且运输吊装方便，其组成的模块化钢结构建筑由于预制化程度相对高，组装灵活、施工工序少且建筑立面美观而被广泛应用。常见的钢模块为钢箱式模块，梁柱构件相互焊接能够保证足够的强度与刚度，其加工制作均可在工厂完成。

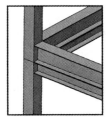

(a) 典型模块化框架　　(b) 角部连接节点　　(c) 外部连接节点　　(d) 内部连接节点

图 3-5　模块化建筑中不同位置的连接节点

目前，模块间节点连接类型主要分为以下四类：①焊接连接节点；②螺栓连接节点；③自锁式连接节点；④后张拉连接节点。通常根据结构自身的受力特点和实际工程的性能需求进行选择和设计。

3.2.1　焊接连接节点

焊接连接节点是模块化钢结构中最常见的连接方式之一。这类连接方式需要在施工现场进行模块柱与模块柱或上下模块连接件的焊接。在施工现场通过焊接将模块柱与模块柱或上下模块连接，形成稳定的结构。焊接连接方式能够确保模块间的紧密配合，从而提高整体结构的稳定性和承载能力。

优势：焊接连接节点的主要优势在于拥有良好的强度与刚度，使得整体结构具有良好的连续性。焊接能够实现模块间的完全连接，使得结构具有很好的连续性。这种连续性对于抵抗外部荷载，如风荷载和地震荷载，至关重要。此外，焊接连接的耐久性也相对较好，能够承受长期的使用和环境的影响。

挑战：尽管焊接连接节点具有诸多优势，但其在模块化钢结构中的应用也面临着一些挑战。首先，焊接质量对结构的安全性和稳定性有着直接的影响。焊接过程中的任何缺陷，如气孔、裂纹或未焊透，都可能成为结构的薄弱点。其次，焊接作业需要专业的技能和设备，这增加了施工的复杂性和成本。此外，焊接过程中产生的烟雾和火花可能会对环境和工人健康造成影响。这种连接方式依赖施工现场的焊接质量，会增加现场焊接作业量，导致现场安装效率较低，无法充分发挥模块化钢结构建筑快速建造的优势。

模块单元主要由工字钢、方钢管、角钢和钢板焊接而成，连接形式以对接熔透焊缝为主，焊接节点是应用最广泛的一种节点形式。20世纪末全球发生的多次破坏性地震——如1994年美国北岭地震和1995年日本阪神地震——导致许多钢结构的梁柱焊接连接节点出现脆性破坏，这一现象颠覆了人们对钢结构节点良好抗震性能的既有认知。最常见的破坏形式出现在梁翼缘与柱翼缘焊接节点处，发生的脆性破坏形式多种多样，破坏后的损伤程度难以修复，这一情况引起了工程界与学术界的广泛关注。

当前，针对焊接刚性节点抗震性能的研究主要考虑两个方面，一方面是考虑"强柱弱梁""强节点弱构件"的抗震设计原则，采取各种措施对节点进行加强（"加强型"节点）。另一方面是考虑让节点破坏在梁上，将塑性铰外移（"削弱型"节点）。"加强型"节点包括加腋加强、盖板加强和翼缘板式加强［图3-6（a）～图3-6（c）］，"削弱型"节点常见的为"狗骨式"［图3-6（d）］或RBS（reduce beam section）节点。

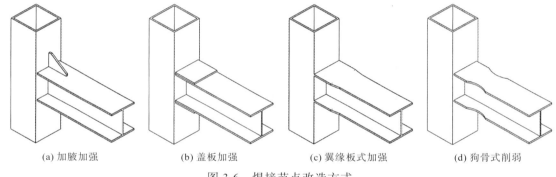

(a) 加腋加强　　　　　(b) 盖板加强　　　　　(c) 翼缘板式加强　　　　　(d) 狗骨式削弱

图 3-6　焊接节点改造方式

刘明扬提出了一种新型板式内套筒模块化钢框架连接装置，节点安装顺序为先将内套筒与下部模块焊接，后将连接板与内套筒焊接［图3-7（a）］，最后将上模块与连接板焊接［图3-7（b）］，利用有限元软件对其进行单调静力加载分析，通过对节点承载力、变形和应力的分析，提出了模块化建筑结构模块间工程应用的参考意见。

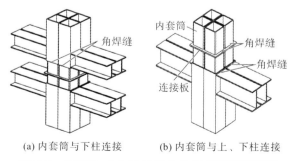

(a) 内套筒与下柱连接　　　　　(b) 内套筒与上、下柱连接

图 3-7　新型板式内套筒模块化钢框架连接装置

在Annan等的研究中，他们通过试验和有限元分析，研究了焊接连接节点在不同荷载条件下的性能。研究结果表明，焊接连接节点（图3-8）在承受静态和动态荷载时表现出良好的稳定性和承载能力。

3.2.2　螺栓连接节点

　　螺栓连接节点是一种通过螺栓将模块单元连接起来的连接方式。这种连接方式避免了现场焊接，使得模块单元可以预先在工厂加工完成，然后运输至现场进行组装。

　　优势：螺栓连接节点的主要优势在于其安装的便捷性和灵活性。由于不需要现场焊接，这种连接方式可以显著提高施工速度，降低对施工人员技能的要求。此外，螺栓连接允许模块单元在不破坏结构的情况下进行拆卸和重新组装，为建筑的维护和改造提供了便利。

　　挑战：螺栓连接节点面临的挑战包括对加工精度的高要求，以及对螺栓孔位置的精确控制。螺栓

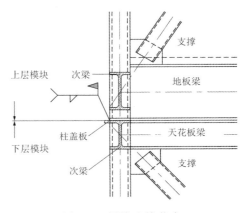

图 3-8　焊接连接节点

孔的误差可能会影响连接的稳定性和结构的整体性能。此外，螺栓连接可能需要定期检查和维护，以确保连接的安全性和可靠性。

　　端板连接节点是最典型的装配式连接节点形式，这种形式采用工厂加工，运输到现场进行连接，方便快捷，广泛应用于门式刚架轻型钢结构节点。《门式刚架轻型房屋钢结构技术规范》（GB 51022—2015）中推荐采用端板连接作为主要的梁柱连接（图 3-9）。施刚等针对半刚性端板连接节点，进行了 8 个静力加载试验和 8 个循环荷载试验，提出了钢结构梁柱连接节点域受力全过程的计算模型，并提出了系统的静力设计和抗震设计方法。

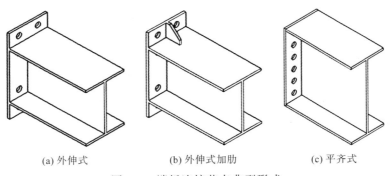

(a) 外伸式　　　　　　(b) 外伸式加肋　　　　　　(c) 平齐式

图 3-9　端板连接节点典型形式

　　刘学春等研发的装配式斜支撑节点钢框架结构体系及其配套体系，其新型节点构造［图 3-10（a）］采用柱座与梁柱通过高强螺栓连接的方式。该团队通过试验和有限元方法研究了该节点的抗震性能，并给出了该节点的抗弯承载力计算公式。王燕等提出了一种内套筒组合螺栓连接节点［图 3-10（b）］，该节点上、下钢管柱采用内套筒连接，梁与柱采用组合螺栓和外伸端板组件连接，其中，组合螺栓由高强螺栓和对穿螺栓组成。王燕等推导了组合螺栓连接节点的初始转动刚度，并通过有限元数值分析进行了验证。

　　对于装配效率最高的模块化钢结构，为满足其可拆卸性能，多采用螺栓连接节点。钢结构模块承重形式（图 3-11）主要有两种，墙承重模块和角柱承重模块，墙体的承压和柱的稳定性决定了模块钢结构的承压能力。模块之间在角部连接起来，以抵抗水平荷载和提供局部破坏的传力路径。在水平荷载作用下，随着高度的增加，需要采取不同的构造措施。按照住

宅建筑来分类，低层建筑可以在模块墙中添加支撑，中层建筑可以使用型钢施加在楼梯、电梯模块中，高层建筑可以设置核心筒来抵抗水平荷载。上述措施是为了保证结构的整体性，其中节点的力学性能尤为重要。

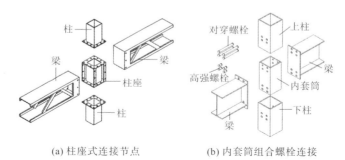

(a) 柱座式连接节点　　　　(b) 内套筒组合螺栓连接

图 3-10　装配式斜支撑节点

(a) 墙承重模块　　　　　　(b) 角柱承重模块

图 3-11　模块单元承重形式

Park K. S.等介绍了一种箱式模块结构体系的连接节点［图 3-12（a）］，在模块单元间插入双梁高度的十字形连接板，十字形连接板和模块梁中间通过高强螺栓连接起来，使中间节点区域的"八柱十六梁"连接为一个整体。邓恩峰等提出了一种箱式模块间的铸头-双层十字板连接节点［图 3-12（b）］，柱子插入焊接插件的铸头连接件中，并通过螺栓将相邻模块框架 C 形钢梁腹板连接。丁阳等提出一种对穿螺栓-角件连接节点［图 3-12（c）］，利用集装箱角件定位和吊装，利用对穿螺栓和节点板连接上下模块，该节点考虑了模块吊装的问题。陈志华等提出了一种箱式模块间的梁-梁连接节点［图 3-12（d）］，其通过节点区域铸钢件固定模块位置，通过梁-梁之间的对穿螺栓将上下模块连接起来。

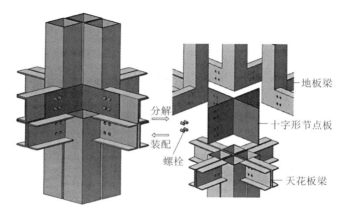

(a) 十字板连接

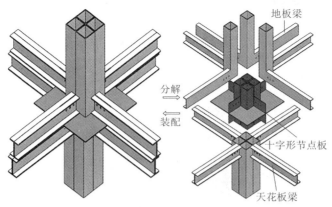

(b) 铸头-双层十字板连接

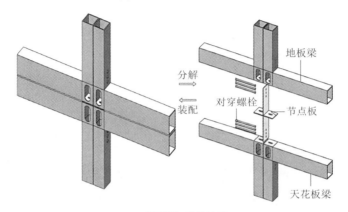

(c) 对穿螺栓-角件连接

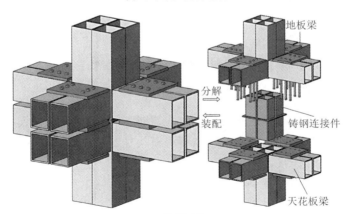

(d) 梁-梁连接

图 3-12　模块化钢结构节点

陈志华等设计了六个边柱节点和六个角柱节点 [图 3-13（a）]，对其中四个构件进行单调加载，八个构件进行低周往复加载，建立了相应有限元模型，研究了所提出节点的受弯与抗震性能。邓恩峰等研究了三个角柱节点单调加载，四个角柱节点和四个边柱节点 [图 3-13（b）] 低周往复加载的情况，结果显示试件拥有良好的延性与变形能力，在此基础上建立了节点初始刚度与抗弯承载力计算公式。

邓恩峰等提出一种模块化钢结构全装配可吊装节点（fully prefabricated liftable connection，

FPLC)（图 3-14 ），系统研究了其受剪性能和承载力计算方法。开展了 5 个受压性能试验、8 个足尺试件受剪性能试验，考察了 FPLC 在轴心受压、层间剪力作用下的破坏模式、传力机制和极限承载力，讨论了对穿螺栓强度和数量对其力学性能的影响。结果显示试件有良好的力学性能与变形能力。建立了节点轴心受力与抗剪承载力的计算公式。

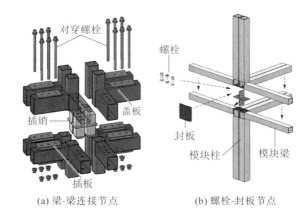

(a) 梁-梁连接节点   (b) 螺栓-封板节点

图 3-13   典型模块化钢结构节点

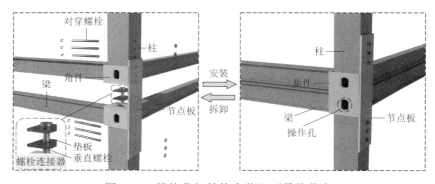

图 3-14   模块化钢结构全装配可吊装节点

3.2.3 自锁式连接节点

自锁式连接节点是一种新型的模块连接方式，其特殊构造设计可使模块安装后自动锁定，从而提升连接稳定性。这种连接方式通常需要将模块柱与模块梁焊接在角件上，然后使用自锁机制将上角件和下角件连接起来。

优势：自锁式连接节点的优势在于其能够适应不同的施工条件和空间限制。这种连接方式可以在较小的施工空间内完成，甚至在某些情况下无须额外的施工空间。此外，自锁式连接提供了一种快速且可靠的连接方式，有助于提高施工效率。

挑战：自锁式连接节点的加工过程复杂，需要工厂定制模板后进行加工。由于部件的复杂性，加工过程需要较高的精度。此外，自锁式连接节点的安装可能需要特定的工具和技能，这可能会增加施工成本和时间。

Chen 等提出一种角件旋转式连接节点（图 3-15），其连接器包括螺母、上旋转件、连接板和下旋转件，通过上下角件与模块梁柱连接。Chen 等通过试验、数值与理论研究方法研究了该节点的失效模式、承载能力及双梁线刚度比对该节点传递弯矩的影响规律，并给出了相应的设计建议。

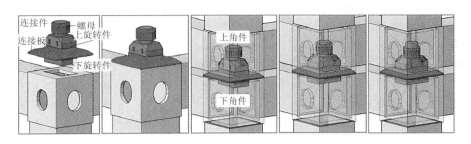

图 3-15　角件旋转式连接节点

Dai 等提出了一种采用插入自锁式连接件的模块化节点（图 3-16），连接件外部设置透明接头盒与模块单元端部焊接。Dai 等通过拉拔试验及一系列循环加载试验研究了该节点的拉伸性能及抗震性能，评估了其失效模式、刚度、延性、耗能能力等指标。

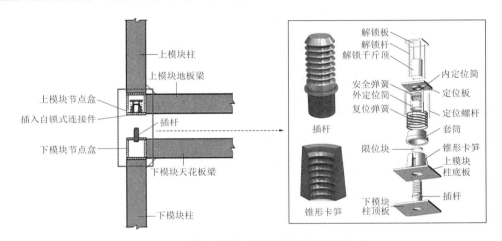

图 3-16　插入自锁式连接器的模块化节点

3.2.4　后张拉连接节点

后张拉连接节点是一种通过后张拉技术将模块单元的角件连接起来的连接方式。这种连接方式在模块柱与模块梁焊接至角件后，使用后张拉技术将上角件和下角件连接起来，提供额外的预应力，从而增强结构的稳定性和承载能力。

优势：后张拉连接节点的主要优势在于其能够提供额外的预应力，从而提高结构的稳定性和承载能力。这种连接方式适用于需要较高结构性能的建筑项目。此外，后张拉连接节点在施工过程中可以更好地控制结构的变形和应力分布。

挑战：后张拉连接节点的加工过程同样复杂，需要工厂定制模板并进行精确加工。由于部件的复杂性，对加工精度有较高要求。此外，后张拉连接节点的施工需要专业的设备和技能，这可能会增加施工成本和时间。

预应力拉杆连接适用于层数较低的模块化建筑，通常利用高强度的钢绞线或钢拉杆提供上部与下部模块间的竖向连接，以克服风和地震作用产生的倾覆力矩，模块柱端剪力通常由抗剪件抵抗。这种连接技术通常在内部组装，可最大限度地减少现场工序，但其抗弯能力与半刚性连接节点相似，无法为整体结构提供足够的抗侧刚度，导致其应用范围受限。

Chen 等将一组钢绞线连接器作为中间固定器布置在相邻模块柱端之间，通过施加相应预紧力达到预期刚度水平，连接器上端设置抗剪件抵抗水平剪力，柱内部填充混凝土提高抗压能力，该节点构造如图 3-17（a）所示。试验研究表明该连接节点具有足够的刚度与强度，基本满足地震作用下的延性需求。但是该连接无法为上下部模块间提供可靠的旋转刚度，在弯曲作用下连接区域会产生明显间隙。Sanchesa 等提出一种适用于模块化钢结构的预应力螺纹拉杆连接节点，其构造如图 3-17（b）所示，预应力螺纹拉杆锚固于模块柱端板以提供模块间的竖向连接刚度，内部钢箱可协助模块柱抗剪，同时快速定位模块。该节点循环荷载试验表明，与传统焊接节点相比，预应力螺纹拉杆连接节点具有相似的侧向刚度和应变分布，以及更好的耗能能力。Liew 等采用竖向拉杆将上下模块柱垂直连接，同时使用抗剪件和水平焊接板将相邻模块柱水平连接，抗剪件与水平焊接板有助于定位模块，减少高层建筑中由堆叠模块数量增加而导致的较大累积误差。

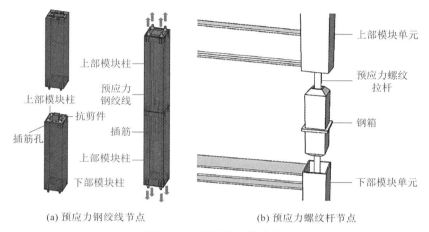

(a) 预应力钢绞线节点   (b) 预应力螺纹杆节点

图 3-17   后张拉连接节点

3.3   模块化钢结构韧性提升方法

在模块化钢结构建筑中，连接节点的韧性对于整体结构的抗震性能至关重要。由于刚度、承载力及稳定性不足，大部分传统连接节点在地震作用下容易出现较大损伤，这可能导致整体结构的严重破坏。同时，结构较大的残余变形会使得模块单元难以拆卸更换及重复使用，制约了模块化建筑的可持续发展。因此，研发新型的模块化连接节点，优化构造细节，升级组装技术，提高节点的刚度、承载力及稳定性，成为了当前研究的热点。

3.3.1   模块化钢结构耗能减震节点

在模块化钢结构节点的研究中，探讨了不同节点对于节点韧性的提升作用。这些新型节点设计通过引入先进的材料和机制，能够有效吸收和耗散地震能量，从而提高结构的抗震性能。

自复位技术在控制结构损伤、降低残余位移等方面具有显著优势。具有复位功能的元件主要包括形状记忆合金、预应力筋和钢绞线及碟形弹簧等（图 3-18），通常用于结构核心受力区域和抗侧力构件。例如，预应力节点通过引入预应力筋，增强了节点的刚度和承载力，同时通过预应力的调整，可以优化结构的内力分布，提高结构的整体稳定性；蝶形弹簧节点则通过其非线性弹性特性，提供额外的耗能能力，降低结构在地震作用下的响应；形状记忆合金（SMA）节点能够利用其独特的相变特性，在地震后自动恢复到原始形状，减少残余变形，提高结构的可恢复性。

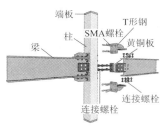

(a) SMA 自复位节点

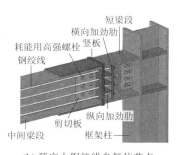

(b) 预应力钢绞线自复位节点

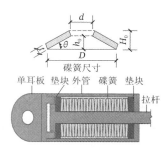

(c) 碟形弹簧自复位节点

图 3-18　耗能减震节点

Chou 等提出了下翼缘加腋式耗能的预应力索梁柱节点，并对该节点进行了试验研究，试验及节点构造如图 3-19（a）所示。该节点的加腋式耗能方式有 2 种：一种为防屈曲耗能构件，另一种为十字形耗能构件。结果表明：2 种加腋方式均能实现耗能构件的稳定耗能，节点可通过预应力索实现自复位功能。

张爱林、张艳霞等基于国内外可恢复功能的预应力索钢结构的研究，提出一种可恢复功能装配式预应力索钢框架梁柱节点构造，该节点在梁腹板处采用长槽孔式摩擦耗能器耗能，采用预应力索连接中间两端及柱子部分来提供回复力，并对该梁柱节点进行了有限元软件分析、试验和理论研究。结构表明：该新型节点具有稳定的耗能及良好的复位能力，该梁柱节点构造如图 3-19（b）所示。

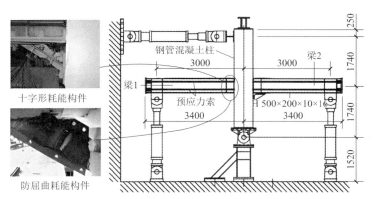

(a) 下翼缘加腋式耗能的预应力索梁柱节点

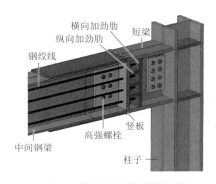

(b) 装配式预应力索钢框架梁柱节点

图 3-19　预应力钢绞线自复位节点

Chen 等提出了一种转动式摩擦耗能自复位钢框架节点,该节点将碟簧组件布置在一个可以随框架转动的钢杆件中,提供结构复位所需的回复力,在梁根部安装一个转动式摩擦铰耗能,并设计缩尺模型进行低周往复加载试验研究。该节点构造如图 3-20(a)所示。结果表明:摩擦铰符合节点转动的变形模式,并且可以提供稳定的耗能能力,下部碟簧组可以通过锚杆产生压缩变形为节点提供有效的回复力。朱丽华等采用碟簧代替钢绞线,提出了一种碟簧自复位摩擦耗能梁柱节点,节点构造如图 3-20(b)所示。朱丽华等给出了该节点的详细构造,对该节点的力学性能进行了理论及有限元验证分析。结果表明:该节点的滞回曲线为旗帜形,节点具有良好的复位及耗能能力,碟簧装置的预压力与节点的残余变形成反比。

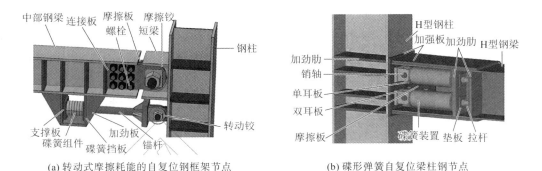

(a) 转动式摩擦耗能的自复位钢框架节点　　　　(b) 碟形弹簧自复位梁柱钢节点

图 3-20　蝶形弹簧自复位节点

邓恩峰等提出了一种模块化钢结构模块间 SMA 螺栓自复位节点,如图 3-21 所示,该节点传力路径清晰,地震作用下残余变形小,现场安装过程简单,方便吊装,误差敏感度低。角钢受力变形使 SMA 螺栓拉长,SMA 螺栓到达第一屈服点,至此,SMA 螺栓开始发挥超弹性性能,如图 3-22 所示。SMA 螺栓提供拉力恢复角钢变形,梁随之恢复,预期将残余层间位移角控制在 0.2% 以内。结果表明:该节点转动的变形模式,可以提供稳定的耗能能力,SMA 螺栓可以通过其超弹性为节点提供有效的回复力。自回复位节点在地震作用下,角钢作为主要耗能部件,其他部件损伤较小,通过更换角钢可以实现结构损伤位置可控和震后损伤快速修复的目的。修复前后试件的受力性能基本一致,修复后的试件具有较好的抗震性能。

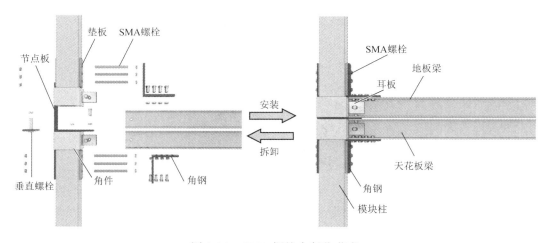

图 3-21　SMA 螺栓自复位节点

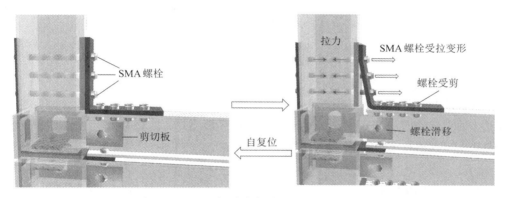

图 3-22　SMA 螺栓自复位节点工作过程

3.3.2　模块化钢结构耗能减震构件

在模块化钢结构构件耗能减震方面，探讨自复位支撑、阻尼器对于节点韧性的提升（图 3-23）自复位支撑系统能够在地震后自动恢复到原始位置，减少结构的残余变形，提高结构的抗震性能。阻尼器作为一种耗能装置，能够吸收地震能量，降低结构的振动幅度，保护结构免受严重破坏。通过优化节点材料和工艺，可以进一步提升模块化钢结构的抗震性能，实现震后功能的快速恢复。

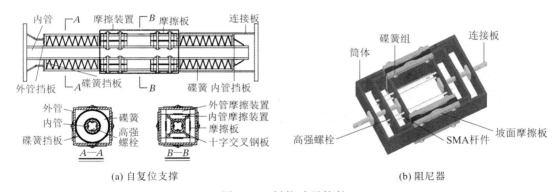

(a) 自复位支撑　　　　　　　　　　　　　　　(b) 阻尼器

图 3-23　耗能减震构件

自复位支撑系统是一种新型的抗震技术，它能够在地震发生时吸收和耗散能量，地震过后自动恢复到原始位置。这种系统的设计灵感来源于生物体的自我修复能力，通过特殊的材料和结构设计，自复位支撑系统能够实现在地震中的自我调节和恢复。自复位支撑是在普通钢支撑和防屈曲支撑的基础上发展而来的。普通钢支撑由于自身初始缺陷等原因，在循环荷载作用下易在中部出现屈曲，存在较为明显的刚度及强度退化现象，卸载后又存在较大的残余变形。防屈曲支撑通常由外围约束部件约束耗能内芯的侧向屈曲或失稳，使其在受压时充分发挥全截面屈服强度，从而提高构件的耗能能力，但内芯屈服会使其在经历较强地震作用后留有明显的残余变形。

工作原理：自复位支撑系统通常包含弹性元件和阻尼元件。在地震作用下，弹性元件发生变形，吸收地震能量；阻尼元件则通过摩擦或黏滞作用耗散能量，减少结构的振动。

材料选择：自复位支撑系统的性能很大程度上取决于所选用的材料。目前，常用的材料包括高强钢材、形状记忆合金、橡胶等。这些材料需要具备良好的弹性和耐久性，以确保在多次地震作用下仍能保持性能。

工艺优化：为了提高自复位支撑系统的效率，需要对制造工艺进行优化。例如，通过精确控制材料的加工过程，确保弹性元件的一致性和可靠性；通过改进连接方式，提高系统的稳定性和耐久性。

Erochko 等提出了一种由摩擦装置和复合材料筋组成的自复位钢支撑，图 3-24（a）为其拟静力试验装置，该自复位支撑的滞回响应具有饱满的旗形滞回曲线，残余变形为零。Zhu 等提出了一种构造如图 3-24（b）所示的自复位摩擦耗能支撑，拟静力试验结果表明，其具有与防屈曲支撑相近的耗能能力，减小了残余变形。

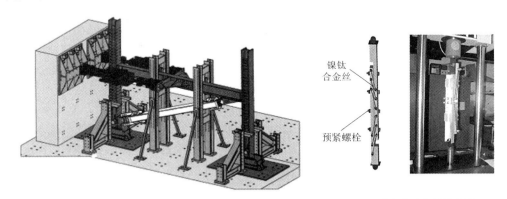

(a) 自复位钢支撑拟静力试验装置 (b) SMA 自复位摩擦耗能支撑

图 3-24　自复位钢支撑

Xu 等研发了一种构造如图 3-25（a）所示的自复位摩擦耗能支撑，主要由内外管、预压碟形弹簧、摩擦片构成。拟静力试验结果表明，支撑呈稳定的旗形滞回响应，有效消耗输入能量，基本消除了残余变形。Xu 等还研发了采用碟形弹簧复位、磁流体耗能的自复位变阻尼耗能支撑。图 3-25（b）为其构造，其滞回响应在往复荷载作用下表现出类旗形滞回特性，具有独特的超耗能能力，激活力和激活前后刚度突变小，有利于降低结构位移和加速度响应。

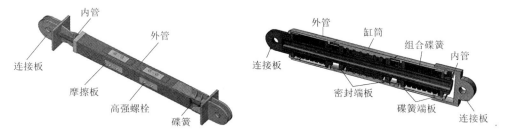

(a) 自复位摩擦耗能支撑 (b) 自复位变阻尼耗能支撑

图 3-25　自复位碟形弹簧支撑

阻尼器是另一种重要的耗能减震装置，它通过消耗地震能量来降低结构的振动幅度，从而保护结构免受严重破坏。

类型与原理：阻尼器主要有黏滞阻尼器、摩擦阻尼器、金属阻尼器等类型。它们通过不同的机制消耗地震能量，如黏滞阻尼器通过液体的黏滞性耗能，摩擦阻尼器通过摩擦力耗能。

设计考虑：在设计阻尼器时，需要考虑其与结构的匹配性、安装位置，以及在不同地震烈度下的响应。此外，阻尼器的耐久性和可维护性也是设计中需要考虑的重要因素。

性能评估：阻尼器的性能评估通常包括静态测试和动态测试。静态测试评估阻尼器在不同荷载下的响应，动态测试则模拟地震作用下的响应，以确保阻尼器在实际应用中的有效性。

李俊霖等提出了一种基于高强钢碟簧和复合摩擦材料的自复位消能减震阻尼器 [图 3-26（a）]，给出了一种基本构造方案，并分析了阻尼器不同阶段的工作原理，理论推导出了滞回曲线及各阶段刚度、承载力计算公式。试验结果表明，高强钢碟簧性能稳定，复合摩擦材料耗能能力优异；基于两者组合的自复位消能减震阻尼器具有良好的可调节刚度、承载力以及优异的自复位性能；阻尼器滞回耗能稳定，提出的阻尼器工作过程中各阶段刚度及承载力计算公式与试验结果吻合较好，可为工程设计提供参考。

董慧慧等提出了一种基于位移放大型变刚度自复位阻尼器（SDVD）[图 3-26（b）]，能够兼顾结构在不同变形阶段的刚度和承载力需求。该阻尼器主要由子模块初始刚度模块（initial stiffness module，ISM）和变刚度模块（variable stiffness module，VSM）组成。基于阻尼器的构造，董慧慧等分析了子模块及整个阻尼器的工作机理；以 ISM 和 VSM 的长度和宽度为参数，设计并制作了模块 ISM 和 VSM 及 SDVD 整体的模型试件，并通过拟静力试验研究了子模块及整个阻尼器的滞回性能；通过有限元模型（finite element model，FEM）研究了阻尼器滞回性能的参数影响规律。研究结果表明：该阻尼器表现出拉压对称的旗帜形滞回特性，同时具有位移放大效应和变刚度特性。

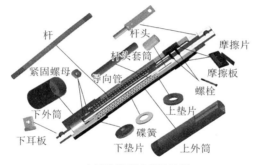

(a) 自复位消能减震阻尼器

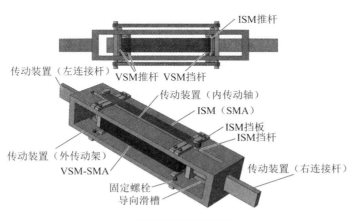

(b) 变刚度自复位阻尼器

图 3-26　自复位阻尼器

徐蒙提出了一种具有自复位功能的环形弹簧阻尼器（ring spring damper，RD）[图 3-27（a）]，通过往复荷载作用下的性能试验，研究了 RD 的滞回性能，提出了 RD 的构造设计和工作原理。试验研究了位移幅值、加载频率对 RD 试件滞回特性的影响规律。研究了位移幅值及加载频率对 RD 试件滞回特性的影响规律，同时通过数值模拟方法对 RD 试件的滞回性能进行了验证分析。结果表明，RD 在往复荷载作用下的滞回性能稳定，且具有良好的耗能与复位特性，RD 的有限元模拟滞回曲线与试验曲线较为接近，表明所建立的有限元模型可较为准确地描述该阻尼器的滞回行为。

王伟等提出了一种并联高强钢环簧组自复位阻尼器［图 3-27（b）］。通过滞回试验验证了并联环簧组自复位阻尼器在多次地震工况下的抗震性能。试验结果表明，并联高强钢环簧组自复位阻尼器具有良好的自复位能力，在经历多次地震后不出现性能退化，震后无须更换。同采用单组环簧的自复位阻尼器相比，同等尺寸下可有效提高阻尼器承载力，充分利用阻尼器内部空间。环形弹簧接触表面摩擦条件不同对自复位阻尼器的性能有一定影响。该文提出的理论预测模型与试验结果较为吻合。

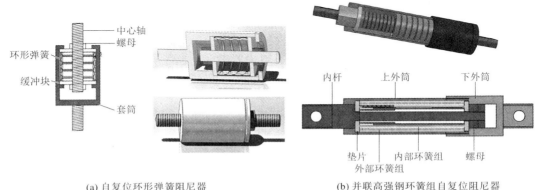

(a) 自复位环形弹簧阻尼器　　　　　　　(b) 并联高强钢环簧组自复位阻尼器

图 3-27　自复位环簧阻尼器

第 4 章
冷弯型钢结构设计与优化方法

4.1 冷弯型钢结构

在钢结构中按照加工工艺分主要有两类结构构件：①热轧型钢或钢板组合构件；②冷弯型钢。热轧型钢是将加热后的钢坯轧制而成的各种几何截面形状的型钢构件，钢板组合构件是通过焊接将热轧钢板制作成各种几何截面形状的钢构件。

冷弯型钢（cold-formed steel，CFS）是指在常温条件下，通过辊轧或冲压工艺将钢板或带钢弯曲成所需截面形状的型钢构件。该工艺在不增加截面面积的前提下，通过优化截面形状显著提升构件的承载能力，是一种高效节能的截面型材。与截面面积相同的热轧型钢相比，冷弯型钢的回转半径和截面惯性矩增大超过50%。由于加工时成型方便，冷弯型钢的截面形式可以多种多样（图4-1），以便适应不同使用情况下的不同需求。

图 4-1　不同形状的冷弯型钢

目前世界各国生产的冷弯型钢的规格和品种已超过10000种，型钢壁厚的范围从零点几毫米到几十毫米不等。材料强度从 235MPa 到 550MPa，目前甚至出现了高达 1100MPa 的冷弯型钢产品。常用的冷弯型钢截面主要有角形、卷边角形、槽形、卷边槽形、Z形、卷边 Z 形、帽形等截面形式，如图 4-2 所示。

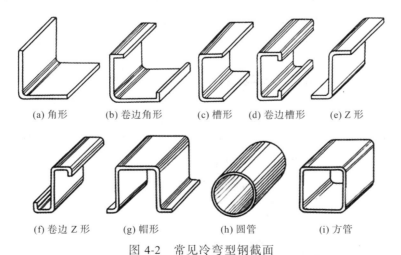

(a) 角形　　(b) 卷边角形　　(c) 槽形　　(d) 卷边槽形　　(e) Z 形

(f) 卷边 Z 形　　(g) 帽形　　(h) 圆管　　(i) 方管

图 4-2　常见冷弯型钢截面

当前我国规范《冷弯薄壁型钢结构技术标准》（GB 50018—2025）规定，冷弯型钢结构构件的壁厚不宜大于 20mm，也不宜小于 1.5mm，主要承重结构构件的壁厚不宜小于 2mm。对采用预涂镀锌薄钢板的龙骨体系结构，主要承重构件的壁厚不宜小于 0.75mm。厚度小于

0.6mm 的 LQ550 钢材不得用于主要承重构件。围护结构用的冷弯型钢的板件厚度为 0.3～0.8mm。

受材料本身冷弯性能和加工设备的影响，相对热轧型钢和钢板组合构件，冷弯型钢的壁厚一般都比较薄，因此也称为冷弯薄壁型钢，但随着材料冷弯性能的提升，加工设备的改进，冷弯型钢的壁厚也在不断增大。冷弯薄壁型钢也将更名为冷弯型钢。

19 世纪中叶，冷弯薄壁型钢构件开始应用到建筑结构之中，自 1946 年世界上第一部冷弯薄壁型钢结构设计规范由美国钢铁学会正式颁布以来，其在工业建筑和民用建筑中才开始较为广泛地应用起来。在美国的建筑用钢市场，冷弯薄壁型钢已经占据了 45% 的市场份额，并且这一趋势还会持续。此外，在澳大利亚、日本和英国等国家，冷弯薄壁型钢结构也得到了较为广泛的应用。

冷弯薄壁型钢结构在中国的起步相比西方国家晚一些。在 1958 年，我国诞生了第一台冷弯轧机并在之后建造了冷弯薄壁型钢结构厂房。在 1969 年，我国制定了国家标准《弯曲薄壁型钢结构技术规范（草案）》，继而正式颁布《薄壁型钢结构技术规范》（试行），并于 1987 年正式出版了国家标准《冷弯薄壁型钢结构技术规范》（GBJ 18—87），在 2002 年，我国出版了《冷弯薄壁型钢结构技术规范》（GB 50018—2002），2025 年出版了《冷弯型钢结构技术标准》（GB/T 50018—2025）。

近年来，随着我国住宅产业现代化的推进，各种相关配套技术的提高和应用，发展轻型钢结构住宅成为一种趋势。住建部提出"要大力发展节能与绿色建筑"的要求也促进了冷弯型钢结构的发展。

4.1.1 冷弯型钢的特点

概括起来，建筑结构中的冷弯型钢具有以下特点：

（1）截面形状合理，力学性能良好

冷弯型钢具有较好的截面特征，与截面积相同的热轧型钢相比，其回转半径可增大 50%～60%，截面惯性矩和截面抵抗矩可增大 50%～180%。此外，冷弯型钢因材料冷加工后出现的冷弯效应现象可使其强度有所提高。故冷弯型钢结构构件具有截面形状合理、整体刚度大、受力性能好、承载能力高的优点。冷弯型钢最适用于拉、压构件，可充分利用材料特性，减轻自重，节省钢材。

（2）自重轻，用钢省，节约能源和资源

自重轻是冷弯型钢最重要的特征。冷弯型钢在建筑业、机械制造业、交通运输业、汽车制造业和造船业等领域中的应用均已取得了较好的经济效益。用于建筑业的冷弯型钢结构质量仅为普通型钢结构的 1/2～1/3，从而也减少了结构的设计内力，降低了基础和地基的处理要求，既节省基础费用又方便施工，这一优势在软土地基地区尤为明显。节约了钢材，也就节约了生产这部分钢材所需的铁矿石、燃料和各种辅助材料，同时又节省开采、加工这些物质所需的能源。

（3）成型方式灵活，施工安装简便

冷弯型钢是在常温下加工成型的，实现了主要借助优化截面形状而不是单纯依赖改善材质或增加材料用量来提高材料利用率的新途径。这种成型方式有很大的灵活性，可以根据设计需要生产出任何截面的型材，其长度、宽度和厚度可任意选择，而且还可生产出热轧法难以生产的薄壁型钢。可以按设计的要求任意摆放，减少构件接头，便于节点连接，施工安装简便。

（4）生产设备及工艺简单，利于实现产品的规格化、工业化生产

冷弯型钢的生产设备及工艺比较简单，操作人员少，生产效率高，一次性投资小，项目投产快。冷弯型钢的应用有利于实现建筑产品的规格化、工业化生产；有利于实现建筑围护结构的轻质、环保；有利于实现建筑施工中的整体吊装；有利于实现建筑施工中的湿作业向干作业转化。

4.1.2　冷弯型钢的工程应用

用冷弯型钢制作的钢结构具有自重轻、抗震性好、基础造价低、施工速度快、结构形式灵活、工业化程度高和资源可再生利用等优点，在建筑中应用冷弯型钢，能发挥冷弯型钢截面形状合理、力学性能良好、钢材利用率高的特点，因此，越来越多地应用于建筑工程中。

（1）独立的钢框架结构构件

梁、柱是钢框架结构的主要受力构件，其中冷弯型钢的方、矩形管是框架柱的优选，冷弯槽形或卷边槽形钢是梁的优选。在多、高层建筑中，冷弯型钢和热轧型钢可互为补充，即主要框架的典型构件采用热轧型钢，而次要构件采用冷弯型钢。冷弯型钢本身也可作为主结构用来建造多层轻型钢结构房屋。

（2）冷弯型门式刚架结构

冷弯型门式刚架结构是一种采用冷弯薄壁型钢作为主要承载构件的结构，用于刚架梁、柱的构件一般为冷弯薄壁卷边槽形钢，截面高度为 200～350mm，材料厚度为 1.5～3.0mm，材料强度为 340MPa 和 450MPa。材料通常为连续热浸镀锌表面处理，截面形式可为单根构件截面或两根构件背靠背截面。采用组合截面时，构件间采用高强螺栓连接。冷弯型门式刚架结构主要运用在单跨跨度不超过 36m 的工业类房屋，如仓库、辅房，以及农业类建筑，如鸡舍、马棚等，具有安全、快速、经济、便捷等优势。

（3）钢结构低多层住宅中的屋、墙面骨架体系

近年来，我国各地建造了大量低多层冷弯型钢住宅和别墅（图 4-3），其建筑结构类型不同于传统的梁、柱框架结构体系，而是一种墙体承重结构体系。冷弯型钢低多层住宅、别墅的墙体和屋面按 400～600mm 的间距布置冷弯槽形或卷边槽钢作为骨架，在钢骨架间布置各种支撑体系，钢骨两侧安装结构板材或饰面板做内、外墙板，形成了可靠的"板肋结构体系"，该体系具备优异的抗震、抗风及承载建筑物自重等荷载的能力。

图 4-3　低多层冷弯型钢房屋

（4）屋面板、墙板和楼板

波纹板、冷弯带肋板等通常用作屋面板（图 4-4）、墙板（图 4-5）、楼面板等。冷弯型钢墙板、屋面板和楼板不仅能提供结构竖向刚度、承受面外荷载，而且还能为电气管道提供空间，能凿孔并与吸声材料结合，形成吸声天花板。

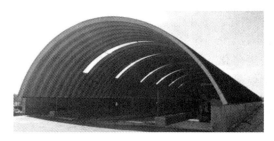

图 4-4　波纹屋面板

图 4-5　墙板

（5）输电铁塔

在输电铁塔中较早应用冷弯型钢的国家有意大利、美国、加拿大、英国等。美国《输电铁塔设计导则》中有针对等肢卷边角钢和除角钢外其他型钢承载力计算的详细阐述。我国已将冷弯型钢应用于输电铁塔领域，《输电铁塔用冷弯型钢》（YB/T 4206—2009）对耐候型冷弯角钢的性能作出评定，并对其屈服强度、抗拉强度、断后伸长率及冲击性能等试验指标作出明确规定。

（6）光伏支架

冷弯型钢由于其轻质、安装方便，在光伏支架中的应用更加广泛（图 4-6），支架柱多采用圆管、矩形管及冷弯槽形截面等，支架梁多采用矩形管、槽形、卷边槽形、帽形截面，檩条则采用槽形、卷边槽形或帽形截面。

图 4-6　冷弯型钢光伏支架结构

（7）冷弯型钢货架结构

钢货架包括组装式货架、整体式货架和库架合一式货架。组装式货架结构中的装配式货架采用组合式结构（图 4-7），调节灵活，拆装方便，实现了标准化、系列化设计。钢货架一般都采用冷弯薄壁型钢制作，柱子为由卷边帽形冷弯型钢组成的格构式构件。

图 4-7　冷弯货架结构

（8）围护结构构件

轻型屋面和墙板围护结构常采用卷边槽形和带斜卷边或者直卷边的 Z 形冷弯薄壁型钢作为檩条或墙梁［图 4-8（a）］，外面附上冷弯金属板或者金属复合板，当跨度加大或者荷载较大时，也可以采用由冷弯型钢组成的格构式檩条［图 4-8（b）］，如下撑式、平面桁架式或空间桁架式等，平面桁架式或下撑式檩条设置拉条构成围护次结构。

 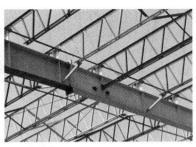

(a) 实腹式檩条　　　　　　　　　　(b) 格构式檩条

图 4-8　冷弯檩条

4.2　冷弯型钢构件的失稳

冷弯型钢构件以开口截面形式居多，且随着冷弯型钢复杂化的发展趋势，截面的稳定问题越发突出。冷弯型钢构件的失稳往往具有突发性和破坏性，不仅会引起钢结构的局部破坏，甚至可能导致结构整体坍塌，影响人们的生命财产安全。因此，冷弯型钢构件的稳定问题一直是学界关注的焦点。冷弯型钢构件的屈曲形式主要分为构件的整体屈曲［global buckling，图 4-9（a）］、构件截面板件的局部屈曲［local buckling，图 4-9（b）］以及构件截面的畸变屈曲［distortional buckling，图 4-9（c）］。此外，受到边界条件和截面尺寸的影响，三种基本屈曲模式还会出现两两甚至三者耦合的情形，形成了机理更为复杂的相关屈曲，比如局部-整体相关屈曲、局部-畸变相关屈曲、畸变-整体相关屈曲以及局部-畸变-整体相关屈曲，其承载力较单独屈曲模式更低。

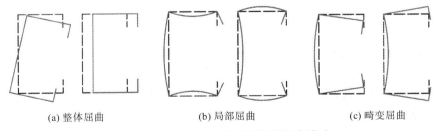

(a) 整体屈曲　　　　　　　　(b) 局部屈曲　　　　　　　　(c) 畸变屈曲

图 4-9　冷弯卷边槽形钢构件屈曲模式

冷弯型钢的整体屈曲包括弯曲屈曲和扭转屈曲两种基本屈曲模式，以及两种基本屈曲模式的混合屈曲——弯扭屈曲。构件整体屈曲时的屈曲半波长最长（图 4-10），这与受力和边界条件有关，屈曲后强度无明显提高，几何缺陷的影响较明显。

整体屈曲也被称作刚性屈曲，这是因为在整体屈曲过程中，截面仅仅发生了刚体位移，对各板件本身并无影响，整个屈曲过程可以看作是各截面的刚体移动。当构件发生整体屈曲时，意味着构件达到了极限承载能力状态。

局部屈曲是薄壁构件一种常见的屈曲模式，通常会出现在冷弯型钢的腹板上，有时也会出现在比较宽的翼缘板上。板件的局部屈曲应力和屈曲时形成的半波长有关，而屈曲半波长与板件的抗弯刚度、截面的应力分布和边缘的边界条件有关。局部屈曲的特点是具有比较短的屈曲半波长（图4-11），屈曲时在板件上往往会出现很多明显凹凸不平的波段。屈曲后板件与板件之间的连接线保持着原来的直线，板件与板件中间的棱线只有转动而无平动，故构件截面的轮廓形状保持不变。因具有薄膜效应，冷弯薄壁型钢在发生屈曲后一般还能够继续承受荷载，具有相当大的屈曲后强度。构件中发生局部屈曲的板件屈曲后强度的提高要比发生畸变屈曲或整体屈曲的提高大得多，板件的几何缺陷对其影响较小。

冷弯型钢发生畸变屈曲时，板件之间的棱线既发生转动又发生平动，使相邻的板件产生位移，因而将改变原来的截面形状和轮廓尺寸。畸变屈曲的屈曲半波长介于局部屈曲和整体屈曲之间（图4-12），它的弹性屈曲临界应力与半波长、截面应力分布、截面固有特性以及边界条件等因素密切相关。

图 4-10　整体屈曲及屈曲半波长　　　　图 4-11　局部屈曲及屈曲半波长

图 4-12　畸变屈曲及屈曲半波长

这种屈曲模式容易发生在中等长度的构件中，畸变屈曲模式对缺陷的敏感度高，在畸变屈曲破坏过程中，变形发展较为明显，但是其屈曲后强度远低于局部屈曲，这会导致构件承载能力明显降低，对于结构整体安全是不利的。1985年，悉尼大学Hancock教授通过对翼缘卷边槽形截面进行试验研究与理论分析，首次提出"畸变屈曲"名称，从而把畸变屈曲作为有别于局部和整体屈曲的问题开始研究。

4.3　冷弯型钢构件的计算与设计方法

4.3.1　弹性屈曲临界应力计算方法

冷弯型钢构件的弹性临界屈曲应力计算主要有两种方法：解析法和数值法。

解析法普遍采用的是广义梁理论（generalized beam theory），广义梁理论由Schardt教授于1989年首次提出，该理论极大地丰富了屈曲理论，是屈曲理论研究上的一次突破，构件的各种屈曲模式都可以通过广义梁理论做出全面准确的分析。广义梁理论的计算过程是依据各种屈曲模式所占据的比例对构件真实的屈曲进行不断地接近,尽量还原构件真实的屈曲模式。其核心思想是把构件的截面变形视为相互正交的不同模态间的线性组合,每一个模态代表一种特定的变形,各个独立模态按照不同的比例组合得到相应的不同屈曲模式的变形。这样可以使结构响应得到更清楚的解释,但是这种方法的分析过程过于复杂,不便于实际工程应用,因此引出了数值法。

数值法最常见的方法是有限条法(finite strip method, FSM)和有限单元法(finite element method, FEM),这两种方法的基本原理是相同的,两种方法在构件的横向网格划分上是一样的,纵向划分存在差别。有限条法由 Cheung 教授提出,并在其专著 Finite strip method in structural analysis 中做了详细的介绍,它是一种特殊的有限元法,有限元法在纵向依然划分网格,令构件被划分为一个个的单元[图 4-13(a)],而有限条法在构件的纵向并不划分网格,而是令构件形成一系列的条板单元[图 4-13(b)],相比之下有限条法的单元数量大幅下降,计算时所需的时间也会大幅减少,结构刚度矩阵也大幅减小。有限条法通过假设构件在横向的变形可以通过一个多项式函数表达,纵向可以通过一个正弦函数表达,构件在纵向只发生一个半波屈曲,从而使单元的初始刚度矩阵划分为平面内和平面外两个独立刚度矩阵,大大地简化了求解过程。纵向正弦函数的假定也假定有限条法求解的边界条件为简支。目前依据有限条法原理开发了相应的专业程序,如 CUFSM 和 THIN-WALL。

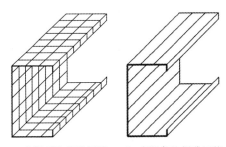

(a) 有限元法划分网格　　(b) 有限条法划分网格

图 4-13　有限元法和有限条法单元划分的区别

图 4-14 为简支边界条件下卷边槽钢(截面高度×翼缘宽度×卷边宽度×板件厚度:100×35×10×1.8,单位:mm)的有限条法程序 CUFSM 计算分析结果,图中反映了屈曲半波长λ与截面屈曲系数k的关系。其中第一个极小值点(A点)的截面屈曲模式为局部屈曲,与之对应的纵坐标为局部屈曲系数;第二个极小值点(B点)的截面屈曲模式为畸变屈曲,与之对应的纵坐标为畸变屈曲系数;图中曲线最终下降段上的点对应构件的整体屈曲,如图中C点所示。

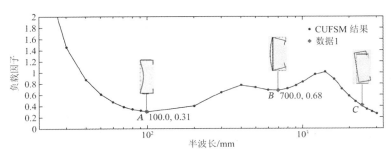

图 4-14　有限条法屈曲分析

弹性临界屈曲一方面给出了构件分叉点的信息，反映了构件或板件稳定平衡极限状态的重要特征，另一方面也为构件承载力设计方法提供了重要的计算参数。

4.3.2　冷弯型钢构件设计方法

冷弯型钢构件设计的主要方法有两种：有效宽度法和直接强度法。这两种方法已经被各个国家的设计规范采用。在有效宽度法的基础上，研究人员提出了如应力法、有效厚度法、Q值法等冷弯型钢构件的设计方法。下面对常用的有效宽度法和直接强度法进行介绍。

（1）有效宽度法（effective width method，EWM）

与热轧型钢构件不同，冷弯薄壁型钢构件出现局部屈曲后并不会立刻发生破坏，反而会受薄膜效应的影响，受压板件发生应力重分布，仍然可以进一步承担附加荷载，直至构件发生破坏。构件最终破坏的强度要比局部屈曲临界荷载大很多，板件存在屈曲后强度，因此在对冷弯薄壁构件进行设计时，应该充分地利用冷弯薄壁型钢构件的这一特性。

冷弯薄壁型钢构件发生局部屈曲时，板件应力分布有两个阶段：板件屈曲前应力分布均匀，该阶段属于结构的稳定问题；第二阶段板件屈曲后应力的分布开始变得不均匀起来，直至应力不再发生变化，板件开始发生破坏，此阶段属于强度问题。受压板件的应力分布变化如图 4-15 所示。当所施加的荷载比较小时，应力分布均匀，构件处于第一阶段；当荷载不断增大，应力分布不再保持均匀，两端应力变大，中间应力变小，构件的应力分布进入第二阶段；随着所施加荷载的不断增大，板件的边缘压应力超过板件的屈曲应力而达到材料的屈服应力，板件达到极限承载力。有效宽度法就是基于此种应力变化在大量试验与理论研究的基础上提出来的。

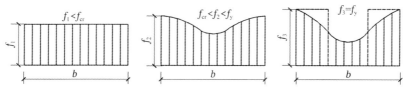

图 4-15　受压板件应力分布变化

有效宽度法通过折减截面来考虑局部屈曲对稳定承载力的影响。虽然各国规范公式表达不尽相同，但其本质都是根据 Winter 教授提出的有效宽度公式发展而来的，Winter 公式是一个半理论半经验公式，以大量的试验研究为依据，因此公式本身已经考虑了各个板件的初始缺陷和冷弯效应等影响。Winter 公式如下

$$b_{e} = 1.9t\sqrt{\frac{E}{f_{y}}}\left(1 - 0.415\frac{t}{b}\sqrt{\frac{E}{f_{y}}}\right) \tag{4-1}$$

式中　b_{e}——板件的有效宽度；

　　b——板件的宽度；

　　t——板件的厚度；

　　f_{y}——板件的材料屈服强度，可以由板件的边缘最大应力 σ_{max} 代替；

　　E——板件的材料弹性模量。

Winter 公式也可以表达为

$$\frac{b_{\mathrm{e}}}{b} = \sqrt{\frac{\sigma_{\mathrm{cr}}}{f_{\mathrm{y}}}}\left(1 - 0.22\sqrt{\frac{\sigma_{\mathrm{cr}}}{f_{\mathrm{y}}}}\right) \tag{4-2}$$

式中　σ_{cr}——板件的弹性局部屈曲临界应力。

该公式最初是在四边简支条件下推出的，在后来的研究中证明其同样适用于各类均匀受压和非均匀受压的板件。美国的康奈尔大学 Pekoz 教授等对 Winter 公式进行了统一的优化设计，其具体表达式如下

$$b_{\mathrm{e}} = \rho b \tag{4-3}$$

$$\rho = \begin{cases} 1 & \lambda \leqslant 0.673 \\ (1 - 0.22\lambda)\lambda & \lambda > 0.673 \end{cases} \tag{4-4}$$

$$\lambda = \sqrt{\sigma_{\mathrm{cr}}/f_{\mathrm{y}}} \tag{4-5}$$

$$\sigma_{\mathrm{cr}} = \frac{k\pi^2 E}{12(1 - \mu^2)(b/t)^2} \tag{4-6}$$

式中　k——板件的稳定系数；

　　　μ——板件的材料泊松比。

虽然有效宽度法能够考虑冷弯型钢构件在板件局部屈曲时的稳定承载力，但该方法确定有效截面及其几何特性的计算过程较为复杂，尤其对于某些复杂截面；此外，该方法尚未考虑构件发生畸变屈曲的情况。从冷弯薄壁型钢的发展趋势来看，其截面形式会变得更加复杂、材料强度会变得更高、板件会更薄，很多构件会发生以畸变屈曲为主的破坏模式，有效宽度法存在诸多问题。

（2）直接强度法（direct strength method，DSM）

直接强度法是 Schafer 和 Pekoz 教授提出的一种新的计算方法，这种方法避免了计算构件的有效宽度和有效截面等特性，采用全截面计算。直接强度法与有效截面法的不同在于，有效截面法是将截面进行了折减，而直接强度法通过对构件的屈服强度进行折减来计算构件承载力。

下面以轴心受压构件为例，说明直接强度法的基本原理。

已知采用有效截面来计算构件是否发生局部屈曲时的承载力，其计算公式为

$$P = A_{\mathrm{e}} f_{\mathrm{y}} = (\rho A) f_{\mathrm{y}} \tag{4-7}$$

式中　A_{e}——构件的有效截面面积；

　　　A——构件的全截面面积；

　　　ρ——折减系数；

　　　f_{y}——构件的材料屈服强度。

直接强度法中也引入与有效截面法相同的折减系数 ρ，但其作用于屈服强度，即

$$P = A(\rho f_{\mathrm{y}}) \tag{4-8}$$

将 ρ 的表达式式(4-4)代入式(4-8)，可得到如下公式

$$P = \begin{cases} P_{\mathrm{y}} & \lambda \leqslant 0.673 \\ \sqrt{\frac{P_{\mathrm{cr}}}{P_{\mathrm{y}}}}\left(1 - 0.22\sqrt{\frac{P_{\mathrm{cr}}}{P_{\mathrm{y}}}}\right)P_{\mathrm{y}} & \lambda > 0.673 \end{cases} \tag{4-9}$$

第 4 章

$$\lambda = \sqrt{P_y/P_{cr}} \tag{4-10}$$

式中　P_y——构件的截面受压屈服承载力，$P_y = f_y A$；

　　　P_{cr}——构件的弹性局部屈曲临界荷载，$P_{cr} = \sigma_{cr} A$；

　　　σ_{cr}——构件的弹性局部屈曲临界应力。

式(4-9)即为考虑局部屈曲的直接强度法的计算公式。但为了与试验结果更加吻合，充分地考虑构件局部屈曲后强度对承载力的影响，对式(4-9)的系数和指数进行了一定的调整，得到基于直接强度法的轴心受压局部屈曲承载力计算公式

$$P = \begin{cases} P_y & \lambda \leqslant 0.776 \\ \left[1 - 0.15\left(\dfrac{P_{cr}}{P_y}\right)^{0.4}\right]\left(\dfrac{P_{cr}}{P_y}\right) & \lambda > 0.776 \end{cases} \tag{4-11}$$

当P_{cr}取弹性局部屈曲临界应力时，该公式计算结果便是构件发生局部屈曲时的承载力，当P_{cr}取的是弹性畸变屈曲临界应力时，该计算公式得到的结果就是畸变屈曲承载力，但是上述公式在计算局部屈曲和畸变屈曲的承载力时，公式中的系数略有差别，通过将P_y换成P_{ne}（构件的整体稳定承载力）即可考虑局部屈曲或畸变屈曲与整体屈曲的相关屈曲。

对于纯弯构件，其表达形式相似，只需将式中的P_y和P_{cr}换成M_y（截面的屈服弯矩）和M_{cr}（受弯构件的弹性屈曲临界荷载）。

直接强度法避免了直接计算构件的有效截面，还可以有效考虑畸变屈曲，以及局部、畸变与整体的混合屈曲，相比有效截面法具有较大的优越性，但直接强度法也是一种半经验半理论的设计方法，其设计公式对不同截面、不同荷载条件、不同边界条件等的适用性还有待进一步验证。我国现行规范对构件承载力计算采用的直接强度法公式中，已对部分参数进行了调整。

4.4　冷弯型钢构件的截面形状优化

4.4.1　目标函数

冷弯型钢构件的截面形状优化问题，通常是在限制截面主要尺寸的情况下使型钢构件承载力最大化，采用直接强度法更容易获取构件的承载力，并方便多步迭代。具体步骤包括：

① 采用有限条法计算构件的弹性屈曲临界应力；

② 基于直接强度法将局部与整体相关屈曲承载力以及畸变与整体相关屈曲承载力计算结果的最小值P_i作为目标函数，如式(4-12)所示；

③ 通过改变型钢构件截面的腹板高度、翼缘宽度、卷边长度、加劲尺寸等参数计算不同构件的承载力，以获得构件的最大承载力P_{max}作为最终目标函数，如式(4-13)所示。

$$P_i = \min(P_{nl}, P_{nd}) \tag{4-12}$$

$$P_{max} = \max(P_1, P_2, \cdots, P_i, \cdots, P_n) \tag{4-13}$$

式中　P_{nl}——局部与整体相关屈曲承载力；

　　　P_{nd}——畸变与整体相关屈曲承载力；

　　　P_i——特定截面形状的构件承载力；

　　P_{max}——最优截面形状对应的构件最大承载力。

（1）弹性屈曲临界应力计算方法

一般情况下，冷弯型钢构件会出现三种屈曲：板件的局部屈曲（L）、截面的畸变屈曲（D）和构件的整体屈曲（G）。目前，对于简单截面，基于 CUFSM 提供的有限条法获得的临界荷载与半波长特征曲线可以很明显地通过极值点识别 3 种屈曲模式，如图 4-16（a）；但对于复杂加劲的冷弯型钢，则容易出现无法准确识别 3 种屈曲模式的情况，如图 4-16（b）为翼缘和腹板均加劲的冷弯卷边槽形截面的有限条法分析结果，特征曲线第 1 极值点表现为局部屈曲，第 2 极值点也为局部屈曲却被识别为畸变，第 3 极值点则为畸变屈曲，在进行截面优化时，程序处理不当会存在识别混乱的问题。

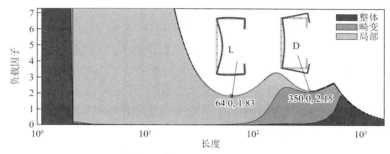

(a) 约束有限条法对普通截面模态的识别

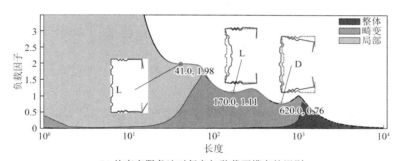

(b) 约束有限条法对复杂加劲截面模态的识别

图 4-16　传统有限条法对截面模态的识别

根据能量理论，弹性体总势能等于弹性体应变能和外力势能之和，其变分为 0。其中弹性刚度矩阵 $\boldsymbol{K}_\mathrm{e}$ 由式(4-14)弹性体应变能公式得到，几何刚度矩阵 $\boldsymbol{K}_\mathrm{g}$ 由式(4-15)外力势能公式得到

$$U = \frac{1}{2}\int \boldsymbol{\varepsilon}^\mathrm{T}\boldsymbol{\sigma}\,\mathrm{d}V = \frac{1}{2}\int \boldsymbol{\varepsilon}^\mathrm{T}E\boldsymbol{\varepsilon}\,\mathrm{d}V = \frac{1}{2}\boldsymbol{d}^\mathrm{T}\boldsymbol{K}_\mathrm{e}\boldsymbol{d} \tag{4-14}$$

$$W = \int_0^a \mathrm{d}x \int_0^b \boldsymbol{F}\boldsymbol{\varDelta}\,\mathrm{d}y = \frac{1}{2}\boldsymbol{d}^\mathrm{T}\boldsymbol{K}_\mathrm{g}\boldsymbol{d} \tag{4-15}$$

式中　U——弹性体应变能；

　　　W——外力势能；

　　　a——板条长度；

　　　b——板条宽度；

　　　$\boldsymbol{d}$——位移向量；

　　　E——弹性模量；

　　ε——应变；

　　σ——应力；

　　$\boldsymbol{F}$——外力；

　　$\boldsymbol{\Delta}$——外力作用下的位移。

传统有限条法的基本方程如式(4-16)所示

$$\boldsymbol{K}_{e}\boldsymbol{\Phi} = \Lambda\boldsymbol{K}_{g}\boldsymbol{\Phi} \tag{4-16}$$

式中　$\boldsymbol{K}_{e}$——弹性刚度矩阵；

　　　$\boldsymbol{K}_{g}$——几何刚度矩阵；

　　　$\boldsymbol{\Phi}$——特征值向量矩阵，表征了屈曲形式；

　　　Λ——所求特征因子的对角矩阵，即荷载因子。

　　广义梁理论（GBT）以截面中线节点的轴向位移作为控制微分方程的基本未知量，建立了广义梁方程。该理论将截面位移分解为相互正交的形式，并以此作为屈曲形态分类的依据。计算模型如图 4-17 所示。在传统约束有限条法中，由于引入了表 4-1 所示的基于广义梁理论的力学假定，弹性刚度矩阵 $\boldsymbol{K}_{e}$ 与几何刚度矩阵 $\boldsymbol{K}_{g}$ 考虑应变的约束而成为专属于某一模态的刚度矩阵，如式(4-17)，能够得到纯模态的解，实现了模态分解。其中，A 指模态类型。进行不同模态位移矩阵或刚度矩阵的修正，能够进行屈曲模态的分解。

$$\boldsymbol{K}_{e,A}\boldsymbol{\Phi}^{A} = \Lambda\boldsymbol{K}_{g,A}\boldsymbol{\Phi}^{A} \tag{4-17}$$

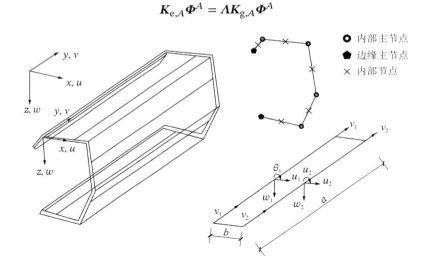

图 4-17　有限条法计算模型

表 4-1　GBT 相关假定

力学假定	数值要求
平面内无剪应变	$\gamma_{xy} = 0$
平面内无横向正应变	$\varepsilon_{x} = 0$
纵向位移在各板块中线线性分布	$\upsilon = f(x)$
纵向翘曲位移在截面内不全为 0	$\upsilon \neq 0$
沿纵向任意截面都处于横向平衡截面内无横向弯曲	$\kappa_{x} = 0$

　　截面越复杂，其变形可能性越多，传统模态分解效果越差。对于具有加劲结构和倒角的

复杂截面，模态分解面临的最突出问题在于如何确定各模态的数量及其变形特征。

传统的约束有限条法（constrained finite strip method，cFSM）认为开口截面弹性屈曲模态数 $N_L = 2k - p$，$N_D = p - 2$，$N_G = 3$，其中 k 为节点数，p 为主节点数（不含边缘节点），N_L、N_D、N_G 分别为局部、畸变、整体屈曲模态数。而该模态数的判断方法对于含有加劲与倒角的截面过于严格，如在判断局部屈曲时 cFSM 认为加劲部分的一些节点作为主节点不应发生横向切向变形，如若发生则判定为畸变，这样的截面变形与常规判断有所出入，应当将该部分畸变放入局部模态空间。因此针对加劲与倒角截面给出具有针对性的模态个数计算方法，然后基于广义梁理论力与变形的特点进行模态空间的划分，推导约束矩阵，可以有效改进有限条法。

对于具有复杂加劲的截面，若采用传统的判断方式，会发生如图 4-18（a）所示的情况，需要将加劲部分释放，因此采用的模态数计算方法仅将翼缘腹板交点和卷边翼缘交点作为主节点，对于基本形为槽形或卷边槽形截面 $p = 4$。

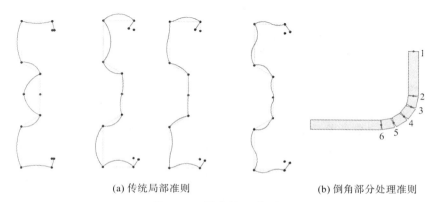

(a) 传统局部准则　　　　　　　　　　　(b) 倒角部分处理准则

图 4-18　屈曲处理准则

若截面含倒角，则考虑倒角部分自由度的定位，实现对局部和畸变模式的合理区分，即将每个倒角部分看作由五节点四板条组成，其中间节点作为一个虚拟主节点。如图 4-18（b），节点 4 即为倒角截面虚拟主节点。

（2）基于变形的弹性屈曲性能计算方法

基于有限元模型，对于复杂加劲截面发生弹性局部屈曲、畸变屈曲和整体屈曲的变形、应力状态等特征进行分析，发现屈曲模态除了在应变上具有基于广义梁理论所包含的特点外，其变形、能量与力也能够作为区分的标准。如在发生局部屈曲时的变形主要是面外弯曲变形，且截面主节点不发生移动，此时的弯曲应变能 U_b 较大，局部屈曲模态可基于能量定义为板弯曲应变能最大且膜应变能最小模式或者基于变形的 $u = v = 0$。在发生整体屈曲时，板件保持平直，主要以平面内的膜应变能 U_m 为主要能量特征，整体屈曲模态可基于能量定义为板弯曲应变能最小且膜应变能最大模式或者基于力的法向力为零、纵向弯矩为零、合力与合力矩为零。畸变屈曲翼缘发生翘曲，其能量分布则处于两者之间，且横向膜应力 σ_x 为零，即横向剪切力做功为零。通过对基础截面变形特点的分析以及广义梁理论，可以对 L、D、G 三种模态进行关于变形与受力特点的定义。

根据 L 模态的变形特征，认为 L 模态仅在 w、θ 向发生移动，当翘曲变形 $v = 0$ 时，L、D、G 共有 $3k$ 个自由度，此时在 v 方向上的力为 0。可根据式(4-18)得到 u、w、θ 表征的 v，如式(4-19)；由于局部屈曲的横向切向位移 $u = 0$，可由式(4-18)~式(4-20)得到关于局部屈曲模态

的约束矩阵 $\boldsymbol{R}_{\mathrm{L}} = \boldsymbol{R}_1 \boldsymbol{R}_2$。

$$\begin{Bmatrix} \boldsymbol{N}_{\mathrm{v}} \\ \boldsymbol{N}_{\mathrm{u}} \\ \boldsymbol{N}_{\mathrm{w}} \\ \boldsymbol{M}_{\theta} \end{Bmatrix} = \begin{Bmatrix} 0 \\ \boldsymbol{N}_{\mathrm{u}} \\ \boldsymbol{N}_{\mathrm{w}} \\ \boldsymbol{M}_{\theta} \end{Bmatrix} = \boldsymbol{P}' = \boldsymbol{K}_{\mathrm{e}} \boldsymbol{\Delta}' = \begin{bmatrix} \boldsymbol{K}_{\mathrm{vv}} & \boldsymbol{K}_{\mathrm{vt}} \\ \boldsymbol{K}_{\mathrm{vt}}^{\mathrm{T}} & \boldsymbol{K}_{\mathrm{tt}} \end{bmatrix} \begin{bmatrix} \boldsymbol{v} \\ \boldsymbol{u} \\ \boldsymbol{w} \\ \boldsymbol{\theta} \end{bmatrix} \tag{4-18}$$

$$\boldsymbol{v} = -\boldsymbol{K}_{\mathrm{vv}}^{-1} \boldsymbol{K}_{\mathrm{vt}} \begin{bmatrix} \boldsymbol{u} \\ \boldsymbol{w} \\ \boldsymbol{\theta} \end{bmatrix} \tag{4-19}$$

$$\begin{bmatrix} \boldsymbol{N}_{\mathrm{u}} \\ \boldsymbol{N}_{\mathrm{w}} \\ \boldsymbol{M}_{\theta} \end{bmatrix} = \begin{bmatrix} \boldsymbol{K}_{\mathrm{tt}} - \boldsymbol{K}_{\mathrm{vt}}^{\mathrm{T}} \boldsymbol{K}_{\mathrm{vv}}^{-1} \boldsymbol{K}_{\mathrm{vt}} \end{bmatrix} \begin{bmatrix} \boldsymbol{u} \\ \boldsymbol{w} \\ \boldsymbol{\theta} \end{bmatrix} \tag{4-20}$$

$$\boldsymbol{R}_1 = \begin{bmatrix} -\boldsymbol{K}_{\mathrm{vv}}^{-1} \boldsymbol{K}_{\mathrm{vt}} \\ \boldsymbol{E}_{3k} \end{bmatrix}_{4k \times 3k} \tag{4-21}$$

$$\boldsymbol{d} = \boldsymbol{R}_1 \begin{bmatrix} \boldsymbol{u} \\ \boldsymbol{w} \\ \boldsymbol{\theta} \end{bmatrix} = \boldsymbol{R}_1 \begin{bmatrix} 0 \\ \boldsymbol{w} \\ \boldsymbol{\theta} \end{bmatrix} = \boldsymbol{R}_1 \begin{bmatrix} 0 \\ \boldsymbol{E}_{2k-\mathrm{p}} \end{bmatrix}_{3k \times (2k-\mathrm{p})} \begin{bmatrix} \boldsymbol{w} \\ \boldsymbol{\theta} \end{bmatrix} = \boldsymbol{R}_{\mathrm{L}} \boldsymbol{d}_{\mathrm{L}} \tag{4-22}$$

式中　$\boldsymbol{N}$——轴力；

　　　$\boldsymbol{M}$——弯矩。

　　例如，对于卷边槽形截面，若不考虑倒角，则认为发生局部屈曲时仅翼缘腹板交点和卷边翼缘交点被控制，四个节点处的 w 向自由度 $w = u = 0$，此时 $p = 4$；若为倒角截面，则在进行局部模态计算时，仅考虑倒角处中间节点的自由度，不考虑其他倒角部分的节点的自由度。

　　G 模态由于截面不发生弯曲变形，其 w、θ 向力为零，此时可由式(4-23)得到关于 G 的约束矩阵 $\boldsymbol{R}_{\mathrm{G1}}$，如式(4-24)。如图 4-19 所示为卷边槽形截面钢构件发生整体屈曲时截面的四种变形，其位移相互关联。其中图 4-19（a）需要满足 $U_1 = \cdots = U_k$，$\boldsymbol{W} = \boldsymbol{\theta} = 0$，如式(4-25)、式(4-26)所示。图 4-19（b）需要满足 $W_1 = \cdots = W_k$，$\boldsymbol{U} = \boldsymbol{\theta} = 0$，如式(4-27)、式(4-28)所示。图 4-19（c）需要满足 $\theta_1 = \cdots = \theta_k$，此时各自由度间的关系式为 $U_k = f_{\mathrm{u}}(r, \alpha)$，$W_k = f_{\mathrm{w}}(r, \alpha)$，其中 r 指节点与剪心间的距离，α 指节点与剪心连线与 X 轴方向的逆时针夹角，如式(4-29)所示，可将自由度与 θ 关联，式(4-30)为其约束矩阵。图 4-19（d）需要满足 $V_1 = \cdots = V_k$，$\boldsymbol{U} = \boldsymbol{\theta} = 0$，结果如式(4-31)、式(4-32)所示。

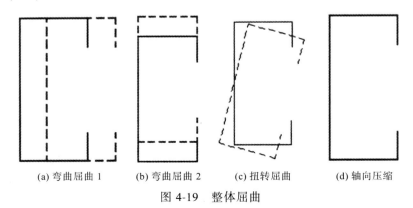

(a) 弯曲屈曲 1　　(b) 弯曲屈曲 2　　(c) 扭转屈曲　　(d) 轴向压缩

图 4-19　整体屈曲

$$\begin{Bmatrix} N_v \\ N_u \\ N_w \\ M_\theta \end{Bmatrix} = \begin{Bmatrix} N_v \\ N_u \\ 0 \\ 0 \end{Bmatrix} = P' = K_e \Delta' = \begin{bmatrix} K_{mm} & K_{mb} \\ K_{mb}^T & K_{bb} \end{bmatrix} \begin{bmatrix} v \\ u \\ w \\ \theta \end{bmatrix} \tag{4-23}$$

$$R_{G1} = \begin{bmatrix} E_{2k+p} \\ -K_{bb}^{-1}K_{mb}^T \end{bmatrix}_{4k \times (2k+p)} \tag{4-24}$$

$$R_{G(a)} = \begin{bmatrix} E_{k+1} \\ 0_{(k+p-1) \times k} & 1_{(k+p-1) \times 1} \end{bmatrix}_{(2k+p) \times (k+1)} \tag{4-25}$$

$$d = R_{G1}R_{G(a)} \begin{bmatrix} v \\ u_0 \end{bmatrix} = R_{Ga}d_{G(a)} \tag{4-26}$$

$$R_{G(b)} = \begin{bmatrix} E_k \\ 0_{k+p} \end{bmatrix}_{(2k+p) \times k} \tag{4-27}$$

$$d = R_{G1}R_{G(b)}v = R_{Gb}d_{G(b)} \tag{4-28}$$

$$R_{G(c)} = \begin{bmatrix} E_{k \times k} & 0_{k \times 1} \\ & f_u(r, \alpha) \\ 0_{3k \times k} & f_w(r, \alpha) \\ & 1 \end{bmatrix}_{(4k) \times (k+1)} \begin{bmatrix} v \\ \theta_1 \end{bmatrix} \tag{4-29}$$

$$d = R_{G(c)}d_{G(c)} \tag{4-30}$$

$$R_{G(d)} = \begin{bmatrix} E_k \\ 0_{k+p} \end{bmatrix}_{(2k+p) \times k} [1]_{k \times 1} \tag{4-31}$$

$$d = R_{G1}R_{G(d)}v_0 = R_{Gd}d_{G(d)} \tag{4-32}$$

在对多种类型截面的变形进行分析后可知，在发生畸变屈曲时部分板件保持平直、部分板件发生弯曲。因此 D 模态允许在每个板条内都发生平移与旋转，u、v、w、θ 均可不为 0。但两个主节点的自由度的 u、v、w 为 0，如式(4-33)所示。据此得到的是 L、D、G 复合模态空间，通过剔除与上述重复的结果，得到畸变屈曲模态约束矩阵，如式(4-34)。

$$d = \begin{bmatrix} 0_{4 \times (4k-4)} \\ E_{4k-4} \end{bmatrix}_{4k \times (4k-4)} \begin{bmatrix} v_k \\ u_{k+p-2} \\ w_{k-p-2} \\ \theta_k \end{bmatrix}_{4k-4} = R_{LD}d_{LD} \tag{4-33}$$

$$R_D = R_{LD} - (R_{LD} \cap R_L) - (R_{LD} \cap R_{Gd}) \tag{4-34}$$

我国规范中关于直接强度法的计算公式是基于局部与整体相关屈曲和畸变与整体相关屈曲的，因此基于变形的有限条法在程序实现时，也可忽略整体屈曲模态部分的计算，基于稳定系数得到构件整体稳定承载力。具体实现是先通过判断截面主节点坐标及序号确定各节点类型，然后根据序号进行约束矩阵的设置得到局部屈曲模态，之后在畸变屈曲模态中寻找并删除与局部屈曲结果相似度较高的部分，得到畸变屈曲结果。为保证最终结果的准确性，以宏观结果进行二次检查，即以主节点处的 x-z 面位移大小作为判断准则，当其位移与翼缘宽度之比 $d/f \leq 1/50$ 时，可认为此节点为不移动点。局部屈曲时，翼缘腹板交点和卷边翼缘交点均为不移动点；畸变屈曲时，翼缘腹板交点为不移动点，整体屈曲时，则四个主节点均为移动点。

（3）构件承载力计算方法

直接强度法采用全截面进行计算，计算过程简便，且考虑了畸变屈曲，为截面优化提供了更好的实现途径。虽然直接强度法相比有效宽度法，计算过程得到了很大简化，但是直接强度法计算公式仍然是一种半理论半经验计算方法，目前主要应用于常规截面，如槽形、卷边槽形、Z形、卷边Z形等。对于截面优化过程中考虑制造约束，通常会对翼缘和腹板进行加劲，来提高板件的局部屈曲和截面的畸变屈曲，文献对翼缘和腹板的各种加劲情况进行了大量研究，基于直接强度法，给出了修正后的稳定承载力计算公式。

式(4-35)为局部与整体相关屈曲承载力计算公式，由于加劲对局部屈曲临界应力的提升十分明显，对于加劲越多的截面，其发生局部失稳的可能性越低，因此该公式对于加劲较少的截面，可靠度更高。

$$P_{\mathrm{nl}} = \begin{cases} P_{\mathrm{ne}} & \lambda_1 \leqslant 0.442 \\ \left[1 - 0.25\left(\dfrac{P_{\mathrm{crl}}}{P_{\mathrm{ne}}}\right)^{0.42}\right]\left(\dfrac{P_{\mathrm{crl}}}{P_{\mathrm{ne}}}\right)^{0.42} P_{\mathrm{ne}} & \lambda_1 > 0.442 \end{cases} \tag{4-35}$$

$$\lambda_1 = \sqrt{P_{\mathrm{ne}}/P_{\mathrm{crl}}}$$

$$P_{\mathrm{crl}} = \sigma_{\mathrm{crl}} A$$

$$P_{\mathrm{ne}} = f_{\mathrm{y}} A \varphi$$

式中　f_{y}——材料屈服强度；

$\quad\quad\sigma_{\mathrm{crl}}$——对应截面的弹性局部屈曲临界应力；

$\quad\quad A$——冷弯薄壁型钢构件全截面面积；

$\quad\quad P_{\mathrm{crl}}$——冷弯薄壁型钢构件的弹性局部屈曲临界荷载；

$\quad\quad\varphi$——轴心受压构件稳定系数。

所提出的修正公式与有限元结果以及我国规范公式的对比如图 4-20 所示。

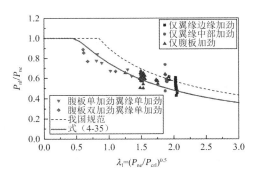

图 4-20　局部-整体屈曲的有限元结果、规范与建议公式对比

式(4-36)和式(4-37)为考虑角形加劲与帽形加劲两种截面修正后的畸变与整体相关屈曲承载力计算公式。由于板件中部加劲对于畸变屈曲影响较大，因此不同类型板件承载力及破坏模式具有较为明显的差别。

仅腹板或仅翼缘加劲：$P_{\mathrm{nd}} = \begin{cases} P_{\mathrm{ne}} & \lambda_{\mathrm{d}} \leqslant 0.929 \\ \left[1 - 0.08\left(\dfrac{P_{\mathrm{crd}}}{P_{\mathrm{ne}}}\right)^{0.62}\right]\left(\dfrac{P_{\mathrm{crd}}}{P_{\mathrm{ne}}}\right)^{0.62} P_{\mathrm{ne}} & \lambda_{\mathrm{d}} > 0.929 \end{cases} \tag{4-36}$

腹板翼缘均加劲：$P_{\mathrm{nd}} = \begin{cases} P_{\mathrm{ne}} & \lambda_{\mathrm{d}} \leqslant 0.882 \\ \left[1 - 0.09\left(\dfrac{P_{\mathrm{crd}}}{P_{\mathrm{ne}}}\right)^{0.42}\right]\left(\dfrac{P_{\mathrm{crd}}}{P_{\mathrm{ne}}}\right)^{0.42} P_{\mathrm{ne}} & \lambda_{\mathrm{d}} > 0.882 \end{cases} \tag{4-37}$

$$\lambda_{\mathrm{d}} = \sqrt{P_{\mathrm{ne}}/P_{\mathrm{crd}}}$$

$$P_{\mathrm{crd}} = \sigma_{\mathrm{crd}}A$$

$$P_{\mathrm{ne}} = f_{\mathrm{y}}A\varphi$$

式中　σ_{crd}——对应截面的弹性畸变屈曲临界应力；

　　　P_{crd}——冷弯薄壁型钢构件的弹性畸变临界荷载。

所提出的修正公式与有限元结果以及中国规范公式的对比如图 4-21 所示。

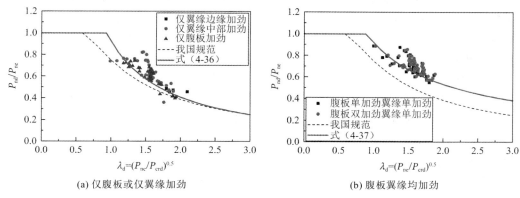

图 4-21　畸变-整体屈曲的有限元结果、规范与建议公式对比

4.4.2　约束条件

在结构优化中，设计目标是在满足强度和适用性的同时最小化重量。在杆件层面上，可以通过优化单个横截面轮廓来实现这一目标。无约束的冷弯截面优化会导致生成的截面无法通过当前的冷成型工艺制造。为降低优化过程的复杂程度，提高优化结果的利用效率，引入制造约束，如通过控制截面基本形状，对常见截面卷边、卷边与翼缘夹角、卷边长度进行优化；或者对常用截面添加中间加劲肋，通过控制加劲个数来控制板件宽度，如图 4-22 所示。

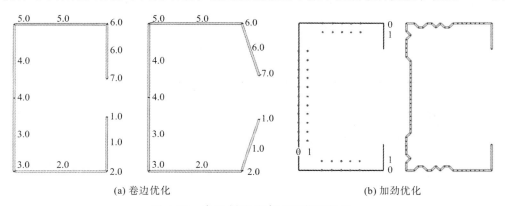

图 4-22　常见制造约束下的截面优化

4.4.3　优化算法

冷弯型钢截面优化方法主要包括精确算法和启发式算法。精确算法包括线性规划、动态规划、整数规划和分支定界法等。

目前的冷弯截面优化主要采用启发式算法，启发式算法通过更加全面和彻底的搜索过程，使得解的优良性有了较大的提高。其特点是在解决问题时，受到仿生学的启发，从自然界中获取灵感，跳出局部最优，从而找到全局最优解，如遗传算法（GA）、粒子群优化（PSO）、直接多搜索优化（DMS）、模拟退火（SA）、梯度下降优化（GDO）、鲸鱼算法（WOA）、大爆炸算法（BB-BC）等。

4.4.4 算例

该算例为轴压槽形截面钢构件的截面优化，采用 4.4.1 节提出的基于变形的弹性屈曲性能计算方法计算弹性屈曲临界应力，以修正的直接强度法为目标函数，采用 Python 编写了截面优化程序。采用遗传算法对截面进行了优化设计，以承载力最大为优化目标，得到了最优截面形状。

（1）优化参数

复杂加劲截面构造形式如图 4-23 所示。优化参数主要有：①加劲位置xx，yy；②加劲尺寸a、b、θ；③翼缘加劲个数n_f；④腹板加劲个数n_w；⑤加劲形式（角形、帽形）；⑥腹板宽度w；⑦翼缘宽度f；⑧卷边宽度l（$l = l_1 + l_2$）；⑨卷边形式［简单卷边、复杂卷边（内折/外折）］；⑩钢板总宽度。

基于现行规范和相关文献的研究，将优化参数约束在特定范围，提高优化效率，范围设置如表 4-2 所示。

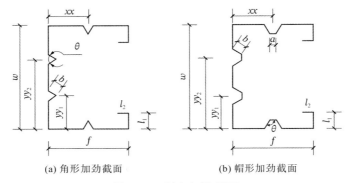

(a) 角形加劲截面　　　　　(b) 帽形加劲截面

图 4-23　复杂加劲截面

表 4-2　约束范围设置

约束名称		约束范围
水平加劲边板件宽度比a/w		0.05～0.5
斜加劲边板件宽度比b/w		0.02～0.12
加劲角度θ		30°～135°
加劲个数n	腹板	1～4
	翼缘	1～2
加劲位置（xx/f或yy/w）		0.1～0.9
加劲形式		角形、帽形、边缘加劲
卷边宽厚比l/t		15～50

（2）截面优化程序架构

截面优化程序架构如图 4-24 所示，根据问题的特点，该程序包含五个主要文件：using.py 提供用户数据输入接口并显示输出结果，包括了约束的施加；section.py 完成对截面几何性质的定义，并提供普通钢结构的材料类型，包括 Q235、Q355、Q390 等；dfsm.py 利用基于变形的弹性屈曲性能计算方法计算截面的弹性屈曲临界应力；press.py 利用基于修正后的直接强度法进行承载力的计算；genetic.py 实现对给定截面的遗传优化设计，对加劲的尺寸及位置进行优化。

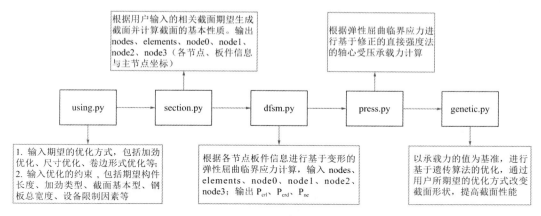

图 4-24　程序架构

基于 python 编制的改进有限条法计算软件，将程序分为截面与板件模块（section.py）、承载力计算模块（dfsm.py + press.py）、优化设计模块（genetic.py）三个主要模块。

（3）结果与比较

进行优化时，限定板材腹板 160mm，翼缘 120mm，卷边 25mm，卷边角度为 90°。优化过程中选取的材料参数为屈服强度 $f_y = 355.0\text{MPa}$，弹性模量 $E = 206000\text{MPa}$，泊松比 $\upsilon = 0.30$，板厚 $t = 1.5\text{mm}$。以长度为 1200mm 的构件为例，通过优化，得到了针对角形加劲、帽形加劲与复杂卷边的优化结果，如图 4-25 所示。其中初始截面的构件承载力有限元结果 $P_{\text{FEM0}} = 110.68\text{kN}$，直接强度法计算结果 $P_{\text{DSM0}} = 108.21\text{kN}$。

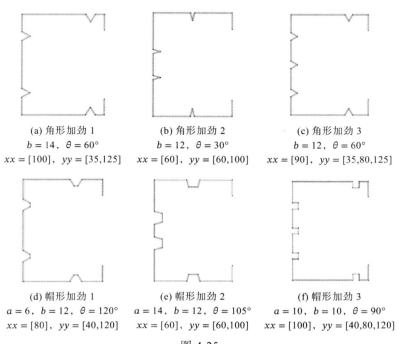

图 4-25

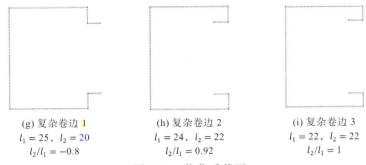

(g) 复杂卷边 1　　　　　(h) 复杂卷边 2　　　　　(i) 复杂卷边 3
$l_1 = 25$，$l_2 = 20$　　　$l_1 = 24$，$l_2 = 22$　　　$l_1 = 22$，$l_2 = 22$
$l_2/l_1 = -0.8$　　　　　$l_2/l_1 = 0.92$　　　　　$l_2/l_1 = 1$

图 4-25　优化后截面

如表 4-3 所示，与初始截面相比，中间加劲截面的构件承载力较高，能够提升 40% 以上，且帽形加劲性能高于角形加劲截面；边缘加劲也能够提高 10% 的承载力。作为中部加劲的复杂截面，其破坏模式基本为畸变破坏。

表 4-3　优化结果对比

截面类别	编号	FEM 结果 P_{FEM}/kN	DSM 结果 P_{DSM}/kN	$\dfrac{P_{FEM}}{P_{FEM_0}}$	$\dfrac{P_{DSM}}{P_{DSM_0}}$	破坏模式	用钢增加/%
角形加劲	1	157.65	151.47	1.42	1.40	D	12.4
	2	164.99	160.84	1.49	1.49	D	15.8
	3	159.72	154.44	1.44	1.43	D	13.3
帽形加劲	1	163.87	155.40	1.48	1.44	D	10.7
	2	178.50	166.19	1.61	1.54	D	15.8
	3	167.21	157.38	1.51	1.45	D	22.2
复杂卷边	1	136.69	118.78	1.23	1.10	D + G	8.9
	2	137.51	119.21	1.24	1.10	D	9.3
	3	132.49	118.26	1.20	1.09	D	8.4

第 5 章
不锈钢结构研究及应用现状

5.1 不锈钢材料

5.1.1 不锈钢的发展

不锈钢是指 Cr 含量超过 10.5% 且 C 含量不超过 1.2% 的耐蚀合金钢。它最早是在 1904—1906 年间由法国的 Guillet 发现的，之后在 1912—1913 年由英国的 Brearley 和德国的 Maurer、Strauss 等引入。1912—1913 年，Brearly 在英国开发了马氏体不锈钢。1911—1914 年，Dantsizen 在美国开发了铁素体不锈钢。1912—1914 年，Maurer 和 Strauss 在德国开发了奥氏体不锈钢。1929 年，Strauss 取得了低碳 18-8（Cr-18%，Ni-8%）不锈钢的专利权。1931 年，在法国的 Unieux 实验室发现了奥氏体不锈钢中含有铁素体，从而开发了双相不锈钢。1946 年，美国的 Smithetal 研制了马氏体沉淀硬化型不锈钢。

与普通低碳钢相比，不锈钢具有美观、耐热、耐腐蚀、优良的低温韧性、可回收、良好的加工性能等优点。不锈钢的耐腐蚀性主要取决于 Cr 含量，N 和 Mo 可加强其耐腐蚀性能，而 Ni 则主要保证不锈钢的微观结构和力学性能。

不锈钢材料按金相组织主要分为 5 大类：奥氏体型不锈钢、奥氏体-铁素体（双相型）不锈钢、铁素体型不锈钢、马氏体型不锈钢和沉淀硬化型不锈钢，在建筑结构领域最常用的是奥氏体型和双相型不锈钢两类。最常用的是 S30408、S31608、S30403、S31603、S22053 和 S22253。不锈钢的材料标准较多，我国不锈钢材料依据的标准为《不锈钢 牌号及化学成分》（GB/T 20878—2024）。

5.1.2 不锈钢材料静力性能

不锈钢有不锈、耐蚀的特性，其材料基本物理性质与普通钢材相似。但由于其含有 Cr、Ni、Mn、Mo 等合金元素，使得力学性能明显区别于普通的低碳钢。普通钢（低碳钢和低合金钢）有明显的屈服点和屈服平台，且屈服平台末端的应变比较大，经屈服平台后有轻微的应变硬化。而不锈钢材料的应力-应变曲线上没有明显的屈服点和屈服平台，通常取曲线上残余应变为 0.2% 时对应的应力作为材料的屈服强度，而且材料强度的比例极限远低于其名义屈服强度，具有非线性的应力-应变关系、较大的应变硬化和一定的各向异性，表现出高延展性。

不锈钢材料的应力-应变关系见图 5-1。图中给出了不锈钢材料力学性能的几个参数：$\sigma_{0.2}$ 指残余变形值为 0.2% 时对应的应力，也称为名义屈服应力；$\sigma_{0.01}$ 指残余变形值为 0.01% 时对应的应力；$\sigma_{1.0}$ 指残余变形值为 1.0% 时对应的应力；E_0 为初始弹性模量；$E_{0.2}$ 为应力 $\sigma_{0.2}$ 时的切线弹性模量。

不锈钢材料的应力-应变曲线上没有明显的屈服点和屈服平台，是非线性材料。若采用双线性模型，会造成不锈钢结构在承载力极限状态下挠度计算偏小，设计偏于不安全。

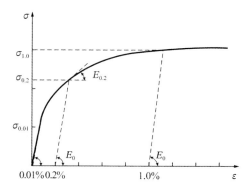

图 5-1 不锈钢材料应力-应变曲线

常用的不锈钢非线性材料的应力-应变曲线采用由 Ramberg-Osgood 提出的应力-应变模型，此模型后经 Hill 进一步修改，如式(5-1)所示。

$$\varepsilon = \frac{\sigma}{E_0} + 0.002\left(\frac{\sigma}{\sigma_{0.2}}\right)^n \tag{5-1}$$

$$\varepsilon = \frac{\ln 20}{\ln\left(\dfrac{\sigma_{0.2}}{\sigma_{0.01}}\right)} \tag{5-2}$$

对于不锈钢材料，$n = 3\sim10$。美国不锈钢结构设计规范 *Specification for the Design of Cold-Formed Stainless Steel Structural Members*（SEI/ASCE 8-02）即采用式(5-1)所示的模型。相关文献资料研究表明，上述公式当应力达到 $\sigma_{0.2}$ 之前时，具有较高的精度；当应力超过 $\sigma_{0.2}$ 时，公式将会得到过高的应力值，精度较差。

Rasmussen 等发现 Ramberg-Osgood 表达式适用于低于 0.2% 应变的应力-应变曲线。对于具有明显应变硬化的合金，该表达式特别不准确。于是，Rasmussen 推导出了式(5-3)，为不锈钢合金的完整应力-应变曲线。该表达式包括传统的 Ramberg-Osgood 参数（E_0、$\sigma_{0.2}$、n）和极限抗拉强度、应变。在应变未达到 0.2% 时采用第一段曲线表达式，在应力超过屈服强度 $\sigma_{0.2}$ 且达到极限强度 σ_u 之前，采用第二段曲线表达式。第二段曲线以屈服强度 $\sigma_{0.2}$ 为起点，并保证曲线表达式在屈服点的斜率连续。该两段式模型已被欧洲不锈钢设计规范 *Design of Steel Structures-Part 1-4：General Rules-Supplementary Rules for Stainless Steels*（EN 1993-1-4）（以下简称欧洲规范 EN 1993-1-4）采用。

$$\varepsilon = \begin{cases} \dfrac{\sigma}{E_{0.2}} + 0.002\left(\dfrac{\sigma}{\sigma_{0.2}}\right)^n & \sigma \in [0, \sigma_{0.2}] \\[3mm] \dfrac{\sigma - \sigma_{0.2}}{E_{0.2}} + \varepsilon_u\left(\dfrac{\sigma - \sigma_{0.2}}{\sigma_u - \sigma_{0.2}}\right)^m + \varepsilon_{0.2} & \sigma \in [\sigma_{0.2}, \sigma_u] \end{cases} \tag{5-3}$$

其中，奥氏体型不锈钢和双相型不锈钢的强屈比表达式如式(5-4)所示。

$$\frac{\sigma_u}{\sigma_{0.2}} = \frac{1}{0.2 + 185e} \tag{5-4}$$

其他类型不锈钢的强度比如下式所示

$$\frac{\sigma_u}{\sigma_{0.2}} = \frac{1 - 0.0375(n - 5)}{0.2 + 185e} \tag{5-5}$$

$$E_{0.2} = \frac{E_0}{1 + 0.002nE/\sigma_{0.2}} \quad \varepsilon_{0.2} = \frac{\sigma_{0.2}}{E_0} + 0.002 \tag{5-6}$$

$$\varepsilon_{\mathrm{u}} = 1 - \frac{\sigma_{0.2}}{\sigma_{\mathrm{u}}} \quad m = 1 + 3.5 \frac{\sigma_{0.2}}{\sigma_{\mathrm{u}}} \tag{5-7}$$

式中　σ_{u}——极限强度；

　　　ε_{u}——极限强度对应的应变，$e = \sigma_{0.2}/E_0$。

之后，Gardner 和 Nethercot 指出，上述修正的 Ramberg-Osgood 模型使用极限应力σ_{u}有两个缺点。第一，σ_{u}处的应变远高于一般结构的应变，在应变较小时，实测应力-应变曲线与模型有较大偏差。第二，该模型不适用于压缩应力-应变行为，因为压缩材性试验无法得到准确的ε_{u}和σ_{u}。因此，建议采用 1% 的名义应力$\sigma_{1.0}$取代σ_{u}，并提出新的两段式本构模型。该模型第一段仍采用 Ramberg-Osgood 公式，第二段表达式见式(5-8)。试验表明，此公式在应变接近 10% 时仍具有较高的精度。

$$\varepsilon = \frac{(\sigma - \sigma_{0.2})}{E_{0.2}} + \left(\varepsilon_{\mathrm{t}1.0} - \varepsilon_{\mathrm{t}0.2} - \frac{\sigma_{1.0} - \sigma_{0.2}}{E_{0.2}}\right)\left(\frac{\sigma - \sigma_{0.2}}{\sigma_{1.0} - \sigma_{0.2}}\right)^{n'_{0.2,1.0}} + \varepsilon_{\mathrm{t}0.2} \tag{5-8}$$

式中　$\varepsilon_{\mathrm{t}1.0}$——应力为$\sigma_{1.0}$时的总应变；

　　　$\varepsilon_{\mathrm{t}0.2}$——应力为$\sigma_{0.2}$时的总应变；

　　　$n'_{0.2,1.0}$——通过$\sigma_{1.0}$和$\sigma_{0.2}$的应变确定的强化系数；

$\sigma_{1.0}$、$\sigma_{0.2}$——可以根据试验测得的应力-应变曲线得到。

Arrayago 等收集并分析了 600 多个试验应力-应变曲线，包括奥氏体、铁素体和双相体。根据 Rasmussen 模型，提出了所有不锈钢材料的应变硬化参数n的修正预测方程和修正数值［式(5-9)］；提出了预测所有不锈钢第二应变硬化参数m的新表达式［式(5-10)］。提出了铁素体不锈钢极限拉伸应力和应变的修正预测表达式［式(5-11)和式(5-12)］。

$$n = \frac{\ln 4}{\ln(\sigma_{0.2}/\sigma_{0.05})} \tag{5-9}$$

式中　$\sigma_{0.05}$——残余应变为 0.05% 时对应的应力。

$$m = 1 + 2.8 \frac{\sigma_{0.2}}{\sigma_{\mathrm{u}}} \tag{5-10}$$

$$\frac{\sigma_{0.2}}{\sigma_{\mathrm{u}}} = \begin{cases} 0.20 + 185 \dfrac{\sigma_{0.2}}{E} & \text{（奥氏体不锈钢和双相不锈钢）} \\ 0.46 + 145 \dfrac{\sigma_{0.2}}{E} & \text{（铁素体不锈钢）} \end{cases} \tag{5-11}$$

$$\varepsilon_{\mathrm{u}} = \begin{cases} 1 - \dfrac{\sigma_{0.2}}{\sigma_{\mathrm{u}}} & \text{（奥氏体不锈钢和双相不锈钢）} \\ 0.6\left(1 - \dfrac{\sigma_{0.2}}{\sigma_{\mathrm{u}}}\right) & \text{（铁素体不锈钢）} \end{cases} \tag{5-12}$$

此外，通过修正三段式应力-应变模型，Fernando 等得到了新的两段式应力-应变模型，如下所示（ten 代表拉伸，com 代表压缩）

$$\varepsilon^{\mathrm{ten}} = \begin{cases} \dfrac{\sigma^{\mathrm{ten}}}{E_0^{\mathrm{ten}}} + 0.002\left(\dfrac{\sigma^{\mathrm{ten}}}{\sigma_{0.2}^{\mathrm{ten}}}\right)^{n^{\mathrm{ten}}} & \sigma^{\mathrm{ten}} \leqslant \sigma_{0.2}^{\mathrm{ten}} \\ \dfrac{\sigma^{\mathrm{ten}} - \sigma_{0.2}^{\mathrm{ten}}}{E_{0.2}^{\mathrm{ten}}} + \left[\varepsilon_{\mathrm{u}}^{\mathrm{ten}} - (\sigma_{\mathrm{u}}^{\mathrm{ten}} - \sigma_{0.2}^{\mathrm{ten}})/E_{0.2}^{\mathrm{ten}} - \right. & \\ \left. \varepsilon_{0.2}^{\mathrm{ten}}\right]\left(\dfrac{\sigma^{\mathrm{ten}} - \sigma_{0.2}^{\mathrm{ten}}}{\sigma_{\mathrm{u}}^{\mathrm{ten}} - \sigma_{0.2}^{\mathrm{ten}}}\right)^{m^{\mathrm{ten}}} + \varepsilon_{0.2}^{\mathrm{ten}} & \sigma^{\mathrm{ten}} > \sigma_{0.2}^{\mathrm{ten}} \end{cases} \tag{5-13}$$

第5章

$$m^{\text{ten}} = 3.5 \left(\frac{\sigma^{\text{ten}}}{\sigma_u^{\text{ten}}} \right) + 0.1 \tag{5-14}$$

$$\varepsilon^{\text{com}} = \begin{cases} \dfrac{\sigma^{\text{com}}}{E_0^{\text{com}}} + 0.002 \left(\dfrac{\sigma^{\text{com}}}{\sigma_{0.2}^{\text{com}}} \right)^{n^{\text{com}}} & \sigma^{\text{com}} \leqslant \sigma_{0.2}^{\text{com}} \\ \dfrac{\sigma^{\text{com}} - \sigma_{0.2}^{\text{com}}}{E_{0.2}^{\text{com}}} + \left(\varepsilon_u^{\text{com}} - \dfrac{\sigma_u^{\text{com}} - \sigma_{0.2}^{\text{com}}}{E_{0.2}^{\text{com}}} - \varepsilon_{0.2}^{\text{com}} \right) \times \\ \left(\dfrac{\sigma^{\text{com}} - \sigma_{0.2}^{\text{com}}}{\sigma_u^{\text{com}} - \sigma_{0.2}^{\text{com}}} \right)^{l} + \varepsilon_{0.2}^{\text{com}} & \sigma^{\text{com}} > \sigma_{0.2}^{\text{com}} \end{cases} \tag{5-15}$$

$$\beta = 0.985 \frac{\sigma_{0.2}^{\text{com}}}{\sigma_u^{\text{com}} - \sigma_{0.2}^{\text{com}}} - 0.0085 \tag{5-16}$$

$$l = \beta \left(\frac{\sigma_u^{\text{com}}}{\sigma^{\text{com}}} \right) + 0.15 \tag{5-17}$$

针对三段式应力-应变模型，Quach 等在 Ramberg-Osgood 模型基础上进行改进，提出了一种不锈钢的三阶段应力-应变模型。该模型能够准确预测整个拉伸和压缩应变范围，使用三个基本的 Ramberg-Osgood 参数定义了不锈钢三阶段应力-应变曲线表达式

$$\varepsilon = \begin{cases} \dfrac{\sigma}{E_0} + 0.002 \left(\dfrac{\sigma}{\sigma_{0.2}} \right)^n & \sigma \leqslant \sigma_{0.2} \\ \dfrac{\sigma - \sigma_{0.2}}{E_0} + \left[0.008 - (\sigma_{1.0} - \sigma_{0.2}) \left(\dfrac{1}{E_0} - \right. \right. \\ \left. \left. \dfrac{1}{E_{0.2}} \right) \right] \left(\dfrac{\sigma - \sigma_{0.2}}{\sigma_u - \sigma_{0.2}} \right)^{n'_{0.2,1.0}} + \varepsilon_{0.2} & \sigma_{0.2} < \sigma \leqslant \sigma_{2.0} \\ \dfrac{\sigma - a}{b \mp \sigma} \quad (\text{加号对应于拉伸，减号对应于压缩}) & \sigma > \sigma_{2.0} \end{cases} \tag{5-18}$$

$$a = \sigma_{2.0}(1 \pm \varepsilon_{2.0}) - b\varepsilon_{2.0}$$

$$b = \frac{\sigma_u(1 \pm \varepsilon_u) - \sigma_{2.0}(1 \pm \varepsilon_{2.0})}{\varepsilon_u - \varepsilon_{2.0}}$$

$$\varepsilon_{2.0} = \frac{\sigma_{2.0}}{E_0} + 0.02$$

$$\begin{cases} \dfrac{\sigma_{1.0}}{\sigma_{0.2}} = 0.542 \dfrac{1}{n} + 1.072 & (\text{ten}) \\ \dfrac{\sigma_{1.0}}{\sigma_{0.2}} = 0.662 \dfrac{1}{n} + 1.085 & (\text{com}) \end{cases} \tag{5-19}$$

$$\begin{cases} n'_{0.2,1.0} = 12.255 \left(\dfrac{E_{0.2}}{E_0} \right) \left(\dfrac{\sigma_{1.0}}{\sigma_{0.2}} \right) + 1.037 & (\text{ten}) \\ n'_{0.2,1.0} = 6.399 \left(\dfrac{E_{0.2}}{E_0} \right) \left(\dfrac{\sigma_{1.0}}{\sigma_{0.2}} \right) + 1.145 & (\text{com}) \end{cases} \tag{5-20}$$

随后，朱浩川等通过试验和有限元分析验证了 Quach 三段式应力-应变曲线表达式的准确性。郑宝锋等通过对国产 304 不锈钢材料进行拉伸及压缩试验，基于已有三段式应力-应变模型提出了一种简化的三段式材料本构模型，如下所示

$$\varepsilon = \begin{cases} \dfrac{\sigma}{E_0} + 0.002\left(\dfrac{\sigma}{\sigma_{0.2}}\right)^n & 0 \leqslant \sigma \leqslant \sigma_{0.2} \\[3mm] \dfrac{\sigma}{E_0} + 0.002\left(\dfrac{\sigma}{\sigma_{0.2}}\right)^{n_2} & \sigma_{0.2} < \sigma \leqslant \sigma_{1.0} \\[3mm] \left(\dfrac{\sigma}{p}\right)^q & \sigma_{1.0} < \sigma \leqslant \sigma_u \end{cases} \tag{5-21}$$

$$\begin{cases} n = \dfrac{\ln 20}{\ln(\sigma_{0.2}/\sigma_{0.01})} & n_1 = \dfrac{\ln 5}{\ln(\sigma_{1.0}/\sigma_{0.2})} \\[3mm] n_2 = n + \left(\dfrac{\sigma - \sigma_{0.2}}{\sigma_{1.0} - \sigma_{0.2}}\right)(n_1 - n) \\[3mm] q = \dfrac{\ln(\varepsilon_u/\varepsilon_{1.0})}{\ln(\sigma_u/\sigma_{1.0})} & p = \dfrac{\sigma_{1.0}}{\sqrt[q]{\varepsilon_{1.0}}} \end{cases} \tag{5-22}$$

　　围绕不锈钢材料静力性能研究，王元清等对国产奥氏体不锈钢 S31608 试件进行了单向拉伸试验，得到其本构模型参数，发现了轧制方向及焊接过程对本构关系的影响，指出了轧制方向和焊接过程对不锈钢的材性有一定的影响。Rabi 等发现已有本构模型仅适用于不锈钢板，因此通过对不锈钢钢筋进行拉伸得到试验数据，并结合现有的模型，提出了一种专门针对奥氏体和双相不锈钢钢筋的本构关系模型，式中 prop 表示建议值。

$$n = \dfrac{\ln 20}{\ln\left(\dfrac{\sigma_{0.2}}{\sigma_{0.05}}\right)} \tag{5-23}$$

$$\begin{cases} m_{prop} = 1 + 10\dfrac{\sigma_{0.2}}{\sigma_u} & \text{奥氏体不锈钢钢筋} \\[3mm] m_{prop} = 1 + 5\dfrac{\sigma_{0.2}}{\sigma_u} & \text{双相不锈钢钢筋} \end{cases} \tag{5-24}$$

$$\begin{cases} \dfrac{\sigma_{0.2}}{\sigma_{u,prop}} = 0.55 + 70\dfrac{\sigma_{0.2}}{E} & \text{奥氏体不锈钢钢筋} \\[3mm] \dfrac{\sigma_{0.2}}{\sigma_{u,prop}} = 0.7 + 25\dfrac{\sigma_{0.2}}{E} & \text{双相不锈钢钢筋} \end{cases} \tag{5-25}$$

$$\begin{cases} \varepsilon_{u,prop}(\%) = 0.85\left(1 - \dfrac{\sigma_{0.2}}{\sigma_u}\right) & \text{奥氏体不锈钢钢筋} \\[3mm] \varepsilon_{u,prop}(\%) = 0.9 - \dfrac{\sigma_{0.2}}{\sigma_u} & \text{双相不锈钢钢筋} \end{cases} \tag{5-26}$$

　　Ho 等综合了试验、理论和数值研究，建立了高强不锈钢 S690 材料的本构模型。该模型适用于高强度不锈钢 S690 及其结构构件小变形和大变形的分析，具体见下式

$$\sigma_{nt}(\varepsilon) = \begin{cases} \sigma_{nt} = \varepsilon_{nt} & \varepsilon_{nt} \leqslant 1 \\ \sigma_{nt} = 1.0 + 0.003(\varepsilon_{nt} - 1) & 1 < \varepsilon_{nt} \leqslant 6 \\ \sigma_{nt} = 0.91 + 0.0212\varepsilon_{nt} - 0.000625\varepsilon_{nt}^2 & 6 < \varepsilon_{nt} \leqslant 18 \\ \sigma_{nt} = 1.09 + 0.0012 \times (\varepsilon_{nt} - 18) & 18 < \varepsilon_{nt} \leqslant 80 \\ \sigma_{nt} = 1.165 + 0.0011 \times (\varepsilon_{nt} - 80) & 80 < \varepsilon_{nt} \leqslant 33 \end{cases} \tag{5-27}$$

$$\varepsilon_{nt} = \varepsilon_t E/f_y \tag{5-28}$$

$$\sigma_{nt} = \sigma_t/f_y \tag{5-29}$$

　　He 等探究了奥氏体不锈钢 304 在火灾后的本构模型，发现了火灾后奥氏体不锈钢 304 的

名义屈服强度和极限强度都显著降低，且降低程度与加热持续时间t呈正相关。此外，还推导了ISO 834标准火灾后不锈钢的名义屈服强度、极限强度和极限应变的实用计算公式和本构模型。

$$\sigma = \begin{cases} \dfrac{\sigma}{E_0} + 0.002 \left[\dfrac{\sigma}{\sigma_{0.2}(t)}\right]^n & \sigma \leqslant \sigma_{0.2}(t) \\[2mm] 0.002 + \dfrac{\sigma_{0.2}(t)}{E_0} + \dfrac{\sigma - \sigma_{0.2}(t)}{E_y(t)} + \\[2mm] \varepsilon_u(t)\left[\dfrac{\sigma - \sigma_{0.2}(t)}{\sigma_u(t) - \sigma_{0.2}(t)}\right]^{m(t)} & \sigma_{0.2}(t) < \sigma \leqslant \sigma_u(t) \end{cases} \tag{5-30}$$

$$\varphi(t) = 1 - 0.00294t + 1.19016 \times 10^{-5}t^2 \tag{5-31}$$

$$\sigma_{0.2}(t) = \varphi(t)\sigma_{0.2} \tag{5-32}$$

$$\sigma_u(t) = \dfrac{1}{\dfrac{0.194}{\varphi(t)\sigma_{0.2}} + \dfrac{169}{E_0}} \tag{5-33}$$

$$\varepsilon_u(t) = 0.779 - 192.66\dfrac{\varphi(t)\sigma_{0.2}}{E_0} \tag{5-34}$$

$$E_y(t) = \dfrac{1}{\dfrac{1}{E_0} + \dfrac{0.002n}{\varphi(t)\sigma_{0.2}}} \tag{5-35}$$

$$m(t) = 1.242 + 211.25\dfrac{\varphi(t)\sigma_{0.2}}{E_0} \tag{5-36}$$

Yan等进行了低温下不锈钢316L的拉伸试验，发现低温下不锈钢材料应力-应变曲线与室温曲线不同，表现为"S"形应变硬化阶段，第二次应变硬化阶段比第一次应变硬化阶段更加迅速。低温下不锈钢材料σ-ε本构模型见下式

$$\sigma = \begin{cases} \varepsilon E & 0 \leqslant \varepsilon \leqslant \varepsilon_y^t \\[1mm] K_1\varepsilon_p^{n_1} + e^{K_2 + n_2\varepsilon_p} - K_3 n_3 n_4 (\varepsilon_p - \varepsilon_0 + \Delta\varepsilon)^{n_4-1} e^{-n_3(\varepsilon_p - \varepsilon_0 + \Delta\varepsilon)^{n_4}} & \varepsilon_y^t < \varepsilon \leqslant \varepsilon_u^t \end{cases} \tag{5-37}$$

$$\varepsilon_p = \varepsilon - \varepsilon_y^t \tag{5-38}$$

$$\Delta\varepsilon = e^{\ln(\varepsilon_0) - \frac{\varepsilon_p}{\varepsilon_0}} \tag{5-39}$$

$$n_3 = e^{5.334 - 1.288\left(\frac{T}{293}\right)}$$

$$\varepsilon_0 = e^{-4.956 + 2.444\left(\frac{T}{293}\right)}$$

式中　σ、ε——当前应力、应变；

　　　ε_p——当前塑性应变；

　　　E——温度为T时的弹性模量；

　　ε_y^t、ε_u^t——温度为T时的应变、极限应变；

　K_1、K_2——大、小应变下的强度系数；

　n_1、n_2——大、小应变下的应变硬化指数；

　　　n_3——与奥氏体相稳定性相关的系数；

　　　n_4——马氏体形核指数，取为2.2；

ε_0——临界应变。

5.1.3　不锈钢材料循环力学性能

与广泛使用的结构钢不同，不锈钢没有屈服平台，在循环荷载下表现出复杂的非线性行为，而已提出的本构模型集中在对不锈钢的单调应力-应变曲线形状的研究上。目前广泛使用的循环本构模型，包括 Chaboche 模型（各向同性/运动学组合硬化模型）、Dong-Shen 模型（基于累积损伤的循环本构模型）和 Giuffre-Menegotto-Pinto 模型（常用的本构模型），这三种模型都具有模拟包辛格效应和循环硬化的能力。各模型表达式详情如下：

Chaboche 模型

$$\sigma_0 = \sigma|_0 + Q_\infty\left(1 - e^{-b\bar{\varepsilon}_p}\right) \tag{5-40}$$

式中　σ_0——表示屈服面的当前大小（弹性范围内应力幅值的一半）；

$\sigma|_0$——最初的σ_0；

Q_∞——σ_0最大变化值，b是σ_0关于$\bar{\varepsilon}_p$的变化速率；

$\bar{\varepsilon}_p$——等效的塑性应变。

Dong-Shen 模型

$$\begin{cases} \sigma = \sigma_{An} + E_D(\varepsilon - \varepsilon_{An}) & |\sigma_{An} - \sigma| \leqslant \gamma\sigma_D \\ \sigma = a\varepsilon^2 + b\varepsilon + c & \gamma\sigma_D \leqslant |\sigma_{An} - \sigma| \leqslant (2 + \eta)\sigma_D \\ c = \sigma_{Cn} + k_d E_D(\varepsilon - \varepsilon_{Cn}) & |\sigma_{Cn} - \sigma| \leqslant (2 + \eta)\sigma_D \end{cases} \tag{5-41}$$

式中　σ、ε——分别表示钢的当前屈服应变和应力；

σ_{An}、ε_{An}——第n个半循环A点（第n个半周期的起点）的应力和应变；

σ_{Cn}、ε_{Cn}——第n个半循环C点（第n个半周期中从弹性到应变硬化范围的过渡范围的终点之一）的应力和应变；

σ_D、E_D——分别表示考虑损伤累积的屈服应力和弹性模量；

a、b、c——控制过渡范围形状的抛物线因子；

k_d——基于损伤的应变硬化系数；

γ——与材料相关的参数。

Giuffre-Menegotto-Pinto 模型

$$\begin{cases} \sigma^* = b\varepsilon^* + \dfrac{(1-b)\varepsilon^*}{(1 + \varepsilon^*R)^{1/R}} \\ \sigma^* = \dfrac{\sigma - \sigma_r}{\sigma_0 - \sigma_r} \\ \varepsilon^* = \dfrac{\varepsilon - \varepsilon_r}{\varepsilon_0 - \varepsilon_r} \\ R(\xi) = R_0 - \dfrac{CR_1\xi}{CR_2 + \xi} \end{cases} \tag{5-42}$$

式中　σ^*、ε^*——从斜率为E_0的直线渐近线到斜率为硬化模量E_1的另一条渐近线的过渡曲线的应力和应变；

b——应变强化系数，是硬化模量E_1和初始弹性模量E_0的比值；

R——影响过渡曲线形状的曲率参数；

σ、ε——当前应力、应变；

σ_r、ε_r——应变反向点的应力、应变；

第
5
章

σ_0、ε_0——模型中 2 条渐近线交点的应力、应变；

$R(*)$——反映包辛格效应的程度，$R(*)$ 越小，包辛格效应越显著；

ξ——当前循环半周期的塑性应变，且每次应变反向后都更新；

R_0——最初的 R 值；

CR_1、CR_2——材料参数。

为了研究不锈钢材料在循环荷载下的力学性能，Ye 等在室温条件下，利用拉伸-压缩循环，系统地研究了 SUS304-HP 奥氏体不锈钢的低周循环疲劳行为。结果表明，循环硬化、稳定行为和软化等现象与循环应变振幅有关，在较高的循环应变振幅下，可以观察到循环变形引起的奥氏体向马氏体转变。Gardner 等对自热轧碳素钢（S355J2H）、冷成型碳素钢（S235JRH）和冷成型奥氏体型不锈钢（EN 1.4301 和 EN 1.4307）共 62 个试件，进行了低周疲劳试验，其应变振幅可达 ±15%。结果发现，三种材料具有相似的应变-寿命关系。王元清等通过对不锈钢 S31608 试件进行多种循环加载试验，分析了不锈钢试件在单调荷载和循环荷载作用下的应力-应变关系，基于 Ramberg-Osgood 模型和有限元软件 Abaqus 研究了不锈钢在循环荷载作用下的本构关系，发现不锈钢在循环荷载作用下的本构关系不同于单调荷载作用下的本构关系。Xie 等进行了一系列单调拉伸和低周疲劳试验，研究了 316L 不锈钢在 650℃下的循环硬化、软化行为，提出了一个损伤耦合本构模型。Wang 等在不同的加载方案下进行了单调拉伸试验和低周循环试验，研究了一种新型高强度不锈钢 S600E 的力学性能，得到了材料的性能参数。结果发现，与常用的不锈钢 S31608 和 S22053 相比，S600E 具有高强度材料的一般特征、可忽略的各向同性硬化，以及与 S22053 相似的循环硬化行为。Zheng 等通过 24 次单调加载试验和 36 次循环加载试验，研究了奥氏体不锈钢 S30408 和 S31608 以及双相不锈钢 S22053 的力学性能。结果表明，在大应变幅度下，不锈钢的循环硬化、软化行为与碳钢有显著差异；此外，不同等级不锈钢的循环骨架曲线与单调本构曲线存在很大的差异；因此提出了在常幅荷载下不同应变幅度最大循环硬化度 η 的预测公式［式(5-43)］。

$$\eta = \begin{cases} 1.0 & 0 \leqslant \varepsilon < \varepsilon_1 \\ K\varepsilon + T & \varepsilon_1 \leqslant \varepsilon < \varepsilon_2 \\ \eta_{\max} & \varepsilon \geqslant \varepsilon_2 \end{cases} \tag{5-43}$$

式中 ε——应变振幅的一半；

ε_1、ε_2、$\eta_{\max}$、K、T——常数。

Shi 通过开展 S30408 和 S2205 不锈钢的循环加载试验，提出了一种多强度不锈钢的循环弹塑性本构模型，并验证了所建立本构模型的有效性和准确性。

5.2　不锈钢构件

不锈钢构件按截面加工方式一般可划分为四种：第一种是热轧型钢构件，如圆管、方管、角钢、工字钢、T 型钢和槽钢等；第二种是冷弯薄壁型钢构件，如带卷边或不带卷边的角形、槽形截面型钢和方管等；第三种和第四种是用型钢和钢板连接而成的组合截面构件，分别为实腹式组合截面构件和格构式组合截面构件。但总体可以划分为焊接构件和非焊接构件。

5.2.1　残余应力分布研究

不锈钢构件内部残余应力的存在是对承载力和稳定性产生不利影响的一个关键因素。构件的残余应力主要来自板材制作过程中的焊接热输入和冷却不均匀。由于不锈钢与碳钢具有不同的材料应力-应变特性和热性能，所以碳钢残余应力模型不适用于不锈钢构件。

测量钢构件中残余应力的主要方法有两种：无损方法和破坏性方法。无损方法包括 X 射线衍射和中子衍射。破坏性方法包括通过切割、分离或冲压材料来释放残余应力，并测量应变变化。破坏性技术包括切片法和盲孔法。焊接残余应力试验研究的首选通常是切片法。例如：Gardner 等使用切片方法分析了 18 个不锈钢结构截面的综合残余应力分布，得到了热轧型材、折弯截面、冷轧截面的膜残余应力和弯曲残余应力与材料名义屈服强度的大小关系。且将收集到的残余应力数据用于开发模型，提出了冷挤压成型、冷轧、热轧等类型截面的残余应力简化分布模型。

目前常用的残余应力简化分布模型如图 5-2 所示。

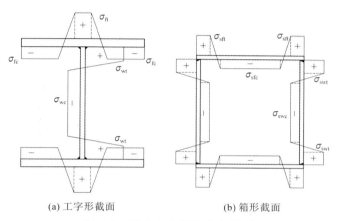

(a) 工字形截面　　　　　(b) 箱形截面

图 5-2　残余应力简化分布模型

其残余应力可通过式(5-44)计算。

$$\begin{cases} \begin{cases} \sigma_{fc} = \dfrac{a+b}{b_f-(a+b)}\sigma_{ft} \\ \sigma_{wc} = \dfrac{2c+d}{h_w-(2c+d)}\sigma_{wt} \end{cases} & \text{对于工字形截面} \\[4ex] \begin{cases} \sigma_{sfc} = \dfrac{2e+f}{b_f-(2e+f)}\sigma_{sft} \\ \sigma_{swc} = \dfrac{2g+h}{h_w-(2g+h)}\sigma_{swt} \end{cases} & \text{对于箱形截面} \end{cases} \qquad (5\text{-}44)$$

式中　　　　　　　h_w——腹板高度；

　　　　　　　　　b_f——翼缘宽度；

a、b、e、f、g、h——模型参数；

σ_{ft}、σ_{wt}、σ_{sft}、σ_{swt}——视为材料屈服强度$\sigma_{0.2}$。

为研究不锈钢构件的残余应力，Yuan 等对奥氏体不锈钢 EN 1.4301 和双相型不锈钢 EN 1.4462 共 18 个焊接不锈钢构件使用切片方法进行残余应力测量测试，提出了不锈钢组合工字形截面和箱形截面残余应力分布的模型［式(5-45)］。

$$\sigma_{ft} = \sigma_{wt} = \begin{cases} 0.8\sigma_{0.2} & \text{奥氏体不锈钢} \\ 0.6\sigma_{0.2} & \text{双相型和铁素体不锈钢} \end{cases} \qquad (5\text{-}45)$$

Gardner 等对激光焊接的奥氏体不锈钢工字形截面构件使用切片方法进行了残余应力测量，提出了激光焊接不锈钢工字形截面一个具有代表性的残余应力分布模型。张涌泉采用割条法对冷成型双相型不锈钢构件截面中的残余应力进行了测量，试验表明冷成型构件截面中存在的膜残余应力幅值均较小，并提出了残余应力的分布模型。Li 等使用中子衍射法测量了四个双相不锈钢（LDSS）焊接的方形和 H 形截面的残余应力，根据获得的试验结果，提出了 LDSS 制造的方形截面和 H 形截面的残余应力分布模型。Hu 等采用切片法对 S35657 不锈钢制成的焊接箱形截面和工字形截面的残余应力进行测量，结果表明 S35657 不锈钢箱形截面和工字形截面的最大拉伸残余应力分别达到 0.2% 屈服强度的约 90% 和 85%，提出 S35657 不锈钢制成的焊接箱形截面和工字形截面中残余应力分布的新模型。

5.2.2 受压构件承载性能研究

不锈钢柱的整体稳定承载力主要使用切线模量理论和 Perry 公式。Perry 公式基于截面边缘的纤维屈服标准，用于计算时不需要迭代，并且可以通过缺陷系数解释不锈钢材料的机械性能和横截面形状引起的差异。因此，通过修改 Perry 公式，计算变得更加容易和准确。Perry 公式采用稳定系数 χ［式(5-47)～式(5-49)］及切线模量理论［式(5-51)～式(5-52)］来计算不锈钢轴心受压构件的稳定承载力，其整体稳定临界应力计算公式如下

$$N_{b,Rd} = \frac{\chi A f_{0.2}}{\gamma_{M1}} \tag{5-46}$$

$$\chi = \frac{1}{\phi + \sqrt{\phi^2 - \overline{\lambda}^2}} \leqslant 1 \tag{5-47}$$

$$\phi = 0.5\left[1 + \alpha\left(\overline{\lambda} - \overline{\lambda}_0\right) + \overline{\lambda}^2\right] \tag{5-48}$$

$$\overline{\lambda} = \sqrt{\frac{A f_{0.2}}{N_{cr}}} \tag{5-49}$$

式中　γ_{M1}——分项系数；

　　　χ——屈曲折减系数；

　　$f_{0.2}$——条件屈服强度；

　　　A——截面面积；

　　　$\overline{\lambda}$——受压构件的正则化长细比；

　　　α——与缺陷相关的计算参数；

　　$\overline{\lambda}_0$——正则化长细比下限值，其值随不同的截面类型和成型方式变化；

　　N_{cr}——屈曲荷载。

$$N_{b,Rd} = \varphi F_n A_e \tag{5-50}$$

$$F_n = \frac{\pi^2 E_t}{(KL/r)^2} \leqslant F_y \tag{5-51}$$

$$E_t = \frac{F_y E}{F_y + 0.002 n E \left(F_n/F_y\right)^n} \tag{5-52}$$

式中　φ——折减系数；

　　　A_e——截面有效面积；

　　　F_n——构件的临界应力；

　　K——构件的计算长度系数；

　　L——构件几何长度；

　　r——构件截面的回转半径；

　　E_t——临界应力对应的切线弹性模量；

　　n——应变硬化指数（材料系数）；

　　F_y——材料的名义屈服应力。

　　针对不锈钢圆形、方形、矩形空心截面构件的稳定性（截面见图 5-3），Lin 等采用泰勒级数膨胀理论提出了计算冷成型不锈钢柱弯曲屈曲能力的理论公式。Gardner 等对奥氏体不锈钢方柱（SHS）、矩形柱（RHS）、圆形空心柱（CHS）进行了弯曲屈曲试验，发现 EN 1993-1-4 规范计算方法过于保守。Theofanous 等对低镍双相不锈钢 SHS 和 RHS 柱进行了轴向压缩短柱和长柱试验和有限元模拟分析，评估了 EN 1993-1-4 中的设计方法。Zheng 等通过有限元开发了一种材料模型，建立了弯曲屈曲失效柱子的强度曲线，并通过数值模拟验证了该方法的合理性。Buchanan 等对奥氏体、双相体和铁素体不锈钢 CHS 柱进行了屈曲测试和轴向压缩短柱试验。根据试验和数值结果，提出了对冷弯不锈钢 CHS 柱新的设计建议。Shu 等对冷拔双相不锈钢 S22053 圆形空心截面进行了轴向压缩短柱试验和轴向压缩长柱试验。并将测试结果与各国不锈钢设计规范中的预测承载能力进行了比较，发现中国规范的预测值一般低于试验值，可以安全地预测冷拔双相不锈钢圆形空心截面构件的强度。Ning 等对热轧双相不锈钢和热轧无缝奥氏体不锈钢 CHS 柱进行了轴向压缩试验，建立了有限元模型，对现有的 3 种设计方法进行了评估，提出了新的设计方法，如式(5-53)。

$$
\begin{cases}
F_{cr} = \left(a_2^{\frac{F_y}{F_n}}\right)F_y & \dfrac{KL}{r} \leqslant a_1\sqrt{\dfrac{E}{F_y}} \\[3mm]
F_{cr} = a_3 F_n & \dfrac{KL}{r} > a_1\sqrt{\dfrac{E}{F_y}}
\end{cases}
\tag{5-53}
$$

式中　a_1——确定两个阶段分界线的系数；

　　　a_2——控制非弹性范围内屈曲承载力的系数；

　　　a_3——折减系数；

　　　F_{cr}——临界应力。

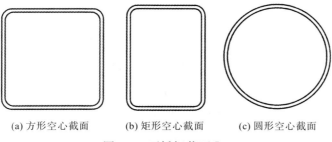

(a) 方形空心截面　　　(b) 矩形空心截面　　　(c) 圆形空心截面

图 5-3　不锈钢截面 I

　　Jindra 等基于奥氏体、铁素体和双相不锈钢 CHS 柱的数值结果，采用一阶可靠性方法优化不锈钢 CHS 杆件的欧洲标准弯曲屈曲曲线，并建立了有限元受弯曲屈曲的 CHS 柱模型。Wu 等对奥氏体 SUS316 不锈钢试样进行了高温材料力学性能测试，基于 5 根奥氏体不锈钢 SHS 柱进行轴向压缩的防火试验，建立了精细的有限元模型，研究了冷弯型不锈钢 RHS 和

SHS 柱在高温下轴向压缩的整体屈曲，提出了一种新的设计方法，无须截面分类。

赵等对角钢截面柱、槽钢截面柱［见图 5-4（a），（b）］，进行了轴向压缩试验和数值模拟分析，开发了有限元模型并根据测试结果进行了验证。Liu 等对奥氏体不锈钢半椭圆空心截面短柱［见图 5-4（c）］，进行了偏心压缩测试和数值模拟，提出了新的屈曲曲线。Zhong 等对激光焊接不锈钢 T 形截面柱［见图 5-4（d）］进行了试验和数值研究，根据测试结果开发和验证了 FE 模型。

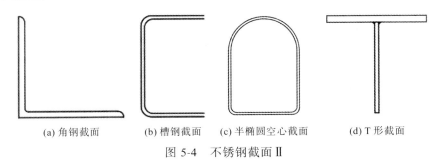

(a) 角钢截面　　　　(b) 槽钢截面　　(c) 半椭圆空心截面　　　(d) T 形截面

图 5-4　不锈钢截面Ⅱ

为研究不锈钢箱形截面、工字形截面构件的稳定性（截面见图 5-5），Yuan 等基于 8 个不锈钢箱形截面柱（奥氏体和双相不锈钢）和 10 根焊接不锈钢工字形柱的轴向压缩试验和数值模拟，提出了针对每种不锈钢柱的设计曲线。Yang 等对奥氏体和双相不锈钢柱的焊接工字截面柱进行了轴向压缩试验（长轴和短轴屈曲），深入研究了奥氏体和双相不锈钢工字钢柱在长轴和短轴上的不稳定行为，以及箱形截面柱的不稳定行为。Gardner 等对激光焊接的不锈钢工字形截面构件进行了弯曲屈曲试验，提出了柱屈曲曲线，评估了现有设计规定对激光焊接不锈钢工字形截面的适用性。Bu 等基于现有的测试结果对焊接不锈钢柱开发了焊接不锈钢工字形截面的有限元模型，并进行了模拟分析，首次提出了专门为激光焊接不锈钢柱的柱屈曲曲线。Kucukler 对双相不锈钢和铁素体不锈钢焊接工字形截面柱的弯曲屈曲行为进行了数值研究，开发并验证了能够模拟焊接不锈钢工字形截面柱弯曲屈曲响应的有限元模型，结合所得结果，评价了现有规范的准确性、安全性和适用性，对 EN 1993-1-4 规范设计方法进行了修改［见式(5-55)］。

修正前公式

$$\eta = \alpha(\overline{\lambda} - \overline{\lambda}_0) \tag{5-54}$$

修正后见下式

$$\eta = \frac{1 - \chi_{\text{FE}}}{\chi_{\text{FE}}}\left(1 - \chi_{\text{FE}}\overline{\lambda}^2\right) \tag{5-55}$$

$$\begin{cases} N_{\text{pl}} = Af_{\text{y}} \\ \chi_{\text{FE}} = N_{\text{ult,FE}}/N_{\text{pl}} \end{cases} \tag{5-56}$$

式中　$N_{\text{ult,FE}}$——通过有限元模型得到的数值；

　　　η——广义缺陷因子；

　　　α——缺陷影响系数。

Sun 等对 10 个高铬不锈钢制成的焊接工字钢柱进行了轴向压缩试验和数值模拟，研究了由新型高铬不锈钢制成的焊接工字钢柱的弯曲屈曲行为，开发了有限元模型并根据测试结果进行了验证，然后采用该模型进行参数研究。Tuezney 等整合了焊接工字钢柱的现有轴向压缩测试结果、数值数据和设计方法，补充了大量参数分析数据，基于这些数据，评估了欧洲规范在预测奥氏体、双相和铁素体不锈钢工字钢柱围绕长轴和短轴的不稳定性能力中的准确性。Ran 等对激光焊接的不锈钢柱进行了轴向压缩试验和参数分析，并评估了欧洲规范和美国标准。Zheng 等对 12 个 S600E 不锈钢工字形和 6 个箱形截面柱进行了轴压试验和数值模拟分析，修改了纯局部或全局屈曲失效模式的设计公式，建立 S600E 高强度不锈钢柱设计方法。Duan 等对 13 根焊接长柱（由 4 根焊接箱形截面柱和 9 根焊接工字形柱组成）的 S35657 不锈钢焊接长柱进行了轴向压缩试验，建立了精确的有限元模型，提出了新的柱屈曲曲线，并进行了可靠性分析。

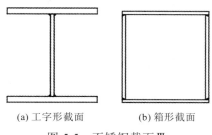

(a) 工字形截面　　　　　(b) 箱形截面

图 5-5　不锈钢截面Ⅲ

5.2.3　受弯构件承载性能研究

为研究不锈钢受弯构件的性能，国内外学者已经开展了较为广泛的研究。Rasmussen 等开发了一种非线性方法来确定不锈钢梁的挠度，该方法基于弹性的割线和切向模量，并根据四点弯曲试验的试验结果进行了验证，并取得了合理的一致性。Gardner 等对冷弯奥氏体不锈钢矩形和圆形空心截面梁进行了三点弯曲试验，评估了欧洲规范，指明了欧洲规范设计过程过于保守。随后 Gardner 和 Theofanous 提出的修改后的分类极限以及连续强度法（CSM）为弯曲构件提供了更好的预测。Huang 等对冷弯薄壁双相不锈钢方形和矩形空心截面构件进行了一系列四点弯曲试验。建立了受弯构件的有限元模型，并通过试验结果进行了验证；同时与现行规范比较，表明连续强度法能够为冷弯薄壁双相不锈钢方形和矩形空心截面弯曲构件提供良好的预测，而其他设计规则相当保守。Saliba 和 Gardner 对双相不锈钢焊接工字钢构件进行了三点和四点弯曲试验和数值研究，将试验和数值数据与欧洲规范对不锈钢和连续强度法（CSM）的设计预测进行了比较，结果表明：欧洲规范中当前的类别限制可以放宽，同时证明了连续强度法比当前的欧洲规范提供更好的预测。郑宝锋等通过对目前国内外已有的相关计算方法进行对比分析，指明了由于不锈钢材料具有非线性的特征，不锈钢受弯构件的挠度计算与普通低碳钢结构有较大的不同，且现有计算方法均存在不足。并在不锈钢材料的 Ramberg-Osgood 模型和平截面假定的基础上，提出了计算受弯构件挠度的近似曲率法，给出了关键参数屈服弯矩 $M_{0.2}$ 的近似计算表达式。见下式：

工字形截面屈服弯矩 $M_{0.2}$

$$M_{0.2,w} = \frac{H^2 t_w}{2\varepsilon_{0.2}^2}\left[\frac{\varepsilon_{0.2}^2}{3E_0^2} + \frac{0.002\varepsilon_{0.2}^2(n+1)}{(n+2)E_0} + \frac{0.002^2 n}{2n+1}\sigma_{0.2}\right] \tag{5-57}$$

$$M_{0.2,f} = (H - t_f)\left[\sigma_{0.2} - E_t\varepsilon_{0.2}\left(1 - \frac{H - t_f}{H}\right)\right] \tag{5-58}$$

式中　t_w——腹板厚度；

　　　t_f——翼缘厚度；

H——工字形截面高度；

E_t——应力值为$\sigma_{0.2}$时对应的切线模量。

圆管截面$M_{0.2}$

$$M_{0.2} = W_e(1.1\sigma_{0.2} + 3.6n) \tag{5-59}$$

式中　W_e——弹性截面模量。

矩形管截面$M_{0.2}$

$$M_1 = (\sigma_{0.2,c} - \sigma_{0.2,f})\{[r^2 - (r^2 - t^2)]\pi/4 + 8t^2(H - r - 2t)\} \tag{5-60}$$

$$M_2 = (r - t)Ht\sigma_{0.2,f} \tag{5-61}$$

$$M_{0.2} = M_{0.2,c} + M_1 - M_2 \tag{5-62}$$

式中　t——厚度；

H——截面高度；

$\sigma_{0.2,c}$——转角区和过渡区材料名义屈服强度；

$\sigma_{0.2,f}$——平板区材料名义屈服强度；

r——转角区外半径；

t——方管截面厚度；

M_1——考虑了冷成型方管转角区材料强化对名义屈服强度提高而对冷成型矩形管$M_{0.2}$的提高；

M_2——指由转角区拉伸为直角区时对矩形管$M_{0.2}$的提高；

$M_{0.2,c}$——计算方法可以参照工字形截面。

Bu 等对 20 个激光焊接不锈钢工字形梁进行了三点弯曲试验，结合有限元（FE）模型进行了参数研究，评估了现有设计规定对激光焊接不锈钢工字形截面的适用性。Yang 等对 304（EN 1.4301）和 2205（EN 1.4462）不锈钢制成的 20 个焊接工字形截面梁柱进行了一系列的弯曲试验，根据获得的试验和有限元结果评估了当前不锈钢梁柱的设计规定。舒赣平等对 7 根双相型不锈钢焊接工字形截面进行了四点受弯试验，对试验数据与欧洲规范和中国规范的预测值进行了对比，建立了受弯构件的有限元分析模型，改进了钢梁整体稳定承载力计算公式［式(5-63)］。

$$\varphi_b = \begin{cases} \dfrac{\sigma_u}{\sigma_{0.2}} - \left(\dfrac{\sigma_u}{\sigma_{0.2}} - 1\right)\dfrac{\overline{\lambda}}{0.54} & \overline{\lambda} < 0.54 \\ \dfrac{1}{\phi + \sqrt{\phi^2 - \overline{\lambda}^2}} & \overline{\lambda} \geqslant 0.54 \end{cases} \tag{5-63}$$

$$\phi = 0.5\left(0.63 + 0.79\overline{\lambda} + 0.79\overline{\lambda}^2\right) \tag{5-64}$$

式中　σ_u——材料的抗拉强度；

φ_b——受弯构件整体稳定系数；

ϕ——缺陷系数。

Chen 等对由奥氏体和双相不锈钢制成的 5 根简支梁和 5 根连续梁进行了一系列的弯曲试验，探究了焊接不锈钢工字形钢受弯构件的非线性变形行为，开发了复杂有限元（FE）模型，并根据获得的数据进行了验证，同时评估了欧洲规范和中国规范现有的不锈钢梁挠度计算方法，提出了考虑材料非线性和残余应力的新方法。Li 等对冷弯铁素体不锈钢（CFFSS）方形和矩形空心型钢（SHS 和 RHS）进行了一系列四点弯曲试验，以研究管状截面梁的弯曲性能，开发了 CFFSS 管状梁的有限元模型，该模型能预测梁的弯曲行为。Li 等还评估了各种设计规定对弯曲构件弯矩承载力的预测，结果表明，当前的设计方法对 CFFSS 弯曲构件的弯矩承载力进行了相当保守的预测，并提出了 CFFSS SHS 和 RHS 梁的适当设计规则。Piloto 等对两种不同等级 RHS 奥氏体不锈钢梁在高温（500℃、700℃）下，进行了三点弯曲试验，结合试验结果，建立了有限元模型，其模型在考虑有效面积时，获得的抗弯承载力与截面设计弯矩承载力非常一致。

5.3 不锈钢连接现状

5.3.1 不锈钢连接件

5.3.1.1 不锈钢螺栓连接件

（1）针对不锈钢螺栓受剪连接件的研究

关建等对不锈钢盖板单剪连接件和双剪连接件（图 5-6）的承载性能影响因素进行了深入分析，研究结果表明，不锈钢螺栓抗剪连接件的承压承载力随着板厚、螺栓直径以及端距的增加而提升。

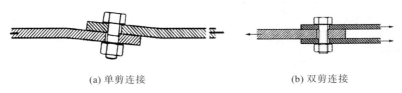

(a) 单剪连接 (b) 双剪连接

图 5-6 盖板连接

然而，当螺栓直径与端距达到特定数值后，承压承载力将趋于稳定。此外，研究发现欧洲规范在不锈钢螺栓盖板连接的设计方面显得较为保守。Salih 等针对不锈钢单角钢连接件进行了净截面断裂试验（图 5-7），提出了不锈钢角钢净截面承载力的计算公式，并通过统计分析验证了其可靠性。

段文峰等总结并比较了中国、欧洲、美国和日本等钢结构设计规范中不锈钢螺栓节点的设计方法，着重对连接板承载力和螺栓承载力的要求进

图 5-7 不锈钢单角钢连接件净截面断裂试验

行了理论分析，认为不锈钢螺栓连接的设计计算不能直接套用我国钢结构设计规范，需进行专门研究。赵宇对 54 组不锈钢板螺栓抗剪连接试件进行了单调加载试验，分析了试件的破坏形态、荷载-孔径变形曲线、荷载-位移曲线，试验表明随着端距和边距的增大，试件的承载力逐渐增大，承压承载力与板件厚度和螺栓直径呈线性关系，螺栓预紧力对承载力影响较小，而防接触腐蚀措施会削弱试件的承载力。

（2）针对不锈钢螺栓受拉连接件的研究

国外，Bouchaïr 等研究了不锈钢 T 形件的受力性能（图 5-8），分析表明不锈钢材料的应变硬化性能对承载力与变形性能有显著影响，同时分析结果认为欧洲规范对不锈钢 T 形件的估值较保守，并强调需要进行大量的数值和试验研究来证实这些结论。Orhan Yapici 等对用 EN 1.4003 级铁素体不锈钢和 A4-80 不锈钢螺栓的不锈钢 T 形件连接结构进行了在单调荷载作用下的试验研究，共测试了 17 个各种几何配置的铁素体不锈钢 T 形短管，包括单螺栓排

和双螺栓排，分析试验结果发现铁素体不锈钢 T 形构件在单调拉伸下的行为与奥氏体和双相不锈钢有所不同，特别是在塑性抗力的预测上，现有规范 EN 1993-1-8 对于铁素体不锈钢 T 形构件的塑性抗力预测显示出较好的准确性，但需要进一步的试验和数值研究来确认这些结论。

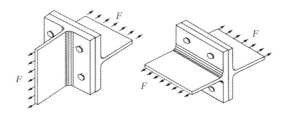

图 5-8　T 形件示意图

国内，杨成博对 9 个 T 形试件（图 5-9）进行了力学性能试验，将试验结果与欧洲钢结构规范和美国钢结构规范所给出的理论公式计算结果进行了比较，发现对于不锈钢 T 形连接，欧洲钢结构规范和美国钢结构规范普遍低估了塑性承载力，欧洲钢结构规范对初始刚度的预测仅可提供一定参考，表明将针对碳素钢 T 形连接的设计方法直接应用于不锈钢是不恰当的，需进一步试验验证。胡松对 40 个不锈钢 T 形件螺栓连接试件进行了单调加载试验，研究了翼缘材料等级、翼缘厚度、翼缘宽度、螺栓直径和螺栓预紧力等因素对不锈钢 T 形件承载性能的影响，发现翼缘厚度和螺栓直径的增大会提高 T 形件试件的刚

图 5-9　不锈钢 T 形连接试件

度和承载力，螺栓预紧力对试件的极限承载力没有明显影响，但施加预紧力会提高试件的初始刚度。胡松分析试验结果认为欧洲规范对不锈钢 T 形件螺栓连接承载力的预测太保守。刘向华等通过有限元模型对 14 个不锈钢 T 形件螺栓连接试件进行了静力拉伸试验（图 5-10），试验结果表明：随着翼缘厚度的增加，T 形件破坏模式由翼缘完全屈服逐渐变为螺栓断裂；螺栓孔到腹板边缘距离的增大及翼缘材料名义屈服强度的降低仅会降低和翼缘屈服同时螺栓断裂的 T 形件的承载力，螺栓直径的增大会提高 T 形件的承载力。

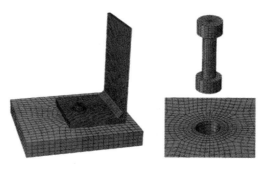

(a) 整体模型　　　　　　(b) 模型细部网格

图 5-10　T 形件有限元模型

5.3.1.2　不锈钢焊缝连接

焊接连接也是不锈钢结构中主要的连接方式之一。国内学者邹若梦等对 10 组 120 个奥

氏体 304 不锈钢试件进行了不锈钢结构对接焊缝连接的性能试验，通过对三种焊接工艺和五种板厚的对比分析，发现焊缝及热影响区的强度与母材强度存在一定的关联，提出了对接焊缝连接和角焊缝连接的强度计算公式，建议在设计对接焊缝连接时，应根据不同的焊接工艺确定其强度设计值，从强度和延性角度出发应优先选用氩弧焊。金晓兰等对 12 个不锈钢试件进行了正面角焊缝和侧面角焊缝连接的受力性能试验（图 5-11），测出正、侧面角焊缝连接的极限荷载和极限变形，结果表明不锈钢角焊缝破坏特征与普通钢相一致。吴耀华等针对不锈钢焊接连接设计方法，将中国规范、美国规范、美国不锈钢设计指南以及欧洲规范进行了对比分析，分析了各规范对不锈钢对接焊缝、角焊缝连接设计的基本规定和设计计算方法，发现中国规范的焊缝强度取值与欧洲规范相近，美国规范对于侧面角焊缝或斜向角焊缝的安全储备更高。中国规范对于焊接连接设计的规定总体是合理的，但是还需更多的试验数据并做更深入的研究。李志林等对 12 个奥氏体型及 12 个双相型不锈钢正面角焊缝和侧面角焊缝连接试件进行了单调拉伸试验，考察了不同焊接工艺对角焊缝连接力学性能的影响。结果表明，氩弧焊焊接工艺在不锈钢角焊缝连接中表现出更好的力学性能，其试件破坏面与电弧焊工艺相比形状差异较大，且强度和变形量均优于电弧焊试件，同时发现正面角焊缝强度均远大于侧面角焊缝的强度，建议在工程设计和相关规范的编制/修订中考虑正面角焊缝强度提高的影响。

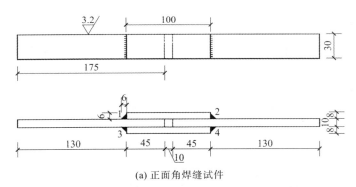

(a) 正面角焊缝试件

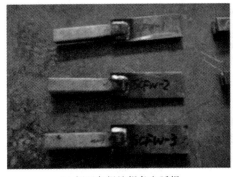

(b) 侧面角焊缝焊条电弧焊

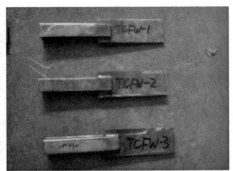

(c) 侧面角焊缝钨极氩弧焊

图 5-11　角焊缝试件

国外，Errera 等对 1/4 和 1/2 冷加工的 301 奥氏体型不锈钢对接焊缝、角焊缝连接试件进行了承载力等方面的试验研究，提出了考虑材料性能和试件几何尺寸等因素在内的焊缝极限承载力计算表达式，并提出采用安全系数对极限承载力计算公式进行修正，以得到冷成型不锈钢焊缝连接承载力容许设计值。Lin 等分析了极限状态设计法（LRFD）在美国不锈钢设计规范中的应用和发展过程，并采用 Errera 等获得的试验数据对该设计方法进行了校核，验证了其在冷成型不锈钢焊缝连接设计方面的安全合理性。Hashimoto 等对不锈钢对接焊缝和角焊缝连接试件进行了承载性能的研究。

5.3.1.3　不锈钢板抗滑移系数研究

不锈钢板的抗滑移系数是影响高强度螺栓连接的关键指标。欧洲规范未给出针对不锈钢的抗滑移系数。日本规范允许采用喷镀不锈钢粉末工艺处理不锈钢摩擦面，其抗滑移系数可达 0.45。

王元清等测量了奥氏体型 S316 不锈钢板采用拉丝、喷砂、刻痕处理后的摩擦面抗滑移系数，发现抗滑移系数均不超过 0.21。Strangheöner 等对欧洲标准牌号奥氏体型 1.4404、双相型 1.4462、节镍双相型 1.4162 和铁素体型 1.4003 四种不锈钢材料进行了抗滑移系数试验，对比了喷镀铝粉、喷砂、抛丸和轧制四种摩擦面处理工艺，试验获得的抗滑移系数均较高，其中对于奥氏体型不锈钢，喷涂铝粉后和喷砂处理后抗滑移系数分别达到 0.6 和 0.4 以上。在此之后，顾悦言等对 10 组（共 59 个）不锈钢、碳钢试件进行了抗滑移系数试验，整合结果后，各种摩擦面处理工艺下获得的 S30408 不锈钢试件抗滑移系数关系为：机械刻痕（0.54）>喷涂（0.48）>拉丝（0.36）>夹持铜板/铝板（0.29）>抛丸（0.24）>喷砂（0.20）。郑宝锋等也证明了摩擦面粗糙度、真实接触面积与抗滑移系数呈近似正相关关系。

5.3.2　不锈钢连接节点

不锈钢连接节点根据连接方式可以分为高强螺栓连接节点和焊接连接节点（图 5-12）。其中，螺栓连接包括角钢连接节点和端板连接节点。

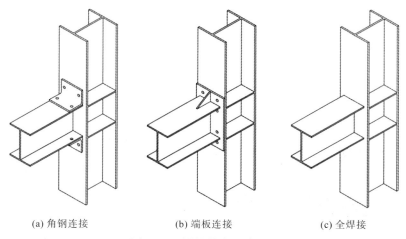

(a) 角钢连接　　　　　　(b) 端板连接　　　　　　(c) 全焊接

图 5-12　梁柱节点示意图

5.3.2.1　不锈钢高强螺栓梁柱连接节点

（1）静力性能试验

① 针对不锈钢外伸端板连接节点的静力性能研究。王元清等通过数值模拟的方法，研究了改进后的 S31608 不锈钢材梁柱栓焊混用节点的承载力、刚度和变形能力，并利用单调加载试验验证了有限元模型的准确性，最终获得了不锈钢梁柱栓焊节点的最大承载力和最大位移，同时根据试验结果和有限元模拟分析，证明了不锈钢栓焊节点具有较好的延性。高焌栋将 9 个不锈钢端板连接节点和 1 个普通碳钢端板连接节点，分成了强轴节点和弱轴节点，又

进一步区分成了中柱和边柱（图 5-13），在此基础上展开了单调静力加载试验并进行了有限元分析，通过分析试验结果提出了适用于不锈钢端板连接梁柱强轴节点的计算方法，弥补了现有研究的不足；对于弱轴双相型节点，其初始刚度及承载力均高于奥氏体型节点，然而奥氏体型节点展现出更大的节点转角，这表明奥氏体型节点具备更优越的延性表现。进一步对比分析发现，现行的中国、欧洲及美国相关规范均低估了不锈钢节点的承载力。

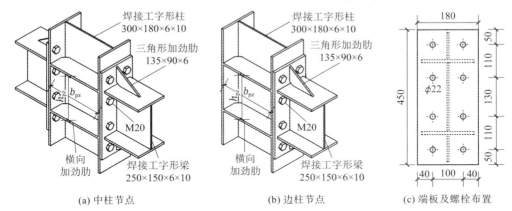

(a) 中柱节点   (b) 边柱节点   (c) 端板及螺栓布置

图 5-13　不锈钢梁柱节点示意图

h_{pz}—柱腹板节点域的高度；b_{pz}—柱腹板节点域的宽度

国外学者 Elflah 等对工字形梁与工字形柱不锈钢螺栓平端板连接节点和外伸端板连接节点进行了静力性能试验研究（图 5-14），试验中采用了 A4-70 螺栓且未施加预拉力，试验结果为平端板节点螺栓拉断破坏，但外伸端板节点表现出非常优异的变形能力。

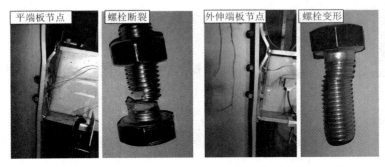

图 5-14　工字形梁与工字形柱不锈钢端板连接节点静力加载试验

将节点性能指标与欧洲节点设计规范计算值进行对比，结果表明：受不锈钢材料屈服后显著非线性强化的影响，规范给出的计算值远远低估了节点的承载力，而略高估计了节点的初始刚度。其后开展的有限元研究与试验结果吻合较好，同样验证了不锈钢平齐端板连接节点优异的受力性能。随后 Elflah 等还对 2 个不同端板厚度的工字形梁与箱形柱不锈钢螺栓平端板连接节点进行了静力性能试验和有限元研究，试验中采用 EN 1.4401 牌号不锈钢材料的盲眼螺栓，试验结果表明不同端板厚度的节点破坏模式不同（图 5-15），节点同样表现出了优异的延性性能，承载力要远高于采用现有碳钢节点规范的设计值。

Eladly 和 Schafer 采用有限元模拟的方法对 180 个不同构造配置的不锈钢外伸端板连接节点进行了静力性能参数化分析，结果表明，不锈钢外伸端板连接节点具有足够的延性和转动能力，带有端板加劲肋的节点承载能力和耗能特性更好。

图 5-15　工字形梁与箱形柱不锈钢端板连接节点静力加载试验

②针对不锈钢角钢连接节点的相关研究。Hasan 等对带剪切板的顶底角钢节点（图 5-16）进行了静力有限元分析，结果显示所有节点在连接件发生显著塑性变形后均出现螺栓断裂破坏，破坏时节点转角均超过 0.105rad。将节点性能指标与欧洲碳钢节点设计规范计算值进行对比，发现由于不锈钢材料屈服后显著的非线性强化效应，规范预测的破坏模式与试验观察到的现象存在差异，且承载力计算值显著低于试验值，而节点初始刚度计算值表现出较大的离散性。随后，Hasan 等还对腹板双角钢连接的顶底角钢节点（图 5-17）进行了静力试验和有限元分析，全面研究了节点的整体刚度、强度和转动能力，强调在节点受力分析中不锈钢材料的应变强化性能不容忽视，相较于碳钢节点，其展现出更优异的延性和承载力。

图 5-16　单角钢节点示意图

图 5-17　腹板双角钢节点示意图

（2）循环性能试验

王元清等对 5 个不锈钢螺栓外伸端板连接节点的抗震性能进行了研究，试验采用了镀锌钢结构，使用了 10.9 级和 8.8 级高强度螺栓、A4-70 和 A4-80 不锈钢螺栓，但没有对摩擦面进行处理，且节点域（图 5-18）采用了 Q345 钢材。

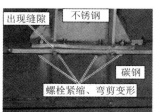

图 5-18　节点域示意图

试验结果表明：同等条件下用 10.9 级高强度螺栓的节点耗能能力优于采用不锈钢螺栓的节点，由于不锈钢螺栓预拉力衰退以及摩擦面的相对滑动，不锈钢节点滞回曲线表现出明显的捏缩现象。随后王元清等又对 5 个不锈钢栓焊混接梁柱节点的承载性能及变形能力进行了循环加载试验，比较了不同种类螺栓及剪切板围焊对节点力学性能的影响。试验结果表明，设计的不锈钢梁柱节点具有良好的承载力和变形能力，能够满足抗震性能要求。综合考虑金属腐蚀和经济性，提出在不锈钢梁柱栓焊节点中优先使用 A4-70 螺栓。

高焌栋等对 4 个不锈钢端板连接中柱和边柱弱轴节点展开了抗震性能试验并进行了有限元分析（图 5-19）。根据试验结果，修正了柱腹板受弯组件的承载力和刚度计算公式，推导出了不锈钢弱轴边柱节点的初始转动刚度和受弯承载力计算公式，填补了不锈钢弱轴节点研究的空白，同时发现现有规范的计算结果相比试验结果普遍偏于保守，不锈钢材料的应变硬化特性没有得到充分利用。王嘉昌等对碳钢节点和不锈钢高强螺栓外接端板连接节点进行了抗震试验，对接触面进行了喷涂抗滑移漆的表面处理。试验结果表明：不锈钢高强度螺栓外伸端板连接节点具有较高的抗弯承载力、节点转动能力和耗能能力，抗震性能良好；相同梁柱截面尺寸的情况下，不锈钢节点的延性和极限承载力均高于碳钢节点；增设端板加劲肋对提高节点的转动刚度和极限承载力效果显著，但会降低节点的延性，且对耗能能力的提高效果并不明显。

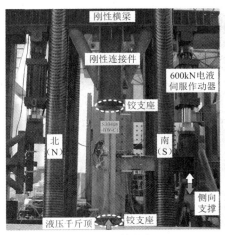

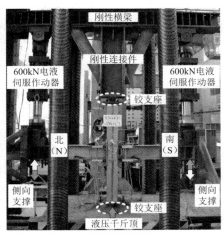

(a) 边柱弱轴节点

(b) 中柱弱轴节点

图 5-19 梁柱节点示意图

5.3.2.2 不锈钢焊接节点

现有的大多数关于受循环荷载作用的不锈钢梁柱连接的研究都集中在螺栓连接上，焊接连接的的研究较少。

林梓宏等总结并比较了中国、欧洲、美国和日本等钢结构设计规范中梁柱节点域设计方法应用到不锈钢结构的适用性，利用有限元模型，对梁柱节点域承载力进行了参数分析。分析结果发现美国、欧洲和日本钢结构规范的梁柱节点域设计方法仍然适用于不锈钢结构，其中欧洲规范的节点域剪切面积材料系数采用 1.2 能较准确地预估承载力并保证安全；中国规范不适用于不锈钢结构，建议对设计公式进行相应折减。Wei 等对 6 个全焊接的不锈钢节点开展了循环荷载试验并进行了数值结果分析。测试试样依据欧洲规范设计，由 316L 不锈钢材料制成的工字形截面梁与 304L 不锈钢材料制成的工字形截面柱焊接而成。所有试样均遵循准静态循环加载协议，并对荷载-位移曲线进行了监测和记录。试验结果表明，焊接不锈钢梁柱连接节点的主要失效模式为整体弯曲、扭转屈曲以及局部腹板和翼缘屈曲的组合。通过对比分析发现，较大截面尺寸在循环荷载作用下，在能量耗散方面表现出更优的性能，认为现行设计规范适用于不锈钢梁柱连接的抗震设计。

Taheri 通过拟静力试验研究了奥氏体不锈钢焊接节点的抗震性能，梁柱截面都是焊接 H 形截面。试验结果表明：不锈钢焊接节点的滞回曲线十分饱满，具有显著的延性，所有试件的破坏现象都是在靠近柱翼缘的梁端形成了塑性铰。奥氏体不锈钢梁柱焊接截面的整体性较好，试验中焊缝没有被破坏。

5.3.3　不锈钢框架结构

国外，Sarno 等运用梁单元模型对具有不同几何尺寸和材料属性的不锈钢框架进行了 Pushover 分析，计算了各框架的性能系数。研究结果表明，不锈钢材料的使用显著提升了框架结构的塑性变形能力和耗能性能。具体而言，框架柱中不锈钢的使用量与框架整体性能系数呈正相关，即不锈钢含量越高，框架的耗能能力越强。研究指出，不锈钢的使用可使结构超强系数提升 30%，然而，不锈钢在梁中的应用却对耗能性能产生不利影响。与碳钢相比，不锈钢显著降低了框架结构中构件的局部屈曲倾向。Arrayago 等研究了四种奥氏体不锈钢结构在静态或意外荷载（如地震和/或火灾事件）下的性能。试验计划包括对不锈钢截面、构件及框架的测试，旨在为未来更复杂的结构系统试验提供参考。试验结果表明，不锈钢合金的非线性材料响应会导致刚度退化，进而增大变形并引发二阶效应。Segura 等对不锈钢框架二维结构在高温下的性能进行了数值建模分析，通过广泛的参数化建模研究了关键参数的影响，包括框架类型，即摇摆和非摇摆、利用率、材料等级和加热曲线，建立并验证了火灾中摇摆和非摇摆框架的极限挠度和极限挠度率方面的一套新性能标准。

国内，张明宇对双相型不锈钢框架结构展开了拟静力试验并对不锈钢高强螺栓外伸端板连接框架结构进行了有限元模拟和参数化分析。王嘉昌构建了考虑节点半刚性的不锈钢高强度螺栓外伸端板连接节点与全焊接梁柱节点的平面框架地震响应分析模型，运用动力弹塑性分析方法，对框架结构进行了抗震设计评估，并探讨了两种不同形式节点在弯矩-转角恢复力模型上的差异对框架整体抗震性能的影响。郑宝峰等对具有高强度螺栓加长端板梁柱接头的不锈钢框架结构进行了拟静力试验，分析测试结果，发现由于不锈钢具有相当大的应变硬化能力，S2205 不锈钢框架具有更高的承载能力，而 Q355B 碳钢框架具有更高的延展性和耗能能力。Yang 等对奥氏体不锈钢全尺寸框架的抗震性能进行了试验（图 5-20），根据试验结果，发现在层位移比达到最大考虑地震的 2% 允许值之前，两种节点类型的框架表现出相似的刚度退化、累积塑性变形和累积能量耗散。

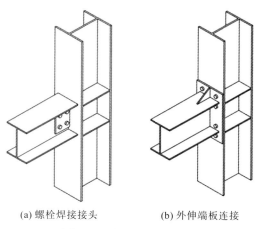

(a) 螺栓焊接接头　　　　　　(b) 外伸端板连接

图 5-20　梁柱节点示意图

5.4　不锈钢结构的应用

不锈钢材料具有优异的耐腐蚀性、机械性能、长寿命周期、低维护成本和良好的焊接性能。与传统碳钢相比，不锈钢不仅韧性更强、强度更高，还具备出色的耐火性能，因此成为沟槽、桥梁、管道及海上平台等工程的理想材料。凭借其卓越的机械性能、耐腐蚀性和美观性，不锈钢在建筑结构中的应用日益广泛。下文将重点介绍不锈钢在围护结构和承重结构中的应用。

5.4.1　围护结构

不锈钢以其光洁的表面、优越的耐久性和现代科技美感，最早被用于幕墙、屋面等围护结构，至今已涌现出众多优秀工程案例：位于新西兰新普利茅斯的 Len Lye 博物馆［图 5-21（a）］，其外立面采用了高度抛光 316 号钢，并做了艺术曲面造型设计，被誉为全球最美的钢制现代建筑之一；位于美国纽约的克莱斯勒大厦［图 5-21（b）］，是历史上首次在主建筑中使用不锈钢做装饰面板的建筑，其屋顶在过去的 90 多年中仅经历过三次检修和清洁，状况保持得非常好，体现了不锈钢的耐久性；位于加拿大埃德蒙顿的阿尔伯塔艺术馆，其外观被巨型不锈钢丝带包裹，呈现出独特的美学效果；法国巴黎的卢浮宫金字塔，使用含镍 316L 型和 17-4PH 不锈钢（S17400），是首个完全由不锈钢支撑的大型玻璃幕墙；位于伦敦金丝雀码头的加拿大广场一号大楼，其外立面采用 316 不锈钢；我国青岛胶东国际机场［图 5-21（c）］，其航站楼 22.3 万 m² 的屋面全部采用 0.5mm 厚的 445J2 铁素体不锈钢板材作为屋面材料；位于我国西安的生命之树［图 5-21（d）］，其整体结构外部用 3mm 厚不锈钢表皮包裹，既保证了结构的整体性和稳定性，也提供了良好的外观效果。

(a) Len Lye 博物馆

(b) 克莱斯勒大厦

(c) 胶东国际机场

(d) 生命之树

图 5-21　不锈钢围护结构工程案例

5.4.2 承重结构

不锈钢以其优异的力学性能和耐腐蚀性、较低的维护成本、良好的延展性和韧性，成为现代建筑中承重结构的理想材料。国内外已涌现出许多优秀工程案例：自由女神像的修复工程中采用了不锈钢来支撑其著名的铜表皮，并取代了已严重腐蚀的铁质结构；位于英国的新普利桥［图 5-22（a）］，采用焊接剪力钉使 15mm 厚的不锈钢板与混凝土桥面共同工作，从而最小化了桥面的整体厚度。新加坡地标建筑——新加坡双螺旋桥［图 5-22（b）］，共用了 1700多吨双相型高强不锈钢，在保证结构轻量化的同时，兼具优异的耐腐蚀性能与精致美观的外观。我国江门中微子探测器以不锈钢肋环形球壳为主支撑结构［图 5-22（c）］，而且不锈钢材料也在屏蔽和保护探测器免受外界干扰方面起了重要作用；位于江苏园博园的未来花园［图 5-22（d）］，采用 42 个伞状不锈钢作为主体结构，其每个单元均为外切圆直径为 21m 的正十二边形，是国内首例不锈钢结构大型建筑。不锈钢在建筑结构中的应用展现了其多功能性和重要性。

(a) 英国新普利桥　　　　　　　　　　(b) 新加坡双螺旋桥

(c) 江门中微子探测器　　　　　　　　(d) 江苏园博园未来花园

图 5-22　不锈钢结构工程案例

从结构支撑到建筑装饰，从桥梁构造到高层建筑，从公共设施到体育场馆，再到管道系统和安全防护，不锈钢以其卓越的性能和精美的外观，成了现代建筑不可或缺的材料。通过上述实例，我们可以看到不锈钢在提高建筑耐久性、安全性、美观性和可持续性方面的显著优势。随着不锈钢材料和加工技术的不断进步，其在建筑领域的应用将更加广泛和深入。

第6章
装配式多高层建筑钢结构体系

6.1 装配式钢结构概述

6.1.1 装配式钢结构的发展背景

传统钢结构建筑具有强度高、抗震性能好、施工周期短、综合造价低、空间布置灵活等优势，且钢材可回收性强，是优秀的绿色建筑结构体系。然而，传统钢结构施工现场人工焊接作业多，人工费用的提高使工期和总成本增加，同时现场焊接造成的空气污染和火灾风险大，焊缝质量也难以保证。1994年美国北岭地震和1995年日本阪神地震表明，钢框架焊接节点易脆性断裂，削弱了传统钢结构的抗震性能，增加了震后修复的难度和成本。为解决这些问题，学者提出采用全高强螺栓连接代替现场焊接，装配式钢结构体系应运而生。该体系以标准化、模块化、工厂化生产的构件为主，通过现场装配和高强螺栓连接来实现快速安装和拆卸。

我国对节能减排的要求日益严格，建筑行业正面临绿色转型的挑战。2022年3月，住房和城乡建设部发布了《"十四五"建筑节能与绿色建筑发展规划》，强调发展钢结构建筑，完善防火、防腐等性能与技术措施，加大高性能混凝土、高强钢筋和消能减震、预应力技术的集成应用。2023年2月，中共中央、国务院印发《质量强国建设纲要》，鼓励企业建立装配式建筑部品部件生产、施工、安装全生命周期质量控制体系，推行装配式建筑部品部件驻厂监造。钢结构作为典型的绿色建筑形式，在国家政策支持下迎来发展机遇。装配式钢结构建筑体系既符合"十四五"规划对建筑绿色高质量发展的要求，又是实现绿色转型目标的重要途径。

6.1.2 装配式钢结构的优势

装配式住宅的兴起，要追溯到工业革命时期。工业革命以后，大批农民向城市集中，导致城市化运动急速发展，住宅需求量大增。在这种情况下，受工业化影响的一批现代派建筑大师开始考虑以工业化的方式生产住宅。1968年，日本就提出了装配式住宅的概念，并经历了从标准化、多样化、工业化到集约化、信息化的不断演变和完善过程。现在日本每年新建的低层住宅中，装配式钢结构住宅占到七成以上，装配式钢结构体系发展较为成熟和完整。美国是最早采用钢框架结构建造住宅的国家，1997年美国的新建住宅中80%以上为装配式住宅。现在在美国、加拿大，大城市多高层住宅的结构类型多以装配式钢结构为主，而小城镇依然以轻钢结构、木结构住宅体系的别墅式住宅和低层住宅为主。在德国，装配式建筑主要采用叠合板混凝土剪力墙结构体系，目前已成功发展出系列化、标准化的高质量节能装配式住宅生产体系。瑞典的住宅工业化程度较高，其轻钢结构住宅的预制构件率超过95%。

我国装配式钢结构建筑的发展历程大概分为三个阶段：①20世纪50～70年代为起步阶段，当时主要应用于工业建筑，如厂房建设，为工业发展提供基础设施，特点是结构形式简单，以满足基本的生产需求为主。②20世纪80~90年代进入初步发展阶段，在一些公共建筑和多层住宅中开始尝试应用。技术上对钢结构连接节点等有了进一步探索，开始注重建筑的空间利用和功能多样化。③21世纪以来，随着国家对建筑工业化的重视和对环保要求的提高，装配式钢结构建筑迎来快速发展期，在高层住宅、大型商业建筑等领域得到广泛应用。在技术上，新型的钢结构体系不断涌现，同时相关标准规范也逐渐完善，推动了装配式钢结构建筑的高质量发展。

综上所述，装配式钢结构体系的研究在美国、欧洲等发达国家已经逐渐成熟。在国内，钢结构体系也已得到了广泛的研究与应用，并进入了持续稳定的发展时期。工业化装配式钢结构一方面做到了建筑构件在工厂的标准化和模块化生产，另一方面做到了建筑构件在施工现场的快速装配。它具有以下显著优点：

① 在施工效率方面，构件于工厂预制加工，生产环境稳定、工艺可控，质量精度高，运至施工现场后，能像"搭积木"般快速组装，大幅缩短工期，可比传统现浇方式节省约三分之一的施工时间，有效加快项目交付。例如，远大可建科技有限公司于2011年12月用15天建成了一座30层的高楼——T30，此建筑采用的是节点斜撑加强型钢框架结构体系，该体系的主要组成模块有主板、立柱、斜支撑几部分，压型钢板混凝土组合楼板和钢梁在工厂内采用栓钉连接形成主板，立柱和主板在施工现场采用螺栓连接形成主框架，斜支撑分别采用螺栓和梁、柱进行连接，对梁柱节点的受力有一定的加强作用，最终形成节点斜撑加强型钢框架结构体系。由于无现场湿作业和焊接工作，结构完全采用高强螺栓进行连接，从而实现了快速施工，同时保证了结构的质量。该工程案例充分体现了装配式钢结构建筑施工的高效率。

② 从结构性能来讲，钢材强度高、韧性佳、自重轻，延展性出色使其抗震性能卓越，在地震频发区域优势尽显，能切实保障建筑安全稳固。如2010年智利地震，当地居民建筑大多是钢结构，死亡人数相对较少，大部分建筑虽有损坏，但未出现大规模坍塌现象，整体结构的完整性保持得相对较好，一些钢结构桥梁等基础设施在地震后经过简单修复和评估后能够较快恢复使用，为抗震救灾和灾后重建提供了重要支持。然而地震中的钢筋混凝土高层建筑破坏较为严重，如智利大地震后一些沿海城市，大量的钢筋混凝土建筑出现不同程度的损坏，包括墙体开裂、柱子断裂、结构整体倾斜等，部分建筑甚至完全倒塌，给当地的人员和财产造成了重大损失。

③ 环保效益上，施工现场湿作业少，显著减少扬尘、建筑垃圾等污染；且钢材可回收循环利用，契合可持续发展理念，降低资源消耗与环境压力。虽然预制混凝土建筑、木结构建筑和钢结构建筑同为装配式建筑，但三者对环境的影响仍存在较大的差异。例如，装配式混凝土结构主要采用后浇带的形式将预制混凝土结构构件连接起来，无法真正避免现场湿作业，因此不属于绿色施工；同时，装配式混凝土结构体系的建材原料仍为水泥、砂石等不可回收利用的建材，其拆除依旧会产生一些难以降解或回收的建筑垃圾，对环境造成极大的压力，亦不属于绿色建筑。木结构建筑由于木材本身的特性，不能作为现代化建筑的结构主材大量使用。而钢结构建筑从主体结构到墙面、屋面结构均采用可回收或可降解材料，不仅资源利用率高，而且能减少建筑垃圾对环境的影响。据统计，钢结构建筑在生产和建造过程中比传统的混凝土工艺节能超过30%，在使用过程中亦能比传统建筑节能10%，节水率可达到30%，粉尘排放下降80%，建筑垃圾减少80%。

④ 经济成本维度，虽前期构件制作投入稍高，但工期缩短减少财务成本，后期维护简易、回收价值大，全寿命周期综合成本颇具竞争力。2012年伦敦奥运会提出了"迈向一个地球的

奥运会"的理念，将可持续性作为核心，承诺实现碳中和、零废弃物等目标。该奥运多座主要场馆均采用钢结构，并在会后实现了可回收再利用。其中，伦敦奥运篮球馆在设计时就将其设计为一座临时性建筑，使用仅为 1000t 的钢架结构进行建设。在奥运会和残奥会结束之后，篮球馆被拆除，其钢材等建材在英国其他地区重新投入使用。

⑤ 震后功能可恢复性能较好，符合韧性城市发展的要求。2011 年日本东北太平洋海域发生 9.0 级地震并引发海啸，宫城县受灾严重。当地有许多装配式钢结构住宅，在地震和海啸的双重作用下，部分住宅的围护结构如外墙板、屋面板被破坏，部分钢结构连接节点出现松动，少数钢柱和钢梁有轻微变形。对于围护结构的修复，由于外墙板和屋面板是预制的，工厂能够快速生产出相同规格的板材，维修人员仅用了几天时间就将损坏的板材拆除并安装了新的板材；对于连接节点的松动，专业技术人员使用专业工具对螺栓进行了紧固并更换了损坏的连接件；钢柱和钢梁的轻微变形，也通过简单的矫正设备进行了矫正。整个修复过程在几周内完成，使得居民能够较快地恢复生产、生活。

6.1.3　装配式钢结构体系的分类

《钢结构设计标准》（GB 50017—2017）将 10 层以下、总高度小于 24m 的民用建筑和 6 层以下、总高度小于 40m 的工业建筑定义为多层钢结构；超过上述高度的定义为高层钢结构。其中民用建筑层数和高度的界限与我国建筑防火规范相协调，工业建筑一般层高较高，根据实际工程经验确定。多高层钢结构常用体系如表 6-1 所示。

表 6-1　多高层钢结构常用体系

结构体系		支撑、墙体和筒体形式
框架		
支撑结构	中心支撑	普通钢支撑、屈曲约束支撑
框架-支撑	中心支撑	普通钢支撑、屈曲约束支撑
	偏心支撑	普通钢支撑
框架-剪力墙板		钢板墙、延性墙板
筒体结构	筒体	普通桁架筒 密柱深梁筒 斜交网格筒 剪力墙板筒
	框架-筒体	
	筒中筒	
	束筒	

组成结构体系的单元中，除框架的形式比较明确外，支撑、剪力墙、筒体的形式都比较丰富，结构体系分类表中专门列出了常用的形式。其中消能支撑一般用于中心支撑的框架-支撑结构中，也可用于组成筒体结构的普通桁架筒或斜交网格筒中，在偏心支撑的结构中由于与耗能梁端的功能重叠，一般不同时采用；斜交网格筒全部由交叉斜杆编织而成，可以提供很大的刚度，在广州电视塔和广州西塔等 400m 以上结构中已有应用；剪力墙板筒国内已有的实例是以钢板填充框架而形成筒体，在 300m 以上高度的天津津塔中应用。

筒体结构的细分以筒体与框架间或筒体间的位置关系为依据：筒与筒间为内外位置关系的为筒中筒，筒与筒间为相邻组合位置关系的为束筒，筒体与框架组合的为框筒；进一步细分外筒内框结构（外周为筒体、内部为框架，抗侧效率最高），外框内筒结构（核心为筒体、周边为框架，与传统钢筋混凝土框筒相似），以及框架多筒结构（多个筒体在框架中自由布置）。

6.2　多高层装配式钢框架体系

装配式钢框架体系主要由钢梁和钢柱通过现场连接构成。节点连接形式多样，连接方式的选择会影响结构的整体性能。按照模数化、标准化设计，使得构件的生产和安装更加高效，也有利于建筑的工业化生产。钢框架结构体系适用于多高层民用建筑，如公寓、办公楼等。在建筑平面和空间布局多样化的情况下能很好地发挥优势，能够适应不规则的建筑平面形状，为建筑设计提供更多的创意空间。

然而其缺点亦不容忽视，钢材防火性能差，高温下强度骤降，需额外的防火处理成本；耐腐蚀性差，在潮湿或腐蚀性环境中易受损，需要进行防腐作业且要定期维护，否则结构使用寿命将大打折扣。与一些其他抗侧力体系（如剪力墙结构）相比，钢框架结构的抗侧刚度较小。在侧向力作用下，结构的侧向位移较大。特别是对于高层建筑，较大的侧向位移可能会引起居住者的不适，并且可能导致非结构构件（如隔墙、门窗等）的损坏。

装配式钢框架体系具有空间布置灵活、塑性韧性好、抗震性能优异等优点。不少学者针对装配式钢框架结构体系开展了研究，主要集中在梁柱连接节点上。

6.2.1　可更换梁柱节点

可更换钢结构梁柱节点通过结构设计，将节点的塑性铰外移，使得主要破坏集中在可更换耗能部件上，后期更换耗能部件即可恢复节点原有的使用功能。根据耗能部件的不同可分为几类：可更换耗能盖板体系、可更换耗能梁段体系、可更换耗能阻尼器体系。

（1）可更换耗能盖板体系

可更换耗能盖板体系在建筑结构关键部位设特制耗能盖板，通常由低屈服点钢材等耗能材料制成。地震过程中，盖板率先屈服变形，消耗能量，保护主体结构，震后受损盖板可便捷拆卸更换，建筑快速恢复功能，降低维修成本。

基于损伤控制的思想，张爱林等学者提出了抗震预制梁柱节点的设计理论，并在此理论基础上提出了一些新型抗震装配式钢梁柱节点，如图 6-1 所示。此类节点通过合理设置中间螺栓间距和盖板厚度等参数，以实现塑性损伤主要集中于易更换的耗能盖板上，从而确保地震发生时主体结构处于弹性状态；同时研究表明更换耗能盖板组件的震后修复方案具有可行性，且修复前后的节点耗能性能保持较小差距。

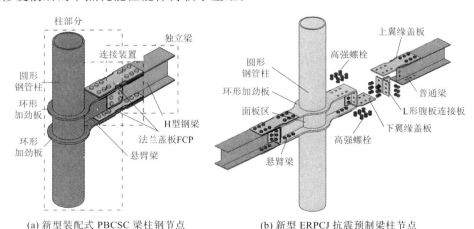

(a) 新型装配式 PBCSC 梁柱钢节点　　　(b) 新型 ERPCJ 抗震预制梁柱节点

图 6-1　装配式可更换耗能盖板梁柱节点

该类梁柱连接节点基本可以满足塑性变形集中于耗能构件，震后通过更换耗能构件进行修复的要求。但此类节点缺点也较为明显，首先耗能构件构造复杂，更换时需大量拆卸、设置临时支撑；其次节点域范围较大，修复难度和成本较高；此外，震后耗能构件虽可更换，但节点的其他构件仍会出现一定程度的损伤导致节点性能下降。为改善以上问题，进一步提高装配式钢框架梁柱节点装配化程度、综合抗震性能及修复效率和修复质量，张勋等提出一种带 U 形耗能板的装配式震后易恢复钢框架梁柱节点（PSCU）。节点形式如图 6-2 所示。该节点的 U 形耗能板采用低强度钢，变形集中于此并先行破坏，震后通过更换 U 形板及螺栓即可实现快速修复。T 形板在安装过程中可以充当定位板，进一步简化施工流程，保证施工质量。在梁端采用截面扩大处理，并配置由低屈服点钢材制成的 U 形耗能板，这一设计使得塑性损伤集中在 U 形耗能板区域，同时实现了塑性铰的外移，保证大震作用下主要构件不发生塑性损伤；除此之外，该节点域范围很小且靠近梁端，修复过程无须大量拆卸、临时支撑，即可在不降低整体结构静态承载能力的情况下实现震后的快速修复。试验证明该节点表现出良好的承载力和延性，快速修复后节点的抗震性能基本恢复至震前水平。

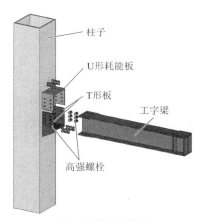
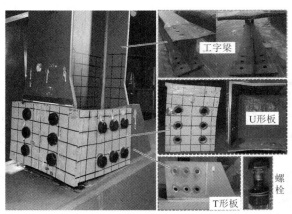

(a) PSCU 节点示意图　　　　　　　　　　(b) PSCU 破坏模式

图 6-2　带 U 形耗能板的装配式震后易恢复钢框架梁柱节点

（2）可更换耗能梁段体系

可更换耗能梁段体系是在梁结构中特设的耗能梁段。耗能梁段通常采用低屈服点、高延性材料。当地震发生时，该梁段会率先屈服，通过塑性变形与摩擦等方式耗散能量，从而保护主体结构。震后受损梁段可便捷更换，助力建筑快速恢复功能，降低修复成本。

王沛怡等设计了两种新型装配式节点，如图 6-3 和图 6-4 所示，这两种节点与传统栓焊连接节点、狗骨式削弱节点相比，具有更高的承载力、延性与耗能性能；装配式狗骨削弱梁柱连接节点与装配式管状腹板梁柱连接节点的耗能主要通过螺栓拼接区域的滑移耗能与耗能梁段的弹塑性变形耗能两部分实现，并且节点的塑性损伤集中出现在中间耗能梁段；装配式节点实现了节点塑性铰转移与震后可修复。

可更换耗能梁段的设计初衷是便于震后修复，但实际操作中，要在震后快速准确地评估结构损伤、拆除损坏的耗能梁段并安装新的构件，需专业的设备、技术人员和充足的备用构件，还可能受现场条件限制，实施难度较大。

第 6 章

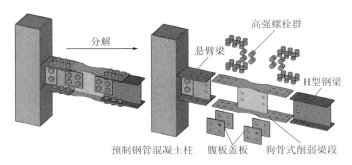

图 6-3　装配式狗骨式削弱梁柱连接节点

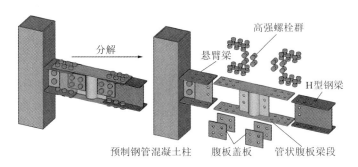

图 6-4　装配式管状腹板梁柱连接节点

（3）可更换耗能阻尼器体系

可更换耗能阻尼器体系旨在在强震下削减能量冲击、保护主体架构。其构成精巧，核心是耗能阻尼元件，如黏滞阻尼器（借流体运动耗能）的硅油等流体介质、摩擦阻尼器（靠摩擦片相互作用耗散能量）的摩擦片等。连接构件以高强螺栓、焊接组合，紧密衔接阻尼元件与建筑主体，保障力的传递。外围配套保护外框或套筒，约束元件变形，助其稳定工作，震后可快速更换受损阻尼器，恢复建筑抗震能力。

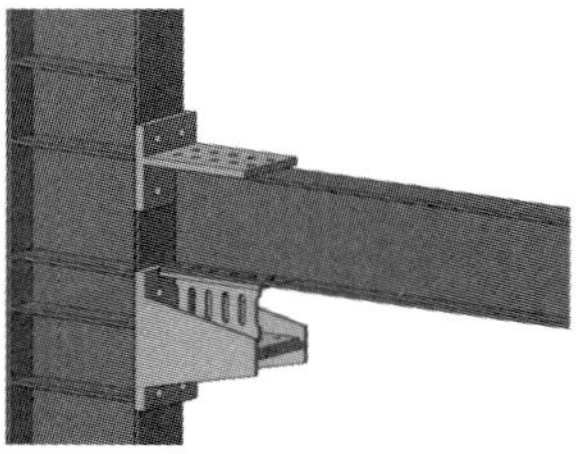

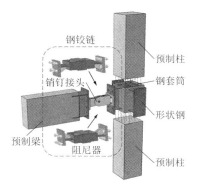

图 6-5　带缝阻尼器节点

Saffari 等学者提出了一种在梁翼缘板的顶部和底部添加狭缝阻尼器的节点改进方式，如图 6-5 所示。这些狭缝阻尼器会率先发生剪切或弯曲屈服，同时吸收大量的地震能量，从而显著降低节点区域的塑性变形，使塑性铰远离柱面。此外，针对剪切屈服和弯曲屈服两种屈服机制，Saffari 等学者还提出了缝隙阻尼器的设计方案。

Ma 等学者提出了一种可更换钢铰链的装配式 T 形节点，如图 6-6 所示，该节点由预制柱、预制梁、带钢阻尼器的可更换钢铰链组成，新型装配式 T 形节点的损伤区域集中在可更换钢铰链的钢阻尼器中，而预制柱保持弹性状态，没有明显的裂纹。此外，更换损伤单元后，受损装配式节点的功能可以很好地恢复。

从这些可更换体系的钢结构梁柱节点的研究中可以发现，大多体系是将钢梁在距节点焊缝一段距离处截断，并通过钢板、角钢等连接件将梁段连接起来，通过调整连接件的截面面积，将损伤控制在可更换的连接件上，而当层间位移转角较大

图 6-6　新型装配式 T 形节点

时，这种做法很难避免连接件发生屈曲，这会导致节点其他构件出现一定程度的损伤，从而降低节点的承载能力和耗能能力。所以如何防止节点在震后出现二次破坏及震后节点残余变形过大，从而影响节点震后修复的可行性还需进一步探讨。同时，如何减小震后修复难度、节约施工成本，合理地将其应用在实际工程中仍是一个重要的问题。

6.2.2　装配式自复位梁柱节点

自复位梁柱节点借助特殊构造（如预应力元件、耗能装置等），地震或荷载作用后能依靠自身力学机制，自动恢复至初始位置或接近初始状态，有效减小残余变形，保障结构震后功能，兼具耗能减震与复位能力，提升建筑抗震韧性与安全性。自复位节点常用的结构形式如图 6-7 所示。

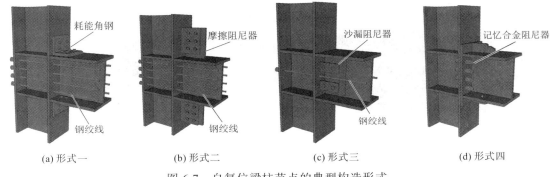

(a) 形式一　　　　(b) 形式二　　　　(c) 形式三　　　　(d) 形式四

图 6-7　自复位梁柱节点的典型构造形式

为更好地实现结构的自复位、减小结构自身的复位阻力，现有研究中梁柱连接部分普遍采用高强螺栓连接的铰接形式，该方式不仅施工便捷，还能满足装配式建筑的基本要求。同时，新型自复位节点的附加复位构件以预应力索、SMA 棒、碟簧为主，如图 6-8 所示，可有效提高梁柱节点的整体抗弯刚度（可使节点性能等同于刚性节点），为结构提供可靠的回复力，以减小或消除结构震后的残余变形。目前，附加耗能构件以耗能棒、高强螺栓连接的摩擦耗能器、耗能角钢为主，能有效消耗地震能量、保护节点主体构件不受损害。

观察图 6-9 滞回曲线的对比可知：自复位节点的滞回曲线通常呈现出旗帜形或近似旗帜形。在弹性阶段，滞回曲线基本呈线性变化，加载和卸载路径基本重合，表明节点在弹性范围内具有良好的变形恢复能力。当荷载超过屈服点后，滞回曲线开始出现一定的滞回环，但环的宽度相对较窄，且在卸载后节点能够较快地恢复到接近初始位置。普通节点的滞回曲线形状较为复杂，在加载初期可能也呈现出近似线性的变化，但随着荷载的增加，曲线的斜率逐渐减小，刚度开始退化。当节点进入塑性阶段后，滞回环会变得更加饱满和宽大，表明节点在塑性变形过程中消耗了大量的能量，卸载后会留下较大的残余变形，难以完全恢复到初始位置。

自复位节点的设计目标之一就是减小震后残余变形。通过预应力的作用或特殊的耗能元件，使其在地震作用后能够自动恢复到接近初始位置，残余变形通常较小甚至可忽略不计。普通节点在地震后会产生较大的残余变形，这是由其在塑性变形过程中材料的不可恢复变形以及节点区域的损伤积累导致的。较大的残余变形可能会影响结构的正常使用和安全性，需要进行大量的震后修复工作。

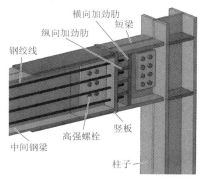

(a) 预应力索自复位梁柱节点

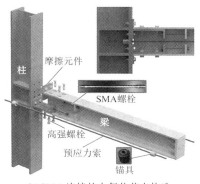

(b) SMA 连接的自复位节点构造

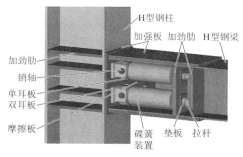

(c) 碟形弹簧自复位梁柱钢节点

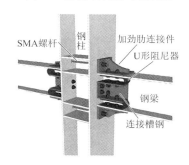

(d) 耗能加强型 SMA 自复位节点

图 6-8　新型装配式自复位节点

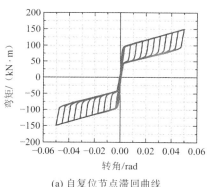

(a) 自复位节点滞回曲线

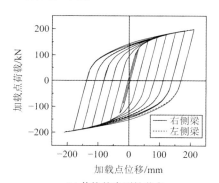

(b) 传统的半刚性节点

图 6-9　滞回曲线对比

　　不过目前对自复位节点的研究也存在一些不足，目前常用的钢索在弹性范围内有很强的弹性变形能力，但经过弹性阶段后会发生脆性断裂，所以在保证安全储备度的前提下，其轴向变形能力必然受限，并且预拉力的施加会进一步减小其轴向变形能力，这些均会严重限制结构的安全侧向位移、降低结构抵御潜在更大地震灾害的能力；SMA 目前造价相对较高，且其性能受温度变化的影响较大，综合性价比不高。同时，目前国内缺乏适用性强的自复位耗能钢框架结构的性能化设计方法。

6.3　装配式钢框架-钢板剪力墙结构体系

　　装配式钢框架-钢板剪力墙体系由钢框架与钢板剪力墙构成。钢框架由钢梁、钢柱通过螺栓连接形成主体承重架构，承担竖向荷载并提供基础抗侧力；钢板剪力墙多采用薄钢板，通过连接件与钢框架相连，在侧向力作用下发挥耗能与抗侧力作用。该体系适用于多高层住宅、办公楼等建筑，在抗震设防地区优势明显，能有效抵抗水平地震力。该体系优点众多：①抗震性能优良，钢框架延性与钢板剪力墙刚度协同工作，耗散地震能量。②施工高效便捷，构件工厂预制，现场装配，缩短工期。③空间布局灵活，钢框架可实现大空间，满足不同功能需求。④钢材可回收利用，符合环保理念，且工厂化生产利于质量把控，保障结构稳定性与安全性。

装配式钢框架-钢板剪力墙体系抗震虽有诸多优势，但也存在一些缺点：①节点连接构造复杂，若施工质量不佳，地震时易出现节点松动、破坏，影响整体抗震性能；②抗震性能受钢板厚度、高厚比等参数影响大，设计取值不当会降低抗震能力；③对地震作用下的钢板屈曲问题需严格控制，否则会削弱结构稳定性与抗震性能。

6.3.1 钢板剪力墙的特点

装配式钢框架-剪力墙结构是由框架和剪力墙共同承受竖向和水平作用的结构，兼有框架结构和剪力墙结构的特点，体系中剪力墙和框架布置灵活，较易实现大空间和较高的适用高度，可以满足不同建筑功能的要求。另外，中国处在环太平洋地震带与欧亚地震带之间，地震频发，地震强度大。为了提高建筑的抗震减灾能力、构建可持续发展的城市和社区，结构需在塑性变形能力、耗能性能、可修复性能等方面得到提升。装配式钢板剪力墙结构具有强度高、耗能佳、承载力和刚度稳定、延性和抗侧移性能好等特点，适宜应用在我国这样地震多发的国家。

6.3.2 钢板剪力墙的基本原理

装配式钢板剪力墙作为一种结构的抗侧力构件，主要承担水平荷载，配合水平连接单元（梁）和竖向连接单元（柱）形成装配式钢板剪力墙结构体系。装配式钢板剪力墙与水平连接单元和竖向连接单元通过螺栓和连接构件连接，在水平连接单元和竖向连接单元的有效约束作用下承担结构的水平荷载。在地震力作用下，装配式钢板剪力墙将承受的水平地震作用转化为薄钢板的斜向拉力、压力或厚钢板的剪力，薄钢板剪力墙和厚钢板剪力墙受力示意如图 6-10 所示。最终，剪力墙在荷载作用下发生屈服，消耗水平地震作用，形成第一道抗震防线，保护主体结构体系。

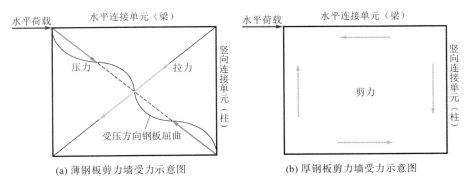

图 6-10 钢板剪力墙受力示意图

6.3.3 钢板剪力墙结构形式的研究

为实现新型建筑工业化、解决剪力墙屈曲问题、减轻其对边界连接单元的附加荷载并提升抗震性能，学者们对装配式钢板剪力墙开展了多项改进与创新。

第 6 章

（1）装配式带缝（开孔）钢板剪力墙

带缝钢板剪力墙是在纯钢板剪力墙上开竖向裂缝，形成一条条竖向板带，使得竖向板带受弯或者受弯剪屈服破坏，竖向板带的存在提高了剪力墙的抗震性能，降低了钢板剪力墙屈曲附加给边界连接单元的荷载。带缝钢板剪力墙有效地改善了钢板剪力墙在水平荷载作用下的屈曲破坏和滞回性能。大量的研究表明：带多层缝装配式钢板剪力墙框架抗震性能良好，结构形式如图6-11所示；框架对带多层缝钢板剪力墙的承载力和刚度影响较大；而采用不等长开缝钢板剪力墙的抗侧刚度、耗能性能和延性均好于等长开缝钢板剪力墙。

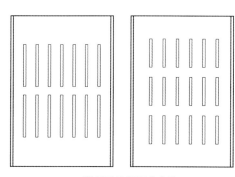

(a) 等长开缝钢板剪力墙

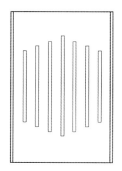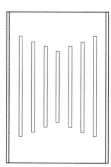

(b) 不等长开缝钢板剪力墙

图 6-11　装配式带缝钢板剪力墙

装配式开孔钢板剪力墙是在原有的纯钢板剪力墙上开一个或多个排列有序的孔，可以改善剪力墙的抗震性能，同时有效地满足建筑功能需求。开孔后的装配式钢板剪力墙耗能能力及延性性能均有所提高，滞回性能稳定。如果板厚进一步减小且开孔直径进一步增大，就会使得钢板剪力墙容易发生屈曲，造成滞回曲线的捏缩，降低钢板剪力墙的耗能能力。开孔削弱了钢板剪力墙的承载力和刚度，但在设计中可以增加薄钢板剪力墙的厚度，减少剪力墙的屈曲变形，增强延性和耗能性能，改善剪力墙的整体抗震性能。

为提升装配式开孔钢板剪力墙的抗震性能并抑制平面外屈曲，部分学者提出了装配式细胞形开孔钢板剪力墙与装配式蝶形开孔钢板剪力墙，如图6-12所示。这两种均是结合阻尼器形成的新型装配式钢板剪力墙，目前的研究结果表明该剪力墙可以有效降低装配式钢板剪力墙的平面外屈曲，提高耗能性能。

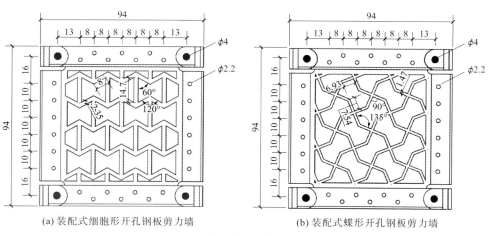

(a) 装配式细胞形开孔钢板剪力墙　　　　(b) 装配式蝶形开孔钢板剪力墙

图 6-12　装配式开孔钢板剪力墙

（2）装配式屈曲约束钢板剪力墙

屈曲约束钢板剪力墙作为一种高效的抗侧力结构体系，主要包含内嵌钢板、边缘构件以及约束构件。其中，内嵌钢板作为核心受力元件，承担主要的剪力作用。边缘构件不仅强化了与周边结构的连接，还承担着传递内力的关键职责，确保力的有效传递与分配。约束构件则通过对内嵌钢板的有效约束，抑制其平面外的屈曲变形，从而充分发挥钢板的材料性能，提升整个构件的抗剪承载能力与稳定性。屈曲约束钢板剪力墙具有以下优势：承载能力高，能在相同尺寸下充分发挥钢材强度，提供更强的抗剪能力；耗能性能优异，可有效降低地震响应；便于工业化生产与安装，有助于缩短工期并保证质量；具有较高的空间利用率。

传统装配式屈曲约束钢板剪力墙一般是借助外加混凝土板达成约束目的的，在实际工况下，虽能发挥一定的抗侧力效能，却因混凝土板集中受力，易出现开裂、剥落等破坏现象，且边界处梁、柱需承担较大荷载，制约整体结构稳定性与耐久性。随着研究的深入，部分学者创新性地采用多块钢筋混凝土板作为约束构件构建新型装配式屈曲约束钢板剪力墙，多板协同工作分散应力，相较传统形式，混凝土板破坏更少，梁柱所受荷载需求亦显著降低，优化了整体力学响应。

为持续提升剪力墙的耗能性能，学界探索了多种创新路径。如图 6-13 所示的新型装配式屈曲约束钢板剪力墙，其创新主要体现在三个方面：一是优化约束盖板性能，采用高性能材料替代传统混凝土，以提高盖板的强度和延性；二是改进内嵌钢板形式，由平板发展为波折板、加劲板或开斜缝等异形板，从而增强钢板的耗能能力；三是改良盖板连接方式，引入柔性或半刚性连接，以优化力的传递机制，为工程应用奠定坚实的理论基础。

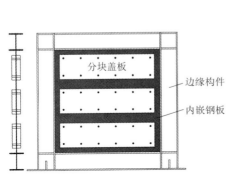
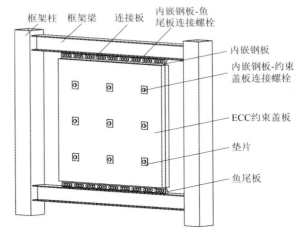

(a) 设置分块盖板的屈曲约束钢板剪力墙　　　　(b) 装配式屈曲约束 ECC 约束钢板剪力墙

图 6-13　装配式屈曲约束钢板剪力墙

6.3.4　装配式钢板剪力墙的连接方式

将钢板剪力墙部分连接到边界连接单元上，可以有效地降低边界连接单元的附加荷载，减小边界连接单元截面尺寸，降低结构建造成本。目前连接装配式钢板剪力墙的形式分为四边连接装配式钢板剪力墙和两边连接装配式钢板剪力墙两种。

在装配式背景下，栓接显然更适合预制装配式结构的拼装，可减少现场施焊带来的加工质量等问题。通过试验验证：与焊接形式相比，栓接构件的承载能力更强。但在地震作用下角部螺栓会发生滑移，内嵌钢板也将产生相应的面外屈曲变形，最终发生撕裂破坏。栓接形式的变形能力略差，在地震作用下其延性仍满足抗震设防要求。在钢板剪力墙发展初期，学者多聚焦于对四边连接钢板剪力墙的研究。钢板剪力墙构造如图 6-14 所示，四边连接的钢板剪力墙具有抗侧刚度大、抗震性能好、承载能力高、空间利用率高、施工便捷等优点。

随着对四边连接钢板剪力墙研究的深入，试验发现当钢板剪力墙拉力场效应逐渐发展时，框架柱中将会产生较大的轴力，严重影响钢板墙的抗震性能。针对这一问题，一些学者开始对两边连接钢板剪力墙进行研究，两边连接钢板剪力墙结构形式如图 6-15 所示。研究发现两边连接的钢板剪力墙具有较好的耗能能力，其延性也满足抗震规范设计要求。

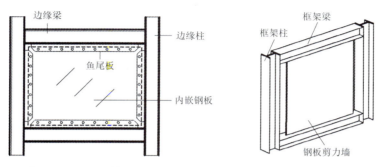

图 6-14　四边连接的钢板剪力墙　　图 6-15　两边连接的钢板剪力墙

为了更好地实现钢板剪力墙的可装配性，降低施工难度，一些学者提出了新型的装配式钢板剪力墙连接节点。如图 6-16 所示，该节点包括框架梁、盖板-框架连接螺栓、连接底板、钢板剪力墙内嵌墙板、连接盖板、钢板-剪力墙连接螺栓和框架柱。其中框架梁应采用梁宽不小于 200mm 的普通 H 型钢，并在下翼缘一侧对应位置开大螺栓孔；节点中螺栓共分为两种：盖板-框架连接螺栓和钢板剪力墙连接螺栓。盖板-框架连接螺栓为垂直放置的高强螺栓，钢板-剪力墙连接螺栓为水平放置的高强螺栓。节点中连接底板为两边带加劲肋的开孔钢板，并采用间断式布置；钢板剪力墙宜采用厚度为 3～10mm 的薄钢板；连接盖板由多个间断布置的焊接角钢组成。框架柱可采用焊接箱形钢、标准方钢管或 H 型钢柱。

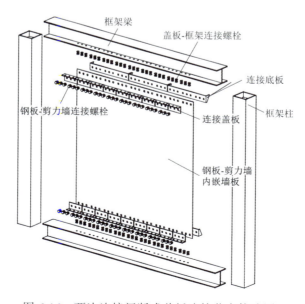

图 6-16　两边连接间断式盖板连接节点构造图

该类节点应用于两边连接钢板剪力墙中，降低了现场施工时的难度，而框架梁与内嵌钢板采用不同形式的连接板通过高强螺栓相连，改善了连接节点的受力性能，可在装配式钢结构高层建筑中发挥其良好的抗震能力。试验表明此类节点传力性能良好，可装配性强，震后可修复性好。

6.4 装配式高层钢结构-支撑体系

6.4.1 钢框架-支撑体系的定义

在高层建筑结构设计中，控制结构顶端的水平位移是一个关键问题。对于纯框架结构而言，当建筑高度增加时，水平位移会显著增大。为了有效抵抗水平力，在框架结构中加入斜支撑是一种经济且高效的方案。带斜支撑的框架结构，通常由梁、柱以及斜向支撑构件组成，其中梁和柱主要承担垂直荷载，而斜支撑通过与梁柱的连接，形成一个竖向悬臂桁架结构，用于抵抗水平荷载。在这一结构体系中，梁和斜支撑充当桁架的腹杆，柱则类似桁架的弦杆。斜支撑之所以能够显著提高结构的抗水平力能力，是因为斜向构件具备轴向受力特性，可以在最小截面尺寸下提供所需的刚度和强度。基于框架结构，采用沿纵横方向在部分框架柱之间对称布置竖向支撑桁架的方式，构成了钢框架-支撑体系。这一体系的独特之处在于框架与支撑系统的协同作用，其中竖向支撑桁架如同剪力墙，承担了大部分的水平剪力。在地震等极端荷载作用下，若支撑系统发生破坏，框架结构可通过内力重分布继续承担水平力，形成一种具有双重抗侧力能力的结构体系。

6.4.2 钢框架-支撑体系的特点

钢框架-支撑（steel braced frame）体系是由钢框架结构演化而来的，即在钢框架体系中的部分框架柱之间设置竖向支撑，形成若干榀带有竖向支撑的钢框架，如图 6-17 所示。

图 6-17　某钢框架-支撑体系

由水平荷载作用引起的层间变形将使支撑斜杆产生拉、压变形和与之对应的轴向力，支撑轴向受力所形成的水平刚度要远大于框架梁、柱弯曲受力所形成的水平刚度，因此支撑会分担绝大部分水平力，且支撑布置得越多效果越显著。结果造成框架-支撑体系中的支撑、梁、柱均以轴力为主，图 6-18 所示钢框架-支撑体系的桁架效应明显。由于框架分担的水平力较少，即使在其他未布置支撑的框架梁、柱上，水平荷载所引起的弯矩都不会太大。也正因为设置支撑之后结构整体水平刚度得到了大幅提升，使框架-支撑体系适用于建设较纯框架更高的建筑物。

按支撑布置位置和形式的不同，框架-支撑体系可以分为框架-中心支撑体系（steel concentrically braced frame）、框架-偏心支撑体系（steel eccentrically braced frame）、框架-剪力墙板体系（frame-wall structural system）等。它们的共同点都是将支撑、剪力墙板等抗侧力构件嵌入梁、柱组成的楼层框架内，与抗侧力构件相连的梁、柱也是抗侧力体系的一部分，这些构件及其节点都会产生较大的内力，必须进行严格设计。

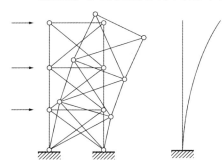

图 6-18　钢框架-支撑体系的桁架效应

框架结构中的梁、柱如果采用铰接（也称排架），或者即使梁、柱刚接但不按抗震要求设计，则增设支撑或剪力墙板之后仅有一道抗侧力体系（即支撑或剪力墙板），为单重抗侧力体系，称为支撑排架结构、支撑框架结构或框架-支撑单重体系。如果框架的梁、柱采用刚性连接，并且按抗震要求进行必要的构造设计和加强，则具有支撑及框架双重抗侧力体系，称为框架-支撑双重体系（dual system）。按我国《高层民用建筑钢结构技术规程》（JGJ 99—2015）的要求，进行抗震设计时应使用框架-支撑双重体系。

图 6-19 给出了框架-支撑体系典型的平面和立面布置示意图。有时也根据建筑平面布置要求，将支撑设置在楼梯间和电梯间的周边，提高使用空间的灵活性，在平面核心处构成一个封闭的筒体。支撑的数量依据建筑物的高度和所需的水平刚度确定。建筑物的横向和纵向也可以根据需要使用不同支撑形式，图 6-19 中横向使用了人字形中心支撑，而纵向使用了人字形偏心支撑。

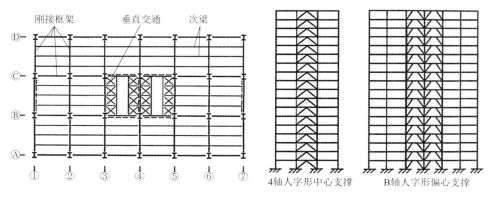

图 6-19　框架-支撑体系布置图

对于平面无扭转、规则对称的结构，有支撑的框架榀和无支撑的纯框架榀可以通过刚性楼板或弹性楼板的变形协调共同工作，它们在同一高度处具有相同的水平变形。如果框架-支撑结构按双重抗侧力体系设计，则支撑和框架共同承担水平荷载。框架连梁和其上面的楼板起到了刚性连杆的作用，传递支撑与框架间的相互作用力，根据空间协同作用原理，整体结构沿横向的计算模型可以采用如图 6-20（a）所示的形式。其中，总框架代表所有钢框架的贡献，总支撑代表所有支撑桁架的贡献。如果总框架和总支撑分别单独承受水平荷载，则它们将分别产生整体剪切型变形和整体弯曲型变形，下部各层的框架层间变形大于支撑，上部各层的支撑层间变形大于框架。但实际上由于各层楼板的存在，在每一层上两者被强迫具有相同的变形，如图 6-20（d）所示，形成整体弯剪型变形。

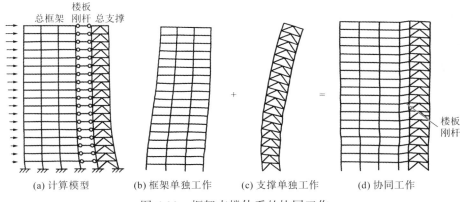

图 6-20　框架支撑体系的协同工作

　　两种体系的变形特点决定了楼板刚杆内力随楼层变化的规律。下部各层楼板刚杆主要承受压力，随楼层上升，压力逐渐减小为 0，到中上部各层楼板刚杆转为受拉，达到顶层时拉力达到最大值，如图 6-21 所示。同时图中还给出了在各层的层剪力中框架和支撑各自分担的比例，可以看出：在下部，各层由于支撑的水平刚度大、层间变形小，支撑分担了绝大部分的层剪力；在中部，各层框架和支撑的刚度趋于一致，分担的层剪力也基本相等；而在上部，各层框架的层间变形小于支撑，从而使框架分担了更多的层剪力。

　　值得注意的是，在上部几层中，框架分担的层剪力甚至大于结构总的层剪力，此时支撑承担的层剪力为负值，说明上部几层中的支撑出现了负刚度，对结构存在负作用。虽然顶部各层的层剪力一般不大，但设计中也应该引起一定重视。可以通过以下几个办法解决这个问题：①上部几层的框架截面不能减小太多，要保证框架具有足够的承载力；②可以人为地削弱上部几层的支撑截面，减小支撑的不利作用；③在保持结构竖向刚度连续变化的情况下，在上部几层不设支撑，改为纯框架。

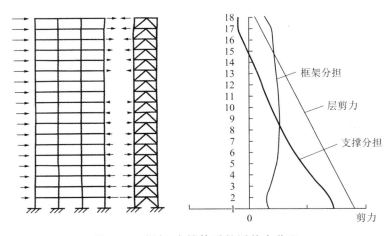

图 6-21　框架-支撑体系的层剪力分配

　　框架-支撑（延性墙板）结构按双重抗侧力体系设计时，其中的支撑或延性墙板是第一道抗震防线，在强震作用下支撑或延性墙板先屈服，内力重分布使框架部分承担的地震剪力增大，框架发挥第二道防线作用。而框架部分在弹性设计阶段仅按刚度分配所得的层剪力可能很小，即此时框架梁、柱的内力可能很小，不能仅据此对框架梁、柱进行设计，否则框架梁、柱截面可能会很小，无法形成有效的第二道防线。因此，需要对框架部分的内力进行调整，做法是将框架部分按刚度分配计算得到的地震层剪力乘以调整系数，达到不小于结构总地震剪力的 25% 和框架部分计算最大层剪力的 1.8 倍二者之中的较小值。

6.4.3 钢框架-支撑体系的分类

6.4.3.1 钢框架-中心支撑体系

中心支撑是常用的支撑类型之一，是指支撑斜杆的轴线与横梁和柱的轴线汇交于一点，或支撑斜杆的轴线与横梁汇交于一点，在梁或柱上没有偏心距。不同的支撑布置形式可能导致构件受力和使用功能上的差异。图 6-22（a）所示的交叉支撑（X 形支撑），在水平荷载的作用下，两根斜杆分别处于受拉和受压状态。该结构具有整体刚度大、静力性能好的特点，但存在弹塑性变形集中、低周疲劳寿命较短等问题，且在强震作用下的耗能能力较差。因此，交叉支撑多在地震较少发生的地区或地震活跃地区的低层建筑内使用。图 6-22（b）为人字形支撑，有利于门窗布置，拉、压杆共同受力，但人字形支撑两根斜杆的内力交于梁上，尤其是受压支撑屈曲后将对横梁产生竖向不平衡力，因此对横梁的设计要求严格。有时也会使用 V 形支撑或 V 形支撑与人字形支撑配合使用，如图 6-22（c）所示，可以形成所谓的跨层 X 形支撑，能有效克服受压支撑屈曲后对横梁产生的竖向不平衡力。为减小人字形支撑中横梁的竖向不平衡力，也可设置拉链柱，将各层的竖向不平衡力向上传递至顶层刚度较大的桁架，如图 6-22（d）所示。人字形支撑和 V 形支撑广泛应用于各类地区的多高层建筑钢结构中。图 6-22（e）所示为单斜支撑，受力明确，应力集中小，但水平力两个方向作用时支撑受拉和受压的承载力差距很大，支撑屈服或屈曲后水平两个方向的刚度差距也很大，大震动力荷载作用下容易逐渐偏离中心位置而发生整体动力失稳，因此在使用时应使结构中两个方向倾斜的支撑数量均衡，即单斜支撑应成对布置。图 6-22（f）所示为 K 形支撑，支撑内力汇交于柱上，容易在柱中引起水平不平衡力而造成柱子过早屈服，因此 K 形支撑在抗震设防地区禁止使用。

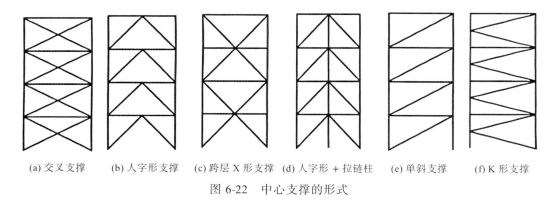

(a) 交叉支撑   (b) 人字形支撑   (c) 跨层 X 形支撑   (d) 人字形 + 拉链柱   (e) 单斜支撑   (f) K 形支撑

图 6-22   中心支撑的形式

以轴力为主的支撑斜杆，大大提高了结构的整体刚度，能有效减小侧移并优化内力分布，为高层钢结构提供了一种优良的结构形式。但支撑的受压屈曲支配了支撑杆件的受力性能，以下一些典型问题值得在设计中关注。

① 在水平往复荷载作用下框架-支撑结构（双重体系）的滞回环欠饱满，如图 6-23（a）所示，尤其是受压支撑失稳之后结构的承载力只能依靠框架和受拉支撑来维持，滞回环有一

定程度的劣化现象。如果使用梁柱铰接的支撑框架结构（单重体系），在支撑失稳后其滞回环劣化将更为严重，如图 6-23（b）所示。由于拉、压斜杆在水平正负方向成对布置，上述两种结构体系在两个方向的极限承载力基本接近。但必须确保单重体系中的支撑具有足够的低周疲劳寿命，防止支撑系统过早退出工作，才能使结构具有良好的延性和耗能能力，方可用于有抗震要求的建筑物。

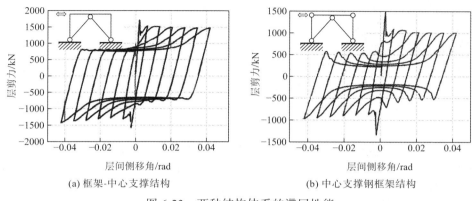

(a) 框架-中心支撑结构　(b) 中心支撑钢框架结构

图 6-23　两种结构体系的滞回性能

②支撑斜杆的受压承载力远低于受拉承载力，且在反复受压屈曲后，其受压稳定承载力会急剧下降。如图 6-24 所示，支撑构件的滞回环呈现逐圈劣化现象。但受压稳定承载力最后趋于平稳，能够维持在 $0.3\varphi A_{br}f_y$ 左右，其中 $0.3\varphi A_{br}f_y$ 为支撑首次受压失稳时的承载力。

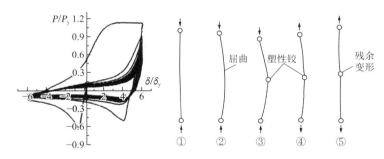

图 6-24　单根支撑的滞回曲线和各阶段的受力状态

③支撑端部节点的实际构造做法并非铰接，且要使节点维持较高的承载力也很难做成铰接，非铰接做法容易在支撑端部引发较大的次内力，使支撑并非处于理想轴力状态。

④在往复的水平地震作用下，支撑斜杆会从受压弯曲状态变为受拉伸直状态，伸直的一瞬间将对结构产生冲击性作用力，使支撑及其节点和相邻的构件产生很大的附加应力。

⑤在往复水平地震作用下，如果同一层支撑框架内的斜杆轮流受压屈曲而又不能完全恢复拉直，会降低楼层的受剪承载力。

然而最新研究表明，通过审慎控制支撑杆件截面尺寸、板件宽厚比及节点构造工艺，中心支撑结构可承受较大弹塑性层间变形而不致过早破坏。美国钢结构抗震规范据此提出了所谓的"特殊中心支撑框架结构"（special concentrically braced frame），这种结构可以达到较高的延性，从而在设计中可以使用较小的地震力。我国抗震规范和钢结构规范中规定的关于中心支撑的各种构造措施也足以保证支撑延性和承载力，使框架-中心支撑结构的优势逐渐被人们所接受。这些措施包括：

第6章

① 提高支撑节点连接的承载力，并改善其构造措施，使在往复大弹塑性变形情况下支撑节点不先发生破坏，仍能经受多圈大弹塑性变形作用，持续累积消耗地震输入能量。

② 适当放宽支撑长细比限值。有研究成果表明，支撑长细比较大时，其低周疲劳寿命高于长细比较小的支撑。同时，较大的支撑长细比也会在一定程度上降低结构整体刚度，减小地震作用，尤其是在弹塑性阶段的效果更为明显。

③ 严格限制支撑板件的宽厚比。大震下支撑发生整体屈曲后，容易在跨中形成塑性铰，并集中发展塑性，此位置极易出现弹塑性局部屈曲，从而产生很高的塑性应变，在往复荷载作用下会过早地萌生裂缝，这种情况将严重劣化支撑的低周疲劳寿命，因此各国规范都对支撑板件宽厚比进行了非常严格的限制。

④ 强化人字形支撑框架中横梁的设计。不考虑支撑在横梁跨中的支撑作用，使横梁除应承受自身重力荷载代表值的竖向荷载外，尚应承受跨中节点处两根支撑斜杆分别受拉屈服（$A_{br}f_y$）和受压屈曲（$0.3\varphi A_{br}f_y$）所引起的竖向分力与水平分力作用。为使人字形支撑的横梁截面不至于过大，也可采用跨层 X 形支撑或设置拉链柱，如图 6-22（c）和（d）所示。

由于钢结构支撑自身在大震作用下不可避免地会发生受压失稳，使滞回环出现"捏缩"现象，从而促使人们提出了是否存在能够避免支撑发生失稳的更好办法。于是，从 20 世纪 90 年代开始，逐渐出现了屈曲约束支撑（也称为防屈曲支撑、不失稳的支撑等）（buckling restrained brace，BRB）的概念和做法。仍作为中心支撑构件使用的屈曲约束支撑具有受压和受拉都能达到支撑钢材屈服的特性，支撑的滞回环在受压时与受拉时同样饱满，如图 6-25 所示。

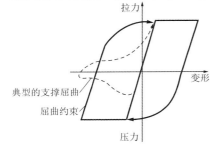

图 6-25 屈曲约束支撑滞回环与传统中心支撑对比

通过图 6-26 所示的支撑核心钢材周边的横向约束材料（钢管和砂浆）限制支撑核心的单波或多波屈曲。支撑核心与横向约束材料之间做成无黏结形式，故支撑的轴向力只由支撑核心承担，横向约束材料只负责约束支撑的屈曲，并不分担轴向力。小震时支撑核心处于弹性阶段，大震时支撑核心进入弹塑性拉、压屈服状态，滞回环饱满，耗能能力极好，甚至可以视为阻尼器。

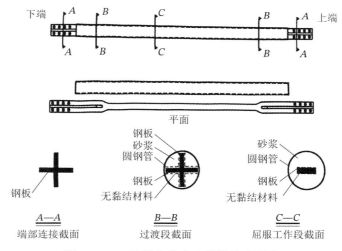

图 6-26 一种屈曲约束支撑的构造形式

目前已开发出了多种屈曲约束支撑形式，如图 6-27 所示，外部横向约束材料包括钢管混凝土、钢筋混凝土和全钢构件。

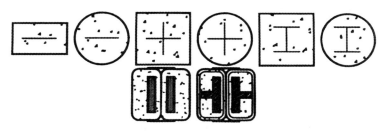

(a) 钢管混凝土约束型屈曲约束支撑

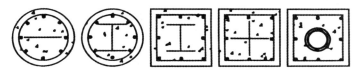

(b) 钢筋混凝土约束型屈曲约束支撑

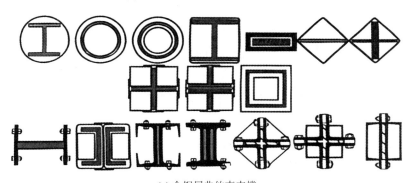

(c) 全钢屈曲约束支撑

图 6-27　屈曲约束支撑常用截面形式

随着对屈曲约束支撑构件的研究越来越深入，国内外科研学者开始把注意力转到屈曲约束支撑框架抗震性能的研究上，并进行了大量的试验研究和数值模拟分析。

2006 年李妍等提出一种新型全钢屈曲约束支撑，该支撑的构造形式类似图 6-27（c）中的第二个类型，试验中包含 7 个试件，试件中内芯板厚度和外部约束钢套筒的厚度均不同，当外套筒约束不足时，试件过早屈曲，试验曲线耗能能力不足，当外套筒厚度和截面惯性矩增加至一定标准后，屈曲约束钢支撑在受拉、受压状态下均能屈服，滞回循环饱满，没有颈缩和强度折减现象。

2011 年 Usami 等针对全钢 BRB 进行了疲劳加载试验，试验结果表明在低周疲劳加载下所有试件均能达到规范中标准。试验中将 12 个全钢 BRB 分为两组，一组在两端十字加劲肋和中间屈曲塑性段接触的地方焊接设置加强措施（toe finished method），另一组不做处理，试验结果表明该加强措施可以有效提高全钢 BRB 的抗疲劳性能。同时，试验结果还表明平面内填板与内芯板的缝隙同样会影响支撑的抗疲劳性能，说明平面内屈曲约束也同样重要。

为减少 BRB 十字形内芯在焊接后所产生的残余弯曲变形，2011 年赵俊贤等研发设计了一种新型全角钢式屈曲约束支撑，该支撑的内芯由 4 个等边角钢通过屈服段无焊接技术组合而成，约束构件则由两个等边角钢沿纵向焊接组合而成。试验前首先对试件内芯的初始弯曲进行测量，结果表明，绝大多数试件内芯屈服段的相对初始弯曲均有效控制在 1/1000 以内。低周往复加载试验结果表明，当支撑端部边界条件为固接时，支撑的延性及耗能发展最为充分；当支撑两端为铰接且支撑端部无转动约束时则较容易发生内芯外伸段的局部压弯破坏，在支撑铰接两端设置转动约束构件可以避免这种破坏形式。

2010 年 Chou 等针对"三明治"式全钢装配式 BRB 进行了低周往复加载试验，试件外观尺寸和剖面图见图 6-28，图中 C 形钢焊接在屈曲约束导向板上，并在中空部分灌注混凝土；在导向板两侧有间距为 245mm 的高强螺栓，利用高强螺栓内的预拉力作为"钳制力"（clamping force），将侧填板和导向板夹紧进一步提高外围构件对内芯板的屈曲约束作用。Chou 等分析了周围屈曲约束构件的截面惯性矩、螺栓预紧力和内芯板参数（有效长度和截面面积）对内芯板多波屈曲时波长的影响，并给出了建议公式。随后，设计了 4 个足尺长度的全钢 BRB 并进行了低周往复加载试验，试验结果表明：当外围屈曲约束构件设计合理时，支撑的破坏形式为内芯板在中部断裂；试验中由于加载偏心的影响，部分支撑试件出现了全局屈曲失稳破坏，特别是外围屈曲约束构件整体失稳；这种新型构件的延性可以达到 7.8，可以满足抗震设计中对支撑延性的需求。

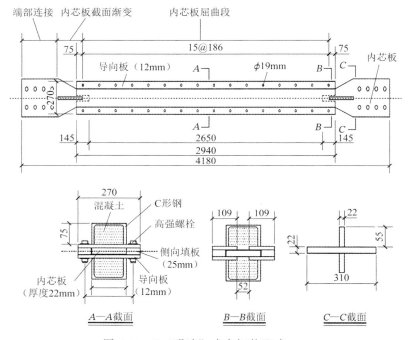

图 6-28 "三明治"式全钢装配式 BRB

由于屈曲约束支撑具有良好的滞回性能和稳定的承载力，框架-屈曲约束中心支撑结构成为抗震性能良好的结构体系之一，并逐渐为各国规范所采纳。

屈曲约束支撑具有良好的耗能性能且受拉-受压性能对称，同时能够在较低预算的情况下控制结构的最大位移，但由于滞回曲线饱满，结构的残余位移使得震后往往需要拆除整体结构，不利于震后建筑功能的快速恢复。因此，研究人员采用不同方法改进屈曲约束支撑，以保证支撑轴向刚度足以满足地震中对结构层间位移角的限值，同时具有一定的耗能能力和良好的自复位性能。受整体自复位结构启发，这种新型支撑的滞回曲线呈饱满的"旗帜形"，在支撑中采取预拉或预压构件提供回复力，并采用多种耗能构件，如摩擦阻尼器、磁流变阻尼器等，代替金属内芯屈曲耗能。同时也有不少学者在该问题上做出了一些研究并取得了一些成果。

2013 年张爱林等研发了一种新的自复位耗能支撑，该支撑耗能内芯采用 H 型钢，外部约束构件由钢板和型钢组成 H 形截面的屈曲约束构件，采用预应力索构成自复位系统，整体通过高强螺栓拼接而成。结果表明：新型 H 型钢预应力支撑结合了前两种支撑装置的优点，既能耗能，又能复位，可减小或消除残余变形。2016 年张爱林等研究设计了一种零张拉钢丝绳的自复位支撑，支撑中对称布置两套相同的复位装置，可以使支撑在受压/受拉状态下仅有一组钢丝绳处于工作状态，并提供复位能力。

2016 年 Xie 等研发了一种新型自复位支撑，支撑中使用预拉玄武石纤维筋和内芯板屈曲提供回复力，内芯板的外围屈曲约束钢套筒同时作为自复位系统套筒系统中的内套筒，以节省材料和减轻支撑自重，见图 6-29。由于支撑中外套筒和内套筒在制作过程中不可避免地存在长度差异，文献研究了不同等级的长度差异对支撑刚度的影响：内、外套筒完全一致时，支撑的刚度为内、外套筒和预拉筋刚度之和，安装完成时，内、外套筒的内力按各自刚度进行分配；内、外钢管之间的长度差异可能造成长度较短的套筒内力降低甚至内力为 0。随后，研究选取具有同样平面的 4 层框架结构和 12 层框架结构，不考虑制造误差进行设计后，使用具有不同长度误差的支撑进行数值模拟。非线性时程分析结果表明：不同等级的长度误差对框架结构的峰值位移均有一定的影响，但所有框架结构均没有残余位移；同时，长度误差对低层短周期结构影响更加明显，对周期较长的高层结构影响较小。随后，Xie 等也分析了内、外管长度差异对自复位耗能支撑（self-centering energy-dissipative brace，简称 SCED）支撑的影响，结果表明，加工误差会导致内、外钢管之间的长度不一致，误差会造成 SCED 支撑的初始刚度降低 50%；制造误差会增加框架结构的最大层间侧移角，但不会影响其复位能力，其对 9 层 SCED 框架最大层间侧移角的影响要小于 3 层带 SCED 支撑的框架；支撑初始刚度的降低会减小 9 层带 SCED 的框架层加速度，但 3 层带 SCED 支撑框架的层加速度却没有明显变化。

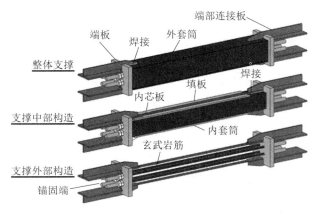

图 6-29　全钢自复位屈曲约束支撑（SC-BRB）构造

Dolce 等提出一种使用 SMA 丝的新型自复位支撑，由于不同材料的 SMA 在滞回过程中的耗能能力有一定的差别，该自复位支撑中包含两组 SMA 丝束：一组耗能能力较强但"超弹性"性能较差；另一组具有良好的回复能力，以保证支撑在卸载后可通过第二组 SMA 丝束实现自复位，但它的耗能能力基本可以忽略，见图 6-30（a）。随后，将该新型自复位支撑安装到比例尺为 1∶3.3 的 3 层单榀混凝土框架中进行振动台试验，见图 6-30（b），对照组中安装具有饱满滞回性能的非自复位 BRB，结果表明安装自复位支撑的混凝土框架的峰值加速度和层间位移角峰值均高于对照组的试验结果，但安装自复位支撑的框架震后几乎没有残余位移。

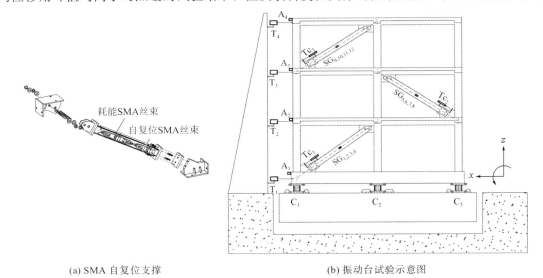

（a）SMA 自复位支撑　　　　　　　　（b）振动台试验示意图

图 6-30　SMA 自复位支撑及振动台试验

A_i—加速度计；T_i—位移计；Tc_i—斜向位移计；C_i—负向传感器；SG_i—应变片

　　受整体自复位结构设计理念的启发，如何利用自复位 BRB 降低框架结构在设计基准地震和罕遇地震作用下的残余层间位移角成为近些年建筑结构抗震的研究热点。通过特殊节点的构造设计，整体自复位结构的刚度变化主要受节点开合引起的几何非线性影响，构件中仅有少部分材料进入塑性变形。自复位支撑在设计中借鉴了机械原理，同样利用几何非线性对整体支撑刚度进行调控，为结构的抗震性能优化提供了新的可能性和研究方向。

6.4.3.2　框架-偏心支撑体系

　　框架-偏心支撑结构综合了中心支撑框架的强度和刚度优势以及纯框架的高延性优势。由前文关于中心支撑的介绍可知，中心支撑虽然具有良好的强度和刚度，但其受压斜杆失稳后整体结构的耗能能力较差，滞回环欠饱满，如图 6-23（a）和（b）所示；而纯框架虽然滞回环饱满，如图 6-31（a）所示，但依靠梁、柱受弯而形成的框架整体水平刚度和承载力较差，不适合高层建筑。为了使结构既具有足够的承载力和刚度，又具有充分的弹塑性滞回耗能能力，人们提出了框架-偏心支撑结构，良好的构造设计可以保证这种结构具有饱满、稳定的滞回环，如图 6-31（b）所示。

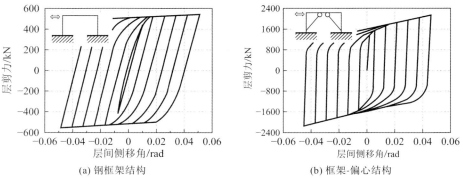

（a）钢框架结构　　　　　　　　　　（b）框架-偏心结构

图 6-31　两种结构体系的滞回性能

　　偏心支撑结构的特点是支撑斜杆至少有一端与横梁进行偏心连接，在横梁上形成偏心梁段（也称消能梁段、耗能梁段）。图 6-32 给出了常用的偏心支撑结构。

　　框架-偏心支撑结构的工作原理如下：

　　① 结构在弹性工作阶段，所有构件均不能屈服或屈曲，此时偏心支撑与中心支撑的性能类似。唯一的差距是偏心梁段在弯矩和剪力作用下将产生自身的弯、剪变形，会对结构整体水平刚度有一定削弱（与中心支撑相比），但通常的偏心梁段长度 e 需经过严格设计，数值不是很大，对整体结构的刚度削弱有限。

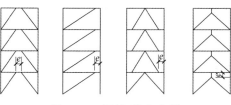

图 6-32　框架-偏心支撑

　　② 结构在弹塑性工作阶段，通过合理的设计使除偏心梁段之外的梁、柱和支撑都处于弹性及不屈曲状态，或使它们尽可能少、也尽可能晚地发展塑性，使得只有偏心梁段在弯矩、剪力，甚至轴力共同作用下进入塑性并耗能。此时偏心梁段成为消能梁段，形成与框架结构类似的梁塑性屈服耗能机制，如图 6-33 所示。

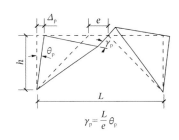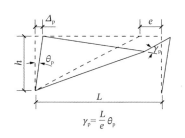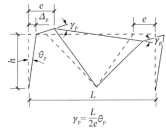

$$\gamma_\mathrm{p}=\frac{L}{e}\theta_\mathrm{p} \qquad \gamma_\mathrm{p}=\frac{L}{e}\theta_\mathrm{p} \qquad \gamma_\mathrm{p}=\frac{L}{2e}\theta_\mathrm{p}$$

图 6-33　消能梁段的塑性转动

L—跨度；h—层高；Δ_p—塑性层间位移；$\theta_\mathrm{p}=\Delta_\mathrm{p}/h$—塑性层间位移角；$\gamma_\mathrm{p}$—消能梁端随性转角，rad

　　可见，偏心支撑结构中的消能梁段起到了类似"保险丝"的作用，它是在弹塑性阶段结构中最弱的构件，原则上结构的塑性耗能都发生在消能梁段上，屈服机制明确、可控。消能梁段的屈服限制了与之相连的支撑、柱和其他梁的内力发展，从而防止这些构件过早地发生失稳或屈服。因此，框架-偏心支撑结构在设计时应注意以下问题：

　　① 小震弹性设计时，消能梁段的受剪承载力应取腹板屈服时的剪力和消能梁段两端形成塑性铰时对应的剪力中两者的较小值，当消能梁段的轴力较大时，计算受剪承载力时应计入轴力的影响；消能梁段的受弯承载力验算时也应考虑弯矩与轴力的共同作用。

　　② 应加强与消能梁段相连的其他构件，包括支撑、柱和非消能梁段，以确保在消能梁段屈服之前，其他与之相连的构件不屈服和不屈曲。

　　③ 消能梁段的长度直接影响其塑性变形能力和耗能能力，如果消能梁段的长度 $e \leqslant 1.6M_\mathrm{p}/V_\mathrm{p}$（$M_\mathrm{p}$ 为消能梁段的塑性铰弯矩，V_p 为消能梁段的屈服剪力），则主要发生剪切屈服，此时消能梁段的塑性变形能力最强，允许的消能梁段塑性转角 γ_p（图 6-33）可以达到 0.08rad；如果消能梁段的长度 $e \geqslant 2.6M_\mathrm{p}/V_\mathrm{p}$，则主要发生弯曲屈服，此时消能梁段的塑性变形能力最差，允许的消能梁段塑性转角 γ_p 只有 0.02rad；如果消能梁段长度 e 在上述两者之间，则可能同时出现剪切屈服和弯曲屈服，消能梁段的塑性变形能力也介于上述两者之间，允许的消能梁段塑性转角 γ_p 可以在 0.08rad 和 0.02rad 之间线性插值。因此，从提高耗能能力的角度看，消能梁段宜设计成剪切屈服型。但考虑到实际工程中支撑布置和使用功能要求，只要控制好可能出现

的最大塑性转角，也是允许设计成弯曲屈服型的。

a. 消能梁段的面外支撑。为防止消能梁段在塑性转动过程中出现面外弯曲或扭转变形，需要在消能梁段的两端设置垂直于框架平面方向的面外支撑。一般来说，多高层建筑钢结构中采用组合楼板并与钢梁有可靠连接时，楼板可以视为消能梁段上翼缘的面外支撑。但楼板对下翼缘不起作用，在消能梁段下翼缘的面外应设置隅撑或其他如次梁等有效支撑方式。要求侧向支撑承载力设计值不应小于消能梁段翼缘轴向屈服承载力的 6%。如果横梁（包括消能梁段）为箱形截面时，除了截面高宽比非常大的特殊箱形梁，一般其面外抗弯能力和抗扭能力都很大，可以不设面外支撑。

b. 为使消能梁段在反复荷载作用下具有良好的滞回性能，需采取合适的构造并加强对腹板的约束，如图 6-34 所示。

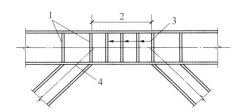

图 6-34　消能梁段腹板加劲肋设置

1—双面全高加劲肋；2—消能梁段上、下翼缘均设侧向支撑；
3—腹板高大于 640mm 时设双面中间加劲肋；4—支撑中心线与消能梁段中心线宜相交于消能梁段内

在消能梁段与支撑斜杆连接处，需双面设置与腹板等高的加劲肋，以传递梁段的剪力并防止梁腹板屈曲。消能梁段腹板的中间加劲肋，需按梁段的长度区别对待，较短的剪切屈服型所需的加劲肋间距小一些；较长的弯曲屈服型需在距端部 1.5 倍翼缘宽度处设置加劲肋；中等长度时需同时满足剪切屈服型和弯曲屈服型的要求。

由于偏心支撑具有优异的耗能能力，国内外许多科研学者对其抗震性能进行了广泛研究，并开展了大量的试验和数值模拟分析。

2010 年 Berman 等发现与柱相连的耗能梁段在小位移下就易发生破坏，破坏形式主要表现为耗能梁段的上下翼缘与柱腹板连接处焊缝脆性断裂，由此 Berman 提出了缩小耗能梁段截面尺寸，增强连接延性的观点。Berman 简介了此类耗能梁段的设计流程与设计要点，并对不同截面尺寸的缩小耗能梁段进行有限元数值模拟，计算结果表明：耗能梁段缩小截面尺寸后翼缘处的塑性应变减小，进而减弱了翼缘处不利的弯曲变形，改善了连接处的破坏形式。

2014 年 Stephens 和 Dusicka 将耗能梁段的腹板由单一板件改为由两片钢板组成，以改善梁段的滞回性能。试验结果表明：双腹板不仅提高了梁段的屈服承载力，还显著增强了其极限塑性承载力，但耗能梁段仍不能达到全截面塑性剪切承载力。尽管腹板的平面外刚度提高了，但梁段的破坏模式仍表现为因往复变形而产生的平面外屈曲，并且局部区域的腹板发生撕裂。

2009 年于安林、赵宝成等对 2 个一榀 1：3 缩尺的 Y 形偏心支撑进行低周反复荷载试验。试验结果表明：试件的荷载位移滞回曲线呈梭形，相对较为饱满。结构最终在耗能梁段形成塑性铰，柱脚翼缘屈服，翼缘焊缝发生破坏，所以需要格外注意节点的连接质量。

2013 年李峰、许军等针对偏心支撑结构中耗能梁段过大的塑性变形会引起楼板严重破坏从而修复难度较大的问题，在混凝土剪力墙中引入钢板，利用钢板的剪切耗能改善混凝土剪力墙以及结构的受力性能，通过数值分析得到的荷载位移滞回曲线相对较为饱满，但未进行试验研究，今后需做进一步的研究分析。

尽管国内外学者针对偏心支撑结构的抗震性能开展了大量的研究和改进措施，例如通过优化耗能梁段的截面、引入双腹板设计以及结合混凝土剪力墙等方法来提升结构的耗能能力和滞回性能，但仍然存在一些问题亟待解决，如耗能梁段的局部屈曲、节点连接的可靠性以及塑性变形引发的结构修复难度较大等。未来的研究可以进一步结合试验验证与数值模拟，探索更优的设计方案和构造措施，以全面提升偏心支撑结构的抗震性能并降低地震后修复成本。

6.4.4　钢框架-支撑体系的构造要求

6.4.4.1　中心支撑与钢框架连接

中心支撑可与钢框架直接焊接连接。但在工地焊接较困难且质量易受影响，也会影响施工速度。因此，为了安装方便，常将支撑两端在工厂与框架构件焊接在一起，支撑中部在工地拼接，形成装配式支撑体系，如图 6-35 所示。

(a) 支撑两端通过螺栓和节点板连接　　(b) 支撑两端在工厂与框架焊接在一起

图 6-35　支撑两端与钢框架的连接构造

① 中心支撑与框架连接和支撑拼接的设计承载力应符合下列规定：

a. 抗震设计时，支撑在框架连接处和拼接处的受拉承载力应满足下式要求

$$N_{ubr}^j = \alpha A_{br} f_y$$

式中　N_{ubr}^j——支撑连接的极限受拉承载力，N；

　　　A_{br}——支撑斜杆的截面面积，mm^2；

　　　f_y——支撑斜杆钢材的屈服强度，N/mm^2；

　　　α——连接系数，按表 6-2 取值。

b. 中心支撑的重心线应通过梁与柱轴线的交点，当受条件限制有不大于支撑杆件宽度的偏心时，节点设计应计入偏心造成的附加弯矩的影响。

表 6-2　钢结构连接的连接系数 α

母材牌号	梁柱连接		支撑连接、构件连接		柱脚	
	母材破坏	高强度螺栓破坏	母材或连接板破坏	高强度螺栓破坏		
Q235	1.40	1.45	1.25	1.30	埋入式	1.2（1.0）
Q345	1.35	1.40	1.20	1.25	外包式	1.2（1.0）
Q345GJ	1.25	1.30	1.10	1.15	外露式	1.0

②当支撑翼缘朝向框架平面外，且采用支托式连接时，如图6-36（a）和（b）所示，其平面外计算长度可取轴线长度的0.7倍；当支撑腹板位于框架平面内时，如图6-36（c）和（d）所示，其平面外计算长度可取轴线长度的0.9倍。中心支撑的截面宜采用轧制宽翼缘H型钢。需注意的是，H形截面支撑腹板位于框架平面内时，支撑平面外的计算长度是根据主梁上翼缘有混凝土楼板、下翼缘有隅撑及楼层高度等情况提出来的。因此，设计时应根据支撑周围的实际构造情况来判断是否满足此计算长度的取值条件。

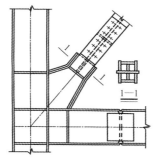
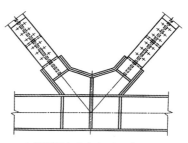

(a) 支撑翼缘朝向框架平面外连接于梁柱节点　　　(b) 支撑翼缘朝向框架平面外连于钢梁

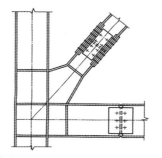
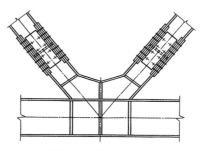

(c) 支撑腹板在框架平面内连于梁柱节点　　　(d) 支撑腹板在框架平面内连于钢梁

图6-36　支撑与框架的支托式连接

③中心支撑与梁柱连接处的构造应符合下列规定：

a.柱和梁在与H形截面支撑翼缘的连接处，应设置加劲肋，如图6-36所示。加劲肋应按支撑翼缘分担的轴心力对柱或梁的水平或竖向分力计算。H形截面支撑翼缘与箱形柱连接时，在柱壁板的相应位置应设置隔板。H形截面支撑翼缘端部与框架构件连接处，宜做成圆弧。支撑通过节点板连接时，节点板边缘与支撑轴线的夹角不应小于30°。

b.抗震设计时，支撑宜采用H型钢制作，在构造上两端应刚接。当采用焊接组合截面时，其翼缘和腹板应采用坡口全熔透焊缝连接。

c.当支撑为杆件填板连接的组合截面时，可采用节点板进行连接，如图6-37所示。相关试验表明，当支撑杆件发生平面外失稳时，将带动两端节点板出现平面外弯曲。为了不在单壁节点板内发生节点板的平面外失稳，又能使节点板产生非约束的平面外塑性转动，在支撑端部与节点板约束点连线之间应留有2倍于节点板厚度t的间隙。节点板约束点连线应与支撑杆轴线垂直，以免支撑受扭。

根据美国UBC规范规定，当支撑在节点板平面内屈曲时，支撑连接的设计承载力不应小于支撑截面承载力，以确保塑性铰出现在支撑上而不是节点板上。当支撑可能在节点板平面外屈曲时，节点板应按支撑不致屈曲的受压承载力设计。

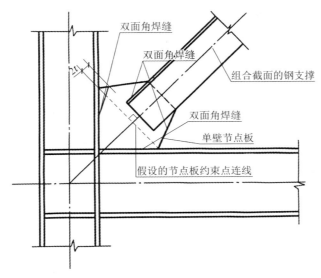

图 6-37　组合支撑杆件端部与单壁节点板的连接

6.4.4.2　偏心支撑框架构造要求

① 消能梁段及与消能梁段同一跨内的非消能梁段，其板件的宽厚比不应大于表 6-3 规定的限值。为了保证钢梁塑性转动时不致整体失稳，当梁上翼缘与楼板固定但不能表明其下翼缘侧向固定时，仍需设置侧向支撑。

② 偏心支撑框架支撑杆件的长细比不应大于 $120\sqrt{235/f_y}$，支撑杆件的板件宽厚比不应大于现行国家标准《钢结构设计标准》（GB 50017—2017）规定的轴心受压构件在弹性设计时的宽厚比限值。

③ 支撑斜杆轴力的水平分量成为消能梁段的轴向力，当此轴向力较大时，除降低此梁段的受剪承载力外，还需减少该梁段的长度，以保证消能梁段具有良好的滞回性能。

④ 由于消能梁段的腹板上贴焊的补强板不能进入弹塑性变形，腹板上开洞也会影响其弹塑性变形能力。因此，消能梁段的腹板不得贴焊补强板，也不得开洞。

⑤ 为使消能梁段在反复荷载作用下具有良好的滞回性能，需采取合适的构造并加强对腹板的约束。特别是，消能梁段腹板的中间加劲肋，需按梁段的长度区别对待，较短时为剪切屈服型，加劲肋间距小些；较长时为弯曲屈服型，需在距端部 1.5 倍的翼缘宽度处设置加劲肋；中等长度时需同时满足剪切屈服型和弯曲屈服型要求。消能梁段一般应设计成剪切屈服型。

表 6-3　偏心支撑框架梁的板件宽厚比限值

板件名称		宽厚比限值
翼缘外伸部分		8
腹板	当 $N/(Af) \leqslant 0.14$ 时	$90[1-1.65N/(Af)]$
	当 $N/(Af) > 0.14$ 时	$33[2.3-N/(Af)]$

消能梁段的腹板应按表 6-4 和下列规定设置加劲肋（图 6-38）。

第 6 章

表 6-4 消能梁段中间加劲肋的配置要求

情况	消能梁段的净长度 a	加劲肋最大间距	附加要求
一	$a \leqslant 1.6\dfrac{M_{lp}}{V_1}$	$30t_w - 0.2h$	—
二	$1.6\dfrac{M_{lp}}{V_1} < a \leqslant 2.6\dfrac{M_{lp}}{V_1}$	取情况一和三的线性插值	距消能两段各$1.5b_f$处设置加劲肋
三	$2.6\dfrac{M_{lp}}{V_1} < a \leqslant 5\dfrac{M_{lp}}{V_1}$	$52t_w - 0.2h$	同上
四	$a > 5\dfrac{M_{lp}}{V_1}$	可不配置中间加劲肋	—

注：V_1—消能梁端的受剪承载力；M_{lp}—消能梁端的全塑性受弯承载力；t_w—消能梁端的腹板厚度；h—消能梁端的截面高度；b_f—消能梁端的翼缘宽度。

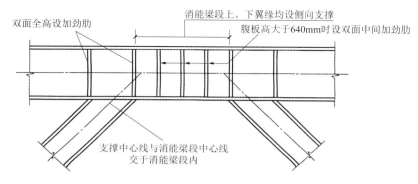

图 6-38 消能梁段的腹板加劲肋设置

① 消能梁段与支撑斜杆连接处，为传递梁段的剪力并防止梁腹板屈曲，应在其腹板两侧设置加劲肋，加劲肋的高度应为梁腹板高度，一侧的加劲肋宽度不应小于$b_f/2 - t_w$（b_f为翼缘宽度，t_w为腹板厚度），厚度不应小于 $0.75t_w$ 和 10mm 的较大值。

② 中间加劲肋应与消能梁段的腹板等高，当消能梁段截面的腹板高度不大于 640mm 时，可设置单侧加劲肋；当消能梁段截面腹板高度大于 640mm 时，应在两侧设置加劲肋，一侧加劲肋的宽度不应小于$b_f/2 - t_w$，厚度不应小于t_w和 10mm 的较大值。

③ 加劲肋与消能梁段的腹板和翼缘之间可采用角焊缝连接，连接腹板的角焊缝的受拉承载力不应小于fA_{st}，连接翼缘角焊缝的受拉承载力不应小于$A_{st}/4$。其中f为焊缝金属的设计抗拉强度，A_{st}为加劲肋的横截面面积。

第 7 章
钢结构疲劳

7.1 钢结构疲劳问题

7.1.1 钢结构疲劳问题的背景

随着我国经济的快速发展，基础设施和工业化进程不断加快，钢结构在建筑、桥梁、船舶、机械制造等领域的应用越来越广泛。由于钢结构具有轻质、高强度、良好的塑性和韧性等优点，使其成为许多工程结构的理想选择。然而，在长期的使用过程中，钢结构会承受复杂的荷载作用，如循环荷载、冲击荷载等，这些荷载会导致结构出现疲劳现象。

疲劳破坏是结构构件在往复荷载作用下的主要破坏模式，发生破坏时应力有时远小于静力强度。疲劳破坏进程缓慢但发生突然，其实质是一个损伤积累的过程，从微观角度看，疲劳损伤积累演化的过程是物质原子在不断的运动过程中偏离平衡位置的结果。工业厂房中承受往复吊车荷载的吊车梁和铁路公路承受车辆动荷载的钢结构桥梁等经常发生疲劳破坏。根据相关统计，在钢结构的疲劳破坏中，破坏主要发生在焊接连接处，其主要原因是焊接处不可避免地存在初始缺陷和残余应力，给疲劳裂缝的产生和扩展提供了条件。在工业钢结构厂房中，由于生产需要，部分企业的厂房使用环境恶劣及超负荷工作，厂房结构构件破坏时有发生：承受天车荷载的厂房钢结构吊车梁出现疲劳开裂或失效的概率较高，尤其是重级工作制吊车厂房，直接承受吊车荷载的钢结构吊车梁系统更是"重灾区"；对于间接受到天车荷载作用、理论上不出现拉应力的结构，一般不考虑疲劳问题，但实际情况表明单层工业厂房的吊车肢柱头也会出现疲劳开裂。这些吊车梁和厂房柱的疲劳开裂破坏，直接影响厂房结构的安全和厂方生产任务的完成。

同时，对钢结构桥梁来说，钢桥虽具有自重轻、跨径大等优点，但是由于长期承受汽车或列车动荷载作用，也可能发生由疲劳裂纹导致的事故。1938—1940 年期间欧洲共有 40 座钢桥倒塌，1967 年 12 月美国西弗吉尼亚波因特普莱森特（Point Pleasant，West Virginia）的银（silver）桥、1975 年日本的富士川大桥以及 1994 年韩国的圣水大桥都曾发生过由疲劳断裂产生的大型钢桥倒塌事故，2007 年位于美国密西西比河（Mississippi River）上的一座名叫 I-35W 的上承式钢桁架拱组合梁桥瞬间倒塌，其倒塌的主要原因正是疲劳腐蚀。除此类大型倒塌事故外，还有一些由疲劳裂纹引发的部分构件的突然破坏，如 2000 年美国威斯康星（Wisconsin）的 Hoan 桥的引桥有 2 根钢梁发生断裂。图 7-1 所示为桥梁在检测时发现的疲劳裂纹。此外，随着正交异性钢桥面板在新建桥梁工程和旧桥加固工程中的兴起，桥梁工程师发现这一结构体系普遍存在不同程度的疲劳裂纹，严重者甚至影响正常使用。

图 7-1　桥梁疲劳裂纹

7.1.2　钢结构疲劳研究的现状与发展趋势

钢结构疲劳问题普遍存在，其破坏的突发性对钢结构安全构成严重威胁。为此，国内外众多学者对此展开了深入研究。

7.1.2.1　国外疲劳问题研究现状

19 世纪伴随着工业革命的进行，机械装备得到广泛应用，但结构部件经常在低于材料的强度极限或屈服极限时就产生疲劳破坏，这一点吸引了研究人员及工程师对结构疲劳进行研究。1829 年，德国矿业工程师 Albert 开展了世界上第一个疲劳研究，他通过对铁矿山升降机链条进行反复加载试验，校验了链条的可靠性，并编写了第一份疲劳研究报告。"疲劳"这一术语是由法国工程师 Poncele 于 1839 年在巴黎大学讲课时首先使用的，以此描述材料在循环荷载作用下由于承载能力减弱以致最终突然断裂的现象。1843 年，英国铁路工程师 Rankine 对不同疲劳断裂的特征有了初步的认识，他注意到机器部件存在着应力集中的危险。1852—1869 年，Wöhler 对疲劳破坏进行了系统的研究，他发现钢制车轴在循环荷载的作用下，其强度大大低于它们在静载作用下的强度，进而提出了利用 S-N 曲线来描述疲劳的方法以及疲劳"耐久极限"的概念。1874 年，德国工程师 Gerber 研究了疲劳设计方法，提出了考虑平均应力影响的疲劳寿命计算方法，后来 Goodman 也提出了考虑平均应力的简单理论，他们的成果在疲劳发展历史上都起到过重要作用。1886 年，Bauschinger 在验证 Wöhler 的疲劳试验时，发现了"循环软化"的现象，提出了应力-应变迟滞回曲线的概念。Keuyon 在做铜棒的疲劳试验时重新提出这一概念，并将其命名为包辛格效应。1910 年，Bairstow 进行了多级循环试验并测量了滞后回线，得到了一系列形变滞后相关的研究成果，并指出了形变滞后与疲劳破坏的关系。1920 年，Griffith 发表了他对脆性断裂理论的相关计算和试验结果，这些计算成果已成为现代断裂力学的基础。1924 年，Gough 及其同事出版了《金属的疲劳》一书，这是第一本系统研究疲劳的专著。1930 年，Haigh 利用缺口应变和残余应力的概念，合理地解释了高强度钢和低强度钢缺口试件疲劳性能的不同。1937 年 Neuber 指出缺口根部区域内的平均应力比峰值应力更能代表结构所承受荷载的严重程度。1945 年，Miner 提出了疲劳线性累积损伤理论，尽管该理论存在一些不足，但至今仍然是疲劳寿命评估的主要方法之一。20 世纪 50 年代以来，闭环电液伺服疲劳试验机得到了广泛应用，研究人员可以更好地模拟试件、构件或结构的实际承载历程，使疲劳研究有了很大的进展。1957 年，应力强度因子的概念由 Irwin 提出，Irwin 为线弹性断裂力学及预测疲劳裂纹的扩展寿命奠定了理论基础。1962 年 Manson 和 Coffin 分别提出了塑性应变幅和疲劳寿命之间的经验关系，即 Manson-Coffin 公式，这一公式已成为现代缺口应变疲劳分析的理论基础。1963 年，Paris 以断裂力学为基础，提出了 Paris 公式，这一公式表明疲劳裂纹扩展速率更适合由应力强度因子幅度来描述。1971 年 Elber 通过对疲劳寿命试验的研究，发现疲劳裂纹扩展速率受应力强度因子范围有效值的影响很大。20 世纪 70 年代 Wirsching 等承担了美国石油学会委托的"基于概率的海洋结构疲劳设计准则"课题，并在 1983 年发表的文章中给出了基于 S-N 曲线疲劳损伤分析的疲劳可靠性分析模型。2000 年 Pavlou 提出了运用线弹性断裂力学来预测钢结构吊车梁的疲劳寿命。欧洲规范 EN 1993-1-9：2005E 总结了 2005 年以前的相关研究，给出焊趾处母材疲劳强度的不同计算方法；2006 年 Dong P 提出了 verity 焊接结构疲劳强度分析方法，由于其先进性，该方法于 2007 年编入 AMSE 标准。2007 年 Yuena 用中子衍射的方法观测了残余应力，并运用格林公式计算了钢结构吊车梁的残余应力，在此基础上预测了钢结构吊车梁的疲劳寿命。

造成金属结构断裂事故的原因很多，有过载、低温脆性、氢脆、应力腐蚀和疲劳等，但从工程实践看，绝大多数的开裂或断裂与金属疲劳有关。断裂力学研究表明，疲劳破坏是疲劳裂缝萌生、发展、最后断裂的过程。目前工程上应用较为广泛的三种疲劳评估方法：*S-N*曲线法、断裂力学分析法、损伤力学法。

7.1.2.2　国内疲劳问题研究现状

我国早期的疲劳研究主要集中在机械、航空、铁路等领域，土木工程中的疲劳问题主要集中在桥梁上。我国钢结构建筑主要是工业建筑物或构筑物，钢结构民用建筑在最近十几年内才逐渐兴起，所以我国钢结构疲劳测试评估技术的研究主要针对工业建筑，很多的疲劳理论借鉴了机械工程领域和航空工程领域的研究。我国较早的钢结构工业建筑主要是单层工业厂房，其主要受力结构是厂房柱、屋架和吊车梁等，构件之间的连接主要有焊接和铆接两种形式。在重级工作制天车作用下，疲劳问题比较突出的是钢吊车梁及其附属结构，如辅助桁架等的节点连接；设有悬挂吊车厂房的钢屋架也可能出现疲劳破坏。

1949 年至 1960 年，我国借鉴了苏联的大量工程设计经验和设计规范，工程钢结构疲劳的研究也以此为基础起步；1956 年全国铁道科学工作会议出版了论文集，其中汇集了《车轴的疲劳问题》（章华武、尹令昭、吴金一）、《金属的疲劳问题》（曾训一、章华武）和《矽锰弹簧钢的疲劳性能》（郑洋）等关于疲劳问题的学术报告，是我国较早关于钢结构疲劳的文献；我国开展工业建筑钢结构疲劳研究比较突出的是原冶金工业部建筑研究总院（现名中冶建筑研究总院有限公司），其改革开放前的主要研究内容是钢结构吊车梁尤其是冶金企业重级工作制天车作用下的吊车梁，研究成果汇集于 1982—1986 年间编著的《冶金厂房吊车梁疲劳破坏的调查报告》《焊接吊车梁疲劳裂缝产生的原因与修复的方法》《钢吊车梁腹板受压区抗疲劳问题》《冶金工厂部分重级工作制吊车梁应力测定及结构使用情况调查总结》《工业建筑钢结构事故分析、加固与改建》（一）～（四）等文献中，俞国音、冯玉珠、何文汇、缪兆杰等做出了重要的贡献。

20 世纪 80 年代后期至今，随着我国的经济发展，我国一些学者在钢结构疲劳领域有了更深入的研究。刘昌杞等总结了钢结构焊接吊车梁疲劳裂缝的发展形态，分析了其影响因素；冯秀娟等在对焊接工字形吊车梁疲劳破坏原因分析的基础上，提出了防止疲劳破坏的建议及措施；童根树、陈绍蕃等研究了天车的动力系数取值、吊车梁安定性、钢材稳定性等涉及塑性设计的问题；郑廷银通过对 3 种不同支座形式钢吊车梁有限元法计算，分析了其应力、变形等参数，确定了应力分布规律、疲劳裂缝敏感区、疲劳裂缝首发点等，给出了 3 类变截面吊车梁支座的适用条件；马永欣、董振平在调查分析的基础上，提出大吨位重级工作制工字形截面钢吊车梁在荷载取值和截面设计方面的设想和需要注意的问题；王文涛、俞国音基于对某均热炉车间 15m 跨桁架式钢吊车梁的数次检测评定，分析了制动系统刚度对吊车梁疲劳性能的影响；邵立平通过对在役焊接钢吊车梁疲劳损伤开展调查研究，提出了一种钢吊车梁的疲劳损伤评估模型，探讨了损伤度与可靠度的关系；常好诵、杨建平等分析了两个车间钢吊车梁开裂的工程实例，对其设计、施工及日常使用维护提出了建议；惠云玲、董桂波等对某炼钢厂主厂房吊车梁群体疲劳寿命进行了评估；覃丽坤、宋玉普等通过对吊车梁进行实时监测，绘制了大量吊车梁在使用期间的应变时程曲线和挠度时程曲线，并进行了模态参数的识别，为进一步研究吊车梁的振动及疲劳特性、编制吊车梁荷载谱以及对吊车梁的安全检测提供了依据；幸坤涛、岳清瑞等建立了钢结构吊车梁疲劳动态可靠度分析模型，提出了对吊车荷载效应与构件疲劳强度进行统计分析的方法；解耀魁针对《钢结构设计规范》中没有支座直角突变式吊车梁疲劳连接类别的不足，近似推断出直角突变式吊车梁在规范中的连接类别以及相应的疲劳容许应力幅；阎石、韩杨等利用 CFRP 加固的方法提高吊车钢梁的抗疲劳性能，通过测试确定了 S-N 曲线并估算了吊车梁的疲劳寿命；曹新明、俞国音探讨了影响栓接接头疲劳强度的有关因素；何波通过焊接接头试验，研究了裂缝扩展速率及其影响因素；杨建平、常好诵等通过实际测试和有限元计算，分析了间接承受吊车荷载的厂房钢柱产生疲劳破坏的原因，提出了加固处理方法和设计措施；徐永春通过模拟接头在循环荷载作用下裂缝的扩展过程，分析了不同质量等级焊缝缺陷对焊接接头强度和运行寿命的影响，提出了循环荷载作用下对接接头焊接缺陷的控制建议值；张耀春、连尉安等根据试验数据提出了估算支撑构件疲劳寿命和循环耗能能力的经验公式，统计分析表明：裂缝萌生疲劳寿命与弹塑性局部屈曲密切相关；钟安、魏巍等通过对 16Mn 钢筋拉伸试件的变幅加载疲劳裂缝扩展试验，研究了次高荷载对裂缝扩展的影响；郑云、叶列平等提出了 CFRP 加固含疲劳裂缝钢板可显著提高其疲劳寿命，根据有限元计算结果归纳得出了应力强度因子幅的经验计算公式，并可用于计算 CFRP 加固含疲劳裂缝钢板；苏彦江、王光钦等研究了随机应力谱下构件疲劳可靠性分析的 Miner 准则—寿命分布函数法；李兆霞、郭力等提出了焊接结构疲劳演化的过程；周太全、华渊采用损伤力学-有限元法评估钢结构桥梁焊接构件的疲劳寿命，并结合青马大桥在 Abaqus 软件中进行了数值计算模拟；郭春红、弓俊青等对钢吊车梁结构疲劳寿命评估理论方法进行了比较；周张义、李蒂等对等效结构应力理论进行了详细的介绍；李向伟、兆文忠对 Verity 焊接结构疲劳强度分析方法进行了验证，并与其他用于焊接结构的应力计算方法进行了对比。

到目前为止，虽然我国科研工作者和工程技术人员针对钢结构疲劳开展了大量的理论和试验研究工作，从实用的角度考虑，基本可以满足结构设计的要求，但目前的研究水平和实用的技术水平依旧无法保证钢结构构件在全寿命周期内的疲劳可靠度，以我国钢结构设计核心规范《钢结构设计标准》为例，其在 1974—2017 年间历经四次修订，但关于疲劳设计的条文及计算原理始终未发生实质性变革。

7.1.2.3　疲劳寿命评估方法研究现状

目前，主要有两类针对钢结构吊车梁疲劳寿命的评估方法，分别是断裂力学分析方法和名义应力分析方法，其中名义应力分析方法又分为 S-N 曲线法和细节疲劳额定值法。

（1）断裂力学分析方法

断裂力学分析方法是基于对疲劳断裂机理的认识，认为任何材料或构件都是有初始缺陷的，疲劳破坏是疲劳裂纹发展的结果，材料的品质、力学特征参数及环境条件等是影响疲劳结果的主要因素。用该方法计算疲劳寿命时，首先需要使用无损检测，检测出初始裂纹尺寸、方向等，再通过疲劳断裂判定临界裂纹尺寸，然后结合裂纹扩展速率公式评估结构的疲劳寿命，其中疲劳裂纹扩展速率公式最常采用 Paris 公式。断裂力学分析方法的优点是明确了疲劳破坏的物理概念，形象地描述了疲劳裂纹发展至疲劳破坏的过程，评估结果较为准确。该方法的缺点是使用时有一定的局限性，因为需要准确获得已有裂纹的尺寸、方向等，而实际疲劳裂纹的位置及尺寸很难确定，特别是在应力复杂的焊缝区域，所以，该方法不太适合在役钢结构吊车梁的剩余疲劳寿命评估。

（2）S-N 曲线法

S-N 曲线法是我国《钢结构设计标准》（GB 50017—2017）规定的钢结构疲劳计算方法，在对钢结构吊车梁的疲劳寿命进行评估时以名义应力为控制参数，根据结构构件所在位置、连接方式等划分为 8 种不同类别，并给出了 8 种类别对应的 *S-N* 曲线。通过对实际应变时程的数据提取，得到等效的常幅应力幅，然后根据构件对应的 *S-N* 曲线评估结构构件的疲劳寿命。*S-N* 曲线法的优点是使用起来简单方便，对结构构件的连接类型等有明确具体的定义，提供了统一、直观的规范标准，并且在工程上得到了大量的应用。*S-N* 曲线法的不足是将构件的 *S-N* 曲线简化为一条斜率不变的直线，与钢结构材料的实际情况不太相符，并且没有考虑应力比对 *S-N* 曲线的影响，最终使得疲劳寿命评估结果与实际情况相差较大。

（3）细节疲劳额定值法

细节疲劳额定值法（detail fatigue rating，DFR）先前主要在航空领域结构疲劳寿命评估中使用，是 20 世纪 80 年代波音飞机公司针对飞机的使用特点提出的一种快速工程化的应力疲劳分析方法。后来 DFR 法也应用到了磁悬浮列车的疲劳寿命评估中，实践证明，应用该方法进行结构疲劳寿命评估是可行的、可靠的。DFR 法是在总结结构细节疲劳特性的基础上形成的一种以名义应力为参量的疲劳寿命评估方法。该方法以结构的细节疲劳强度额定值（DFR 值）作为疲劳性能参数，来评估结构的疲劳寿命。飞机结构的 DFR 值是指在应力比 $R = 0.06$，置信度为 95%，可靠度为 95% 的要求下，结构能承受 105 次循环所对应的最大名义应力值。DFR 值是结构细节固有的疲劳性能品质。DFR 值上限为细节疲劳强度截止值 DFR_{cutoff}，是基本结构的设计限值，反映了应力集中系数较小的不带孔的细节部位的疲劳强度。DFR 的下限为结构允许使用的最小 DFR 值 DFR_0，它给定了结构允许使用的最小 DFR 值，是潜在的疲劳源。结构的 DFR 值是结构细节本身固有的疲劳性能特征值，是度量构件质量和耐重复荷载能力的参量，与结构所采用的材料、结构形式、荷载形式有关，与所加荷载的大小无关。

我国航空领域的专家们也对 DFR 法做了大量的理论及试验研究。在理论方面，有学者对 DFR 做了更一般的定义，提出了细节疲劳特征强度（DFRS）的概念，DFRS 对应力比 R 和结构所承受的循环次数 N_0 做了更一般的定义。刘文斑等针对军用飞机结构，定义了应力比 $R = 0.1$，寿命具有对数正态分布的 90% 置信度和 99.9% 可靠度，能够达到 5×10^4 次循环的军用飞机 DFR 值。考虑到飞机地面停放及飞行中复杂的大气环境，学者们开始建立腐蚀环境下疲劳分析的 DFR 法。在试验方面，针对国产材料及我国加工工艺水平的提高，完成了大量的 DFR 试验，因此 DFR 数据不断完善。DFR 法的应用领域正在逐渐地扩大。袁伟成功将 DFR 法应用于低速磁悬浮列车走行机构主要构件的细节疲劳分析。陈先民等针对不同工程结构的疲劳特性分别建立了 DFR 表达式，提高了对结构不同疲劳安全性设计要求的适用性，实现了其在结构低周和超高周疲劳分析中的应用。田本鉴提出了广义细节疲劳额定值概念，发展了基于广义 DFR 概念的连接件疲劳寿命估算方法。细节疲劳额定值法的优点是计算过程简单，有明确的力学概念，评估结果较为准确。该方法由于其完整的解析表达式和雄厚的试验基础，而简单实用，在飞机结构疲劳设计中得到广泛的认可与应用。该方法引入了体现结构部位固有疲劳品质的细节疲劳额定值（DFR），并通过等寿命曲线对应力比的考虑，提高了寿命评估结果的准确性。另外 DFR 法也引用了线性累积损伤理论，更加适合在役钢结构吊车梁承受随机荷载作用的特点。细节疲劳额定值法的不足是针对钢结构吊车梁的一些具体参数还需要修正，所需要的结构实测数据测试难度略大。

7.2　钢结构疲劳基本理论

钢结构在机械装备中的使用体量巨大，作为机械装备的基础组成结构和受力结构，钢结构的安全性将直接关乎整机能否平稳运行。通常机械装备在工作状态下承受交变荷载而并非静荷载，其寿命取决于关键钢结构件寿命的长短。钢结构断裂疲劳研究的初衷就是找到其疲劳破坏的原因并估算其疲劳寿命。钢结构寿命的长短与裂纹扩展速率息息相关，因此研究钢结构断裂疲劳寿命要着重分析疲劳裂纹扩展规律。疲劳是一个大系统，不论进行疲劳哪方面的研究都需要一定的疲劳基础理论知识储备。

需要归纳总结疲劳基础理论的原因如下：一是各疲劳力学模型分析的侧重点不同，但均是在疲劳基础理论上研究得来。所以分析任何疲劳问题都不能脱离疲劳基础理论，需在其基础上来研究各种疲劳力学模型的不同之处及适用范围；二是影响疲劳断裂破坏的因素复杂多样，需归纳总结影响疲劳裂纹扩展及疲劳寿命的因素，分析不同影响因素对疲劳的作用效果，便于研究时排除次要影响因素，重点关注主要影响因素。

7.2.1　荷载谱获取及处理方法

对钢结构进行疲劳试验或寿命评估前，首要的是对荷载数据进行分析处理，提取出有效数据获得典型荷载谱。常用的荷载谱获取方法有测量试验法和计算机仿真法，测量试验法通过实测一定量的应力-时间历程后，进行统计分析处理获得典型荷载谱，获取的荷载谱直接、准确、可靠，但成本高、耗时、不易操作。计算机仿真法通过计算机模拟仿真获得典型荷载谱，该方法省时且容易操作，但获得的荷载谱可信度不高。王爱红等通过现场实测荷载数据同计算机仿真模拟有机结合的方法来获取荷载谱，提高了荷载谱的准确性，同时又降低了成本。

在工程实际中，钢结构所承受的荷载往往是复杂多变的，不同结构的疲劳荷载谱也各不相同。对钢结构进行疲劳分析或试验时，需通过合适的方法来获取其疲劳荷载谱，之后通过计数法或谱分析法等处理方法对获取的随机荷载谱进行处理，编排出变幅块谱，方便后续计算和试验加载。计数法中多采用雨流计数法。等幅疲劳荷载谱是最简单的荷载谱。

7.2.2　抗疲劳设计理论

随着钢结构朝轻量化方向发展，其出现疲劳破坏的概率也随之增加。经统计，实际工程中，疲劳破坏在总失效中的占比高达 50%～90%。为确保钢结构能够在服役期间安全可靠地运行，在设计阶段不仅要满足静强度的要求，还要保证其抗疲劳性能，这就需要进行必要的抗疲劳设计，防止出现疲劳破坏。

疲劳破坏是一个逐渐累积的过程，通常破坏前不会有明显的表象，具有很强的突发性，一旦发生疲劳破坏，危险性、破坏性极大，因此，在设计阶段对抗疲劳设计就需要有足够的重视。

常用的抗疲劳设计方法如下：

（1）无限寿命设计

最先应用于结构抗疲劳设计的是无限寿命设计方法。在结构无裂纹的情况下，设计时让其应力水平小于疲劳持久极限，则不会出现疲劳裂纹；在结构有裂纹的情况下，设计时让其应力强度因子幅小于材料裂纹扩展门槛值，即使存在裂纹也不会扩展。结构历经荷载循环次数大于 10^7 次，即可认为其寿命趋于无限。虽然该方法较简便，但设计出来的结构尺寸偏大，较为笨重。

（2）安全寿命设计

为弥补无限寿命设计的不足，在其基础上发展完善形成了安全寿命设计法。该方法适用于不需要经历很多荷载循环的结构，设计时只需满足其在一定寿命内不出现疲劳破坏即可，允许其工作应力超过疲劳极限，设计出的结构较无限寿命设计方法设计出来的结构要轻巧许多。本方法在材料 S-N 曲线和 Miner 累积损伤理论的基础上发展而来。目前，较多的钢结构按照本方法来进行设计。

（3）损伤容限设计

损伤容限设计是为了保证含裂纹构件在设计使用期限内能够正常使用而形成的设计方法，该方法认为构件中存在初始缺陷（裂纹），并从断裂力学和疲劳裂纹扩展的角度进行分析，确保在服役期间结构不会疲劳破坏。本方法的设计基础为断裂判据和裂纹扩展速率公式。本方法设计要求构件在下次检查前，裂纹不会扩展至疲劳破坏，以便安排设备检修及更换。

（4）耐久性设计

耐久性设计是在规定工作条件下，对钢结构疲劳断裂性能的一种定量评估，以控制经济寿命为最终目的。设计首先要确定疲劳破坏危险部位的初始裂纹情况，再结合结构材料、设计、制造水平等相关初始裂纹疲劳损伤情况后，用疲劳扩展机理来分析不同使用水平下的损伤情况，求出其最为经济的寿命，指导制订使用及维修方案。耐久性设计历经多年发展，已逐渐成为疲劳设计方法中一个重要的研究方向。

造成钢结构疲劳破坏的原因复杂多样，同其实际使用条件、环境等因素密切相关。综上所述，按照各抗疲劳设计方法设计出来的构件各有优缺点，在对钢结构进行疲劳设计时，需综合考虑其实际使用环境、情况等因素来采取不同的抗疲劳设计方法。

7.2.3　疲劳累积损伤理论

钢结构疲劳破坏实质上是材料损伤累积的过程，研究其疲劳寿命离不开疲劳累积损伤理论，可通过分析疲劳损伤及裂纹发展规律，来解决不同循环荷载作用下损伤值的累积计算问题。

根据结构疲劳累积损伤规律，可将疲劳累积损伤理论分为线性疲劳累积损伤理论、修正的线性疲劳累积损伤理论及非线性疲劳累积损伤理论。其适用情况不同，如表 7-1 所示。

表 7-1　疲劳累积损伤理论适用情况

疲劳累积损伤理论	适用情况
线性疲劳累积损伤理论	高周疲劳构件的寿命预测
修正的线性疲劳累积损伤理论	低周疲劳构件的寿命预测
非线性疲劳累积损伤理论	高于两级加载情况下的寿命预测

（1）线性疲劳累积损伤理论

在线性疲劳累积损伤理论中，应用最为普遍的是 Miner 线性累积损伤理论。构件在循环交变荷载作用下的疲劳损伤可按线性累加计算，其总损伤程度为各循环荷载下产生的疲劳损伤之和，当总损伤程度达到一定值时，结构就会发生疲劳破坏。Miner 累积损伤与其荷载的作用顺序无关。

Miner 线性累积损伤理论定义其损伤程度为

$$D = \sum_{1}^{k} D_i = \sum n_i / N_i (i = 1, 2, \cdots, k) \tag{7-1}$$

破坏准则为

$$D = \sum n_i/N_i = 1 \tag{7-2}$$

式中　D——结构的总损伤；

$\quad\quad D_i$——第 i 种荷载下的损伤；

$\quad\quad n_i$——第 i 种荷载下结构承受的循环次数；

$\quad\quad N_i$——第 i 种荷载下结构能承受的循环次数；

$\quad\quad k$——总共考虑的荷载种类数。

Miner 线性累积损伤理论也有其不足之处，计算疲劳总损伤程度时，并没有考虑荷载加载次序及荷载间相互关系。没有将低于疲劳极限值荷载对疲劳总损伤程度的影响考虑在内，认为其不会造成疲劳损伤。

（2）修正的线性疲劳损伤累积理论

为弥补 Miner 线性累积损伤理论的不足之处，学者们曾尝试对线性疲劳损伤理论进行有益的修正。其中最成功要数 Grove 和 Manson 共同提出的 Manson 两阶段模型（双线性疲劳累积损伤理论），该模型根据不同阶段下疲劳损伤累积机理，分疲劳裂纹形成和扩展两阶段计算疲劳损伤。

双线性疲劳累积损伤理论的两阶段寿命计算公式如下

$$N_1 = N_f \exp(ZN_f)^{\phi} \tag{7-3}$$
$$N_2 = N_f - N_1 \tag{7-4}$$

两阶段的损伤累积程度如下：

裂纹形成阶段

$$\sum \frac{n_i}{N_{1,i}} = \sum \frac{n_i}{N_f \exp(ZN_f)^{\phi}} = 1 \tag{7-5}$$

裂纹扩展阶段

$$\sum \frac{n_i}{N_{2,i}} = \sum \frac{n_i}{N_f - N_1} = 1 \tag{7-6}$$

式中　N_1——裂纹形成阶段的循环次数；

$\quad\quad N_f$——结构在疲劳荷载下的最终承载次数（疲劳寿命的总次数）；

$\quad\quad Z$——疲劳强度指数，通常是与材料特性相关的常数；

$\quad\quad \phi$——疲劳指数，表示疲劳寿命与荷载之间的关系；

$\quad\quad N_2$——裂纹扩展阶段的循环次数；

$\quad\quad n_i$——第 i 种荷载下的循环次数；

$\quad\quad N_{1,i}$——第 i 种荷载在裂纹形成阶段下的耐久次数；

$\quad\quad N_{2,i}$——第 i 种荷载在裂纹扩展阶段下的耐久次数。

只有当裂纹形成阶段的循环数比和裂纹扩展阶段的循环数比均累加到 1 后，结构才会发生疲劳破坏。

双线性疲劳累积损伤理论模型考虑了荷载加载顺序对结构的影响，形式简单且计算精确度高，但两阶段皆使用 Miner 模型来计算，没有从根本上规避掉 Miner 准则的缺点。在随机荷载谱情况下，其计算过程复杂。

（3）非线性疲劳损伤累积理论

尽管线性疲劳累积损伤理论公式简单、方便实用，但并没有考虑荷载加载次序及荷载间的相互影响，使计算结果与试验值相差较大，不适用于计算对疲劳损伤累积值精度要求较高的构件。因此，学者们提出了非线性疲劳累积损伤理论，最为常用的是 Corten-Dolan 累积损伤准则，该准则将加载次序和各荷载间的影响考虑在内。Corten-Dolan 准则将疲劳裂纹发展过程分为三阶段：局部区域产生加工硬化、局部区域内形成微观空穴或裂纹、裂纹扩展至断裂。

等幅荷载作用下 n 个循环造成的损伤量 D 为

$$D = nm^c r^d \tag{7-7}$$

变幅荷载作用下 n 个循环造成的损伤量 D 为

$$D = \sum_{i=1}^{P} n_i m_i^c r_i^d \tag{7-8}$$

Corten-Dolan 累积损伤准则的表达式为

$$\frac{N}{N_l} = \frac{1}{\sum_{i=1}^{k} \gamma_i \left(\frac{\sigma_i}{\sigma_l}\right)^d} \tag{7-9}$$

式中　　n、n_i——结构在某一特定（第 i 种）荷载下所承受的循环总数；

m、m_i——（第 i 种）与荷载大小或幅值相关的某个参数；

c——一个常数，表示荷载大小与损伤之间的关系；

r、r_i——（第 i 种）荷载的幅值，通常是指最大荷载与最小荷载的差值，反映结构所承受的荷载强度；

N——总疲劳寿命

N_l——荷载 l 下的疲劳寿命；

γ_i——与第 i 种荷载相关的常数，通常是通过试验数据得到；

σ_i——第 i 种荷载的幅值；

σ_l——荷载 l 下的幅值。

d 值同作用荷载水平相关，用该模型预测疲劳寿命时，d 值选取的合适与否将直接影响计算精度。通常 d 值表达式需通过大量试验得出。

7.3　钢结构疲劳性能分析方法

疲劳问题一直是钢结构桥梁研究的热点，国内外学者为了更加经济、准确地解决疲劳问题，开展了大量的研究工作，提出了多种疲劳性能分析方法。根据开展疲劳性能分析宏观思路的不同，可以将疲劳性能分析方法分为基于应力-寿命关系的方法、基于断裂力学的方法和基于连续介质损伤力学的方法三大类。当前工程领域采用较多的主要是基于应力-寿命关系的方法和基于断裂力学的方法。基于应力-寿命关系的方法中，传统的名义应力法疲劳曲线是最为典型的应力-寿命关系，除此之外，运用较多的还有基于热点应力-寿命关系的热点应力法、基于缺口应力-寿命关系的缺口应力法。这些方法的分析思路与传统的名义应力法基本一致，但均致力于通过得到更为精确的应力指标，以解决名义应力法无法处理的复杂局部细节问题。对于钢桥而言，尤其是焊接钢桥，微观裂纹是天然存在的，不可避免地存在各种缺陷，因此，基于断裂力学的分析方法也是一种十分直观的处理方法。

7.3.1　名义应力法

名义应力法是一种传统的疲劳性能分析方法，以名义应力为参数，以构造细节的 S-N 曲线描述疲劳特性，根据构造细节的名义应力，用相应的疲劳损伤累积准则计算结构疲劳寿命。名义应力是结构构件控制截面的平均应力，不考虑几何不连续性，不计入焊接接头等复杂局部细节处所产生的应力集中。对于局部细节处产生的应力集中效应，名义应力法把它放到构造细节分类中进行考虑。

名义应力的计算通常以材料力学理论为基础，其示意图见图 7-2。

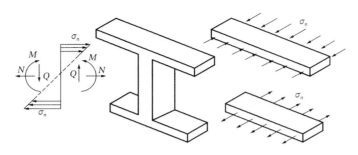

图 7-2　名义应力σ_n示意图

用如下简单公式计算得出

$$\sigma_n = \frac{N}{A} + \frac{M}{I}y \tag{7-10}$$

式中　N、M——分别为截面轴向力和弯矩；

A、I——分别为截面面积和惯性矩；

y——为计算点距中性轴的距离。

名义应力法，概念清晰明确，计算简单，运用成熟，被各国钢结构设计规范和钢结构桥梁规范普遍采用。名义应力法使用简便，但没有反映疲劳本质。从疲劳的本质来说，构件的疲劳破坏起始于内部或表面具有应力集中的初始缺陷或裂纹位置，应该采用缺陷部位的局部应力来估算结构的疲劳寿命。名义应力法对于适用条件有限制，只适合所受内力明确的结构构件，如果构件或连接处受力和应力状态很复杂，这时用名义应力法就不太适用。名义应力法对于面外变形、相邻变形差等次应力疲劳问题也是不适用的。

7.3.2　热点应力法

热点应力法最早运用于 20 世纪 70 年代，主要用于海洋钻井平台焊接管节点的疲劳评定。因其在焊接结构疲劳分析中的独特优势，该方法被逐步推广至车辆、机械、压力容器及土木建筑等多个行业领域。目前多个设计规范中推荐了热点应力法，如国际焊接学会（IIW）规范、欧洲 Eurocode 3、美国焊接学会（AWS）规范等。热点应力法是以热点（疲劳开裂点）应力作为疲劳寿命分析依据的方法。热点是疲劳裂纹的起源部位，焊趾通常为疲劳裂纹萌生与扩展的部位。热点应力是焊趾缺口处假想的外推应力，但并不考虑缺口效应非线性峰值部分，如图 7-3 所示。热点应力反映了焊接接头的整体几何形状和尺寸对焊趾处应力的增大效应，是紧靠焊趾缺口或焊缝端部缺口前沿的局部应

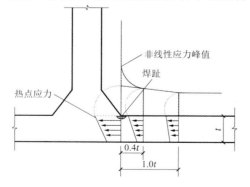

图 7-3　热点应力示意图

力，考虑了结构细节的整体几何形状和尺寸等引起的应力集中效应，但不包括焊缝尺寸与焊接缺陷等局部因素所引起的应力集中。

热点应力可以通过数值法、试验法、解析法得到，已有的解析表达式也是通过大量的数

值分析和试验研究后得到的。有限元法数值分析对单元尺寸有明确的要求。热点应力不能够通过试验测试或者有限元计算直接得到，需要通过外推法进行计算，目前热点应力外推法主要有两种，一种是表面外推法，另一种是厚度外推法。热点应力法主要适用于结构表面焊趾处的疲劳分析评估，并不适用于内部缺陷处的疲劳分析。热点应力法反映了焊接接头处的构造特点，同时也可以用来解决平面外疲劳等次应力疲劳问题。

7.3.3 缺口应力法

对于典型焊接接头，接头表面应力一般划分为三个区域，离焊趾较远处为名义应力区，名义应力大小与截面尺寸相关；随后应力逐渐增大，进入热点应力区，热点应力是通过该区域内的几个点的应力值外推计算得到的；当紧靠焊趾前端时，应力迅速增大，焊趾缺口处应力达到极值，即为缺口应力，如图 7-4 所示。

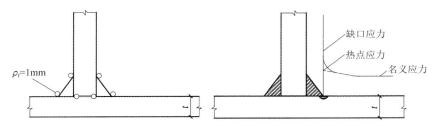

图 7-4 缺口应力示意图

1930 年德国学者 Nebuer 提出，构件的缺口处存在局部塑性产生的宏观约束效应和局部弹性产生的微观约束效应，因此缺口根部表层小体积内的平均应力决定了结构的疲劳强度，而不是缺口根部的峰值应力。对于焊接结构可以只考虑其局部弹性产生的微观约束效应。Nebuer 基于以上研究提出了缺口应力法，认为可以采用虚拟缺口半径来代替实际缺口半径，使此时的缺口尖端应力等于真实应力状态时的平均应力，因此缺口应力法通常又被称为虚拟缺口半径法。Radaj 首次应用缺口应力对焊接接头进行了分析，建议钢材约束系数 s 取 2.5，微观尺寸取 $\rho^* = 0.4$mm，真实缺口半径 ρ 取 0，由此计算得到虚拟缺口半径 $\rho_f = 1$mm。并建议在工程分析中，将焊接接头焊趾和焊根的缺口虚拟半径统一定义为 1mm。此后，这种方法逐渐被完善并获得广泛的认可，被收录于国际焊接学会的疲劳评定标准中。

缺口应力法概念清晰，从本质上反映了焊接结构疲劳裂纹产生的原因；应用范围广，对于各种构造细节，其疲劳曲线只有统一的一根，同时又可以用来解决平面外疲劳等次应力疲劳问题；操作简便，只需在有限元模型中对构造细节的缺口处指定一个虚拟的半径圆弧，就能得到缺口应力。

7.3.4 断裂力学法

20 世纪 60 年代，Paris 将线弹性断裂力学理论应用于疲劳寿命预测，提出了基于裂纹扩展速率与应力强度因子关系的著名公式——Paris 公式，给疲劳破坏的研究提供了估算裂纹扩展寿命的新方法。在 Paris 基础上经过多年研究，综合考虑了应力比、裂纹扩展阶段等多个因素对裂纹扩展的影响，其他学者相继提出了多个公式。Fisher 首次应用断裂力学对多座钢桥进行了疲劳分析，建立了断裂力学计算疲劳寿命的关系式，为钢结构桥梁的断裂力学寿命分析进行了开创性的工作。目前，基于断裂力学的损伤容限疲劳设计方法已被我国《公路钢结构桥梁设计规范》（JTG D64—2015）等多个设计规范推荐使用。

钢结构的疲劳失效过程可分为疲劳裂纹萌生和疲劳裂纹扩展两个阶段。但对于钢桥焊接构造细节而言，总不可避免地含有各种初始缺陷，往往可只考虑疲劳裂纹的扩展阶段。虽然最新研究成果表明，萌生寿命不可忽略，但在断裂力学疲劳寿命评估中，出于安全和保守的目的，可只考虑裂纹的扩展阶段。线弹性断裂力学法能够较准确地估算裂纹扩展阶段的疲劳寿命，在工程运用中具有优势，能够较好地应用于桥梁焊接构件的抗疲劳设计。

7.4 钢结构疲劳破坏及其裂纹扩展规律

7.4.1 钢结构疲劳破坏历程

疲劳破坏历程一般会经过裂纹萌生、扩展、断裂三个阶段，裂纹断裂阶段裂纹扩展速度极快，在整个疲劳寿命中占比很小，在估算疲劳寿命时，可忽略不计，因此可认为疲劳寿命由裂纹萌生寿命、裂纹扩展寿命两部分构成。钢结构由于其制造工艺、连接形式等原因，尤其焊接钢结构中，难免存在或多或少的原始缺陷，在这些缺陷处易出现应力集中现象，在循环荷载的作用下初始缺陷处出现裂纹，相当于度过了裂纹萌生阶段，逐渐扩展为宏观疲劳裂纹，然后继续扩展至疲劳断裂破坏。因此，对于钢结构断裂疲劳寿命需着重研究裂纹扩展部分寿命，其中疲劳裂纹扩展规律是裂纹扩展寿命的研究重点。

焊接钢结构易出现疲劳裂纹源的位置有：

① 钢结构板材间焊趾处，焊接处气孔、欠焊等缺陷均为裂纹源出现的高频区域，这些缺陷可看作初始裂纹。在交变循环荷载作用下，这些区域局部应力分布不均，出现应力集中现象，并于最大应力处首先出现微小裂纹。

② 钢结构其余应力集中较严重区域，如截面形状突变处，也容易出现较大应力，在交变循环荷载作用下，即使此处不存在原始缺陷，也会形成裂纹源，在此处萌生出微小裂纹。

7.4.2 钢结构疲劳破坏影响因素

钢结构疲劳破坏影响因素实质上就是影响疲劳裂纹扩展的因素。影响钢结构裂纹扩展与否及扩展速率快慢的因素众多，很多文献对影响钢结构疲劳破坏的因素进行了研究。这些影响因素对钢结构裂纹扩展的敏感性各有差异，而且在不同扩展阶段表现也各不相同。

（1）内部组织结构的影响

钢结构材料内部组织结构及晶格形式对其疲劳寿命影响特别大，由其力学性能即能反映出影响程度。当裂纹尖端张力达到一定值时，裂纹才会扩展。对于强度、弹性模量高的材料，由于其具有较高的抵抗力，在相同外加应力强度因子作用下具有较低的扩展速率。泊松比和伸长率能反映材料的塑性性能，其值越高材料塑性性能越好。塑性性能好的材料其塑性诱发裂纹闭合效应越强，降低了裂纹扩展速率。因此在钢结构设计选材阶段，要选取强度高且塑性性能好的材料。

（2）初始裂纹尺寸的影响

钢材内部裂纹或缺陷尺寸对结构疲劳寿命影响非常显著，初始裂纹尺寸越大，裂纹扩展速率越快，结构寿命越短。

（3）残余应力的影响

钢结构材料在冶炼过程中留下的残余应力，对钢结构疲劳寿命影响十分显著。若残余应力为压应力，则对结构有益，会减缓裂纹扩展速率，若残余应力为拉应力，则对结构不利，会提高裂纹扩展速率。以上结论理论分析和试验结果均能验证。残余压应力能使荷载平均应力减小，残余拉应力则能让荷载平均应力增大。可通过特殊工艺来降低平均应力，从而降低裂纹扩展速率，如渗碳、渗氮、喷丸、表面淬火等工艺均能使钢结构产生残余压应力，来提高钢结构疲劳寿命。

（4）平均应力的影响

平均应力 σ_m 和应力比 R 之间的关系如下

$$\sigma_m = \frac{1+R}{1-R} \tag{7-11}$$

平均应力与应力比有关，平均应力的影响也就是应力比的影响。应力比越大，平均应力 σ_m 就越大，则裂纹扩展速率 da/dN 就越大。所以可通过减小平均应力来减缓裂纹扩展速率，提高结构疲劳寿命。

（5）过载荷载的影响

过载荷载指峰值高于平均峰值的荷载。在实际工况下，结构不会一直承受单一恒幅荷载，更多承受的是由不同大小的荷载组成的荷载谱。试验表明，荷载谱作用下与单一、恒幅交变荷载作用下钢结构的疲劳寿命不一样，荷载谱中相邻循环荷载的幅度变化对彼此影响很大。若在单一、恒幅交变荷载下裂纹扩展速率为 da/dN，在疲劳试验过程中加入一个过载荷载，裂纹疲劳扩展速率将迅速下降，甚至可能降至零，表明过载荷载对疲劳裂纹扩展起延缓或停滞作用。

（6）保持时间的影响

荷载保持时间指在运行过程中，结构在某一荷载水平上保持或间歇维持一段时间的循环荷载持续时间。在常温无腐蚀环境下，间歇和持续荷载的时间对大部分材料疲劳强度影响很小，可忽略不计。裂纹驱动力 ΔK 较小时，保持时间越长，则越会抑制裂纹扩展。裂纹驱动力 ΔK 较大时，保持时间越长，则越会促进裂纹扩展。间歇对疲劳裂纹扩展及寿命的影响与其材料性能也有关，对低碳钢而言，作用应力较小的情况下，间歇时间越长，疲劳寿命越长。而作用应力较大的情况下，间歇时间越长，疲劳寿命越短。

（7）加载频率的影响

加载频率指一段时间里荷载作用次数。试验表明，在裂纹驱动力 ΔK 较小时，加载频率对裂纹扩展速率影响很小。但在裂纹驱动力 ΔK 较大时，加载频率对裂纹扩展速率影响显著起来，裂纹扩展速率随加载频率降低而增大。通常在工程实际中，结构所受交变应力的频率一般偏低，实验室试验得到的高频疲劳数据需进行适当修正。

（8）温度的影响

通常情况下，随温度的降低，金属材料断裂韧性也会减弱。因此，低温下疲劳裂纹会快速扩展至出现脆性断裂。在高温下，裂纹扩展速率较常温下会高出很多。因此，一旦结构工作环境偏极端，就要考虑温度对裂纹扩展的影响。

（9）环境介质的影响

环境介质对钢结构疲劳影响非常显著。钢结构在腐蚀介质及疲劳双重作用下产生的破坏称为腐蚀疲劳破坏。腐蚀介质对 da/dN 的影响很大，加载频率越低影响越明显。腐蚀造成的不利影响，对长寿命疲劳结构要明显一些，对短寿命疲劳结构而言，腐蚀的影响还未显现出来就已经失效破坏。

7.4.3 裂纹分类

根据结构中出现裂纹的位置可将其分为表面型、贯穿型及埋藏型裂纹。如图 7-5 所示。

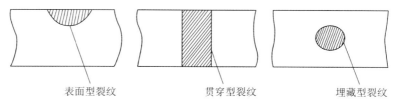

表面型裂纹 贯穿型裂纹 埋藏型裂纹

图 7-5 裂纹形式 1

除按裂纹在结构中出现的位置对其进行分类，还可根据裂纹所受荷载形式及变形情况将其分为张开型、滑开型、撕开型裂纹，如图 7-6 所示。

张开型裂纹，承受正应力，与裂纹面和裂纹扩展方向为垂直关系；

滑开型裂纹，承受剪应力，与裂纹面和裂纹扩展方向为平行关系；

撕开型裂纹，承受剪应力，与裂纹扩展方向为垂直关系。

这是三种裂纹的基本形式，在工程实际中，含裂纹结构所受荷载不是单一的正应力或剪应力，常见裂纹多是三种裂纹基本形式的组合，称作复合型裂纹。

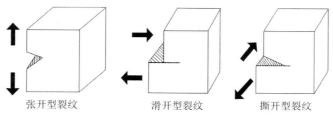

张开型裂纹 滑开型裂纹 撕开型裂纹

图 7-6 裂纹形式 2

7.4.4　裂纹扩展机理

钢结构内部原始缺陷一旦形成裂纹就会影响结构的断裂形式。含裂纹钢结构正常工作时，不论荷载作用形式如何，在裂纹尖端都会出现应力集中现象。普通强度理论认为，这时钢结构上最大应力已超过屈服极限，钢结构将会破坏，如此钢结构中只要出现裂纹即破坏，但实际情况则与上述分析不符。因此不能仅凭应力强度值来判定构件失效与否，需从断裂力学角度来分析，将应力强度因子作为衡量裂纹尖端应力场强度的标准较合理。应力强度因子不代表某一点的应力，而是代表应力场强度的物理量，用其作为参量来建立破坏条件是科学的。

含裂纹钢结构三种基本形式裂纹尖端的应力强度因子计算方法各不相同，而且均为平面裂纹。实际情况中钢结构上出现的裂纹往往随机分布，且多为空间裂纹。但空间随机裂纹扩展机理较复杂，断裂理论不足以完全适用，仅能分析部分特殊裂纹的扩展机理，可在平面裂纹扩展机理的基础上进行空间裂纹扩展机理研究。

7.5　钢结构桥梁疲劳损伤检测与加固技术

7.5.1　钢结构桥梁疲劳损伤检测与监测评估

钢结构桥梁疲劳损伤通常发生在局部隐蔽位置，在裂纹较小时检测困难，但一旦扩展为长大裂纹，结构安全风险和维护成本均显著增加。当前传统人工巡检和接触式检测仍是钢结构桥梁损伤的主要检测与监测手段，检测效率低、成本高、隐蔽性裂纹易漏检且难以检测微小裂纹。为解决这一问题，亟需根据钢结构桥梁疲劳问题的属性及其检测与监测的实际需求，集成无损检测的最新研究成果，建立钢结构桥梁疲劳损伤的实时监测评估系统，为钢结构桥梁的安全评估与运维决策提供科学依据。

当前结构健康监测和安全评估正向实时化、可视化、智能化方向发展。融合多项监测检测技术、构建完备的钢结构桥梁健康监测系统、实现对钢结构桥梁疲劳损伤的长期动态监测和智能评估，是保证桥梁结构服役安全的关键。以原始的长期监测数据确定桥梁疲劳车荷载模型是疲劳性能评估的重要基础工作之一。Ye、赖毅等分别利用 WIM 系统对在役桥梁进行了长期交通荷载监控，并对车重、轴数、轴距等车辆荷载参数进行了统计分析，确定了疲劳车辆荷载模型与等疲劳荷载谱。考虑到 WIM 系统成本较高，Zhou 等综合利用加速度计和深度卷积网络技术构建了高精度车辆信息识别系统。

在既有钢结构桥梁疲劳损伤评估预后方面，Tochaei 等采用光纤光栅传感器（FBG）建立了某大桥的结构健康监测系统，并对该桥三种典型疲劳易损细节的疲劳寿命及可靠度进行了评估预测。Di 等对某中承式拱桥重车道局部轮载下的钢桥面板易损细节进行了为期两周的应变监测，并对其进行了疲劳寿命评估和预后，结果表明该桥不满足设计使用寿命要求。Cui 等以某大跨度斜拉桥为研究对象，在已有 WIM 系统实测交通数据的基础上，结合季节自回归方法预测每小时的随机车流。在此基础上考虑桥面铺装的温度效应，基于等效结构应力法，构建了完整的疲劳损伤评估及预测系统。

桥梁结构的运维管理是多维因素耦合作用下的复杂决策问题，具有较高的难度和挑战性。Fabianowski 等提出了基于人工神经网络的桥梁健康等级评估模型，尝试将其应用于某在役铁路桥梁并验证了该模型的准确性。近年来计算机视觉技术飞速发展，将其应用于桥梁运维管理系统中将大大减少人力成本，且当基于计算机视觉的安全模式识别技术达到一定精度后，将有效避免因人为过失导致的决策失误，具有广阔的应用前景。

7.5.2　钢结构桥梁疲劳加固与维护

改革开放以来，经过这么多年的大规模基础设施建设，进入维修期的钢桥日益增多。发展对交通少干扰甚至零干扰的疲劳开裂快速加固方法，建立钢结构桥梁疲劳加固与维护成套体系，对提高钢结构桥梁服役质量并保障其运营安全具有重要意义。目前常用的钢结构桥梁疲劳开裂加固方法主要包括止裂孔法、TIG 重熔法和焊补法、裂缝冲击闭合技术（ICR）、纤维增强复合材料（CFRP）加固法、装配式加固等局部加固方法和引入高性能混凝土结构层等整体加固法。

刘嘉正等采用 ICR 技术对实桥疲劳裂纹进行维修，相关测试分析表明气动冲击可有效改善裂纹尖端的受力条件。孙童等对多种冲击因素组合下裂纹开口闭合形态以及闭合深度特征进行了研究，结果表明，采取 3 次冲击的方式可达到闭合裂纹的效果。Kinoshita 等将喷丸技术应用于某既有钢桥焊接细节的加固中，结果表明，该技术可在焊趾处引入残余压应力并提高其疲劳强度。

粘接 CFRP 是一种亟待深入研究的裂纹处治技术。鉴于横隔板弧形切口处疲劳裂纹的扩展方向较为稳定，李传习等对其外贴 CFRP 进行补强，试验结果表明，该方法可有效阻止含缺陷弧形切口处疲劳裂纹的进一步扩展。Chataigner 等通过环氧沥青胶黏剂黏合 CFRP 板对某实桥对接焊缝进行了加固，车辆加载测试结果表明，CFRP 板有较好的传力效果，可显著降低焊缝处的应力幅值。Jie 等在含有初始裂纹的十字焊接接头表面粘贴 CFRP，提高了其疲劳寿命。Mohabeddine 等从多个 CFRP 加固裂纹的试验数据中归纳总结了可预测平面板件两侧胶接 CFRP 后中心裂纹扩展规律的解析模型。CFRP-钢界面处的胶结面承受较大的剪力，因此其界面特性对疲劳损伤的加固效果有显著影响。Mohajer 等以含预制缺陷的钢板为研究对象分析了黏结滑移对加固效果的削减作用。Doroudi 等对循环荷载作用下 CFRP-钢界面的黏结滑移关系进行了疲劳试验和理论分析，建立了描述界面黏结滑移关系的塑性损伤模型。Kasper 等通过系列试验确定了增韧环氧胶黏剂在不同环境温度下的蠕变特性及增韧环氧胶黏剂接头的 S-N 曲线。Tong 等设计了薄壁钢板对接焊 CFRP 加固的等幅拉伸疲劳试验，研究成果可为 CFRP 加固对接焊构造的疲劳设计提供依据。

引入高性能混凝土（UHPC）结构层加固钢桥面板，作为一种具有广阔应用前景的加固方法，已在多座实桥工程中得到了成功应用。王洋等针对武汉军山大桥的钢桥面板疲劳开裂加固问题，提出了一种在钢桥面板顶面上铺带横向钢板条的 UHPC 桥面板加固方案，对比试验结果表明，该加固方案可有效抑制钢桥面板原有裂纹扩展，且其承载力明显提高，该方案已成功应用于军山大桥下游侧钢桥面板的加固。周力兵等对上述加固效果进行了进一步研究，结果表明：相对于上游侧所采用的钢桥面冷拌环氧树脂（ERE）桥面铺装及桥面板焊接施工的加固方式，王洋等所提出的加固方案效果更好。Wang 等利用 UHPC 铺装结构对天津海河大桥桥面板进行加固，工程实践表明：加固通车的两年内钢箱梁未出现新的裂纹，原有裂纹未继续扩展，取得了较好的实际加固效果。当前的研究和工程实践均表明：通过引入 UHPC 结构层，可实现疲劳病害钢桥面板的有效加固，具有广阔的工程应用前景。作为钢桥面板疲劳病害的一种全新加固方法，环境条件影响下 UHPC 加固结构层的耐久性在实验室条件下较难模拟，既有工程实践已初步验证了结构层的耐久性问题，其长期耐久性问题仍有待进一步检验。

钢结构桥梁的发展应用和工程实践表明，疲劳与断裂是导致结构服役性能降低和引发灾难性事故的决定性影响因素，构建包含抗疲劳设计、疲劳性能分析评估理论方法、抗疲劳建造技术、疲劳损伤监测与疲劳微裂纹检测识别、疲劳开裂预后、剩余疲劳寿命预测、疲劳开裂维护与疲劳性能强化、结构完整性评估、疲劳服役寿命运维管理的钢结构桥梁全寿命周期抗疲劳技术体系，才能为钢结构桥梁的高质量发展提供完备的技术支撑。该体系涵盖疲劳损伤演化与累积规律、疲劳裂纹萌生与扩展机制、初始制造缺陷与腐蚀的疲劳抗力劣化效应、疲劳失效判据、结构疲劳性能的经时演化机理、疲劳开裂致结构服役与安全性能的退化问题、极端作用和环境条件对于疲劳性能的影响问题、疲劳损伤的智能监测检测与识别等理论、方法和关键技术，贯穿钢结构桥梁从设计建造、服役运维到绿色消纳的全寿命过程。近年来，学者们克服了疲劳问题研究难度大、周期长、耗费高等困难，从不同的角度对钢结构桥梁疲劳领域的相关关键问题进行了深入系统的研究，取得了丰硕的研究成果，但目前距建立完备的钢结构桥梁全寿命周期抗疲劳技术体系尚任重道远。同时，新材料、新技术、新工艺、新型结构体系和新型构造细节不断被引入，新理论、新方法、新的测试技术不断被提出，以人工智能和大数据为代表的数字化技术不断发展，给钢结构桥梁疲劳问题研究提出了新挑战，带来了新机遇。

参考文献

［1］ 武岳, 孙瑛, 郑朝荣, 等. 风工程与结构抗风设计[M]. 2 版. 哈尔滨: 哈尔滨工业大学出版社, 2019.

［2］ (日) 田村幸雄 (Y. Tamura), A. 卡里姆. 高等结构风工程[M]. 祝磊, 译. 北京: 机械工业出版社, 2017.

［3］ 王肇民, 马人乐. 塔式结构[M]. 北京: 科学出版社, 2004.

［4］ 张相庭. 工程结构风荷载理论和抗风计算手册[M]. 上海: 同济大学出版社, 1990.

［5］ 中华人民共和国住房和城乡建设部. 建筑结构荷载规范: GB 50009—2012[S]. 北京: 中国建筑工业出版社, 2012.

［6］ 中华人民共和国住房和城乡建设部. 110kV～750kV 架空输电线路设计规范: GB 50545—2010[S]. 北京: 中国计划出版社, 2010.

［7］ (美) 于炜文. 冷成型钢结构设计[M]. 董军, 夏冰青, 译. 北京: 中国水利水电出版社, 2003.

［8］ 中华人民共和国住房和城乡建设部. 冷弯型钢结构技术标准: GB/T 50018—2002[S]. 北京: 中国计划出版社, 2002.

［9］ Yu C. Distortional Buckling of Cold-Formed Steel Members in Bending[D]. Baltimore :John Hopkins University, 2005.

［10］ 徐伟良, 钱峥. 我国建筑冷弯型钢的发展与应用[J]. 新型建筑材料, 2005, 32(8): 69-71.

［11］ Hancock G J. Distortional buckling of steel storage rack columns[J]. Journal of Structural Engineering, 1985, 111(12): 2770-2783.

［12］ Schardt R. Verallgemeinerte Technische Biegetheorie[M]. Cham: Springer Berlin Heidelberg, 1989.

［13］ Cheung Y K. Finite strip method in structural analysis[M]. Amsterdam: Elsevier, 2013.

［14］ Winter G. Strength of thin steel compression flanges[J]. Transactions of the American Society of Civil Engineers, 1947, 112(1): 527-554.

［15］ Mulligan G P, Pekoz T. Local Buckling Interaction in Cold-Formed Columns[J]. Journal of Structural Engineering, 1987, 113(3): 604-620.

［16］ Schafer B W, Pekoz T. Direct strength prediction of cold-formed steel members using numerical elastic buckling solutions[C]//Second International Conference on Thin-Walled Structures: Thin-Walled Structures Research and Development. Singapore: Elsevier Science Ltd, 1998: 137-144.

［17］ 高舒然. 冷弯复杂加劲 C 形截面轴心受压构件屈曲性能及优化设计研究[D]. 郑州:郑州大学, 2024.

［18］ 高舒然, 张俊峰. 复杂加劲 C 形截面轴心受压构件优化设计[J/OL]. 工程力学, 1-14[2025-01-11]. http://kns.cnki.net/kcms/detail/11.2595.o3.20241202.1412.006.html.

［19］ 陆世英. 不锈钢[M]. 北京: 原子能出版社, 1995.

［20］ 王正樵, 吴幼林. 不锈钢[M]. 北京: 化学工业出版社, 1991.

［21］ 徐秀. 高强不锈钢材料本构模型和受弯构件整体稳定性能研究[D]. 徐州: 东南大学, 2018.

［22］ Graham G. Structural Uses of Stainless Steel-Buildings and Civil Engineering[J]. Journal of Constructional Steel Research, 2008, 64(11): 1194-1198.

［23］ 国家市场监督管理总局. 不锈钢 牌号及化学成分: GB/T 20878—2024[S]. 北京: 中国标准出版社, 2024.

［24］ SABS. Structural Use of Steel Part 4:the Design of Cold-Formed Stainless Steel Structural Members: SANS 10162-4 1997[S]. [S.l.]: SABS Standards Division, 1997.

［25］ Gardner L, Insausti A, Ng K T, et al. Elevated temperature material properties of stainless steel alloys[J]. J Constr Steel Res, 2010, 66(5): 634-647.

［26］ Rasmussen K J R. Full Range of Stress-strain Curves for Stainless Steel Alloys [J]. Journal of Constructional Steel Research, 2003, 59(1): 47-61.

［27］ CEN. Eurocode 3-Design of Steel Structures-Part 1-4: General Rules-Supplementary Rules for Stainless Steels: EN 1993-1-4[S]. [S.l.:s.n.], 2006.

［28］ Gardner L. A New Approach to Stainless Steel Structural Design[D]. London: Imperial College, 2002.

［29］ Fernando D, Teng J, Quach W, et al. Full-range stress-strain model for stainless steel alloys[J]. Journal of Constructional Steel Research, 2020, 173.

［30］ He K, Chen Y, Lai H, et al. Mechanical response and constitutive model of austenitic 304 stainless steel after exposure to ISO 834 fire[J]. Journal of Constructional Steel Research, 2025, 224(PA).

［31］ Yan J B, Geng Y T, Xie P, et al. Low-temperature mechanical properties of stainless steel 316L: Tests and constitutive models[J]. Construction and Building Materials, 2022, 343.

［32］ Chaboche J L. Time-Independent Constitutive Theories for Cyclic Plasticity[J]. Int J Plasticity, 1986, 2(2): 149-188.

［33］ Yuan H X, Wang Y Q, Gardner L, et al. Local-overall interactive buckling of welded stainless steel box section compression members[J]. Eng Struct, 2014, 67: 62-76.

［34］ Yang L, Zhao M H, Xu D C, et al. Flexural buckling behavior of welded stainless steel box-section columns[J]. Thin Wall Struct, 2016, 104: 185-97.

［35］ Zheng B F, Zhang S B, Yang S, et al. S600E high-strength stainless steel welded section columns: Bearing capacity test and design method[J]. Thin Wall Struct, 2023, 183.

［36］ Duan S J, Wu Y W, Fan S G, et al. Global buckling of S35657 austenitic stainless steel welded box- and I-section long columns under axial compression[J]. Thin Wall Struct, 2024, 204.

［37］ 关建, 王元清, 张勇, 等. 不锈钢构件高强度螺栓连接节点承压性能的影响因素[J]. 北京交通大学学报, 2012, 36(04): 115-120.

［38］ 王元清, 赵义鹏, 徐春一, 张天雄, 蒋庆林. 不同种类螺栓的不锈钢端板连接节点抗震性能试验研究[J]. 天津大学学报 (自然科学与工程技术版), 2017, 50(S1): 140-146.

［39］ 袁焕鑫, 高焌栋, 杜新喜, 严岗, 蒋庆林. 不锈钢端板连接梁柱节点静力承载性能试验研究[J]. 建筑结构学报, 2021, 42(12): 125-132. DOI: 10.14006/j.jzjgxb.2020.0019.

［40］ Elflah M, Theofanous M, Dirar S, et al. Behaviour of stainless steel beam-to-column joints—Part 1: Experimental investigation[J]. Journal of Constructional Steel Research, 2019, 152: 183-193.

［41］ Mohammad Jobaer Hasan,Behaviour of top-seat double web angle connection produced from austenitic stainless steel[J]. Journal of Constructional Steel Research, 2019, 155: 460-479.

［42］ Wei X J, Zhou H, Cyclic behaviour of welded stainless steel beam-to-column connections: Experimental and numerical study[J]. Journal of Constructional Steel Research, 2024, 218.

［43］ di Sarno L, Elnashai A S, Nethercot D A. Seismic performance assessment of stainless steel frames[J]. Journal of Constructional Steel Research, 2003, 59(10): 1289-1319.

［44］ di Sarno L, Elnashai A S, Nethercot D A. Seismic retrofitting of framed structures with stainless steel [J]. Journal of Constructional Steel Research, 2006, 62(1-2): 93-104.

［45］ 王元清, 乔学良, 贾连光, 等. 不同连接方式的不锈钢梁柱节点抗震性能试验研究[J]. 东南大学学报 (自然科学版), 2018, 48(02): 316-322.

［46］ 王元清, 乔学良, 贾连光, 等. 单调加载下不锈钢结构梁柱焊栓混用节点承载性能分析[J]. 工程力学, 2019, 36(S1): 59-65.

［47］ Chen Y, Zhou F, Influence of cyclic hardening characteristic on seismic performance of welded austenitic stainless steel H-section beam-column[J]. Engineering Structures, 2023, 288.

［48］ Taheri H, Clifton G C, Dong P S, et al. Seismic Tests of Welded Moment Resisting Connections Made of Laser-Welded Stainless Steel Sections[J]. Key Engineering Materials, 2018, 763: 440-449.

［49］ 张爱林. 工业化装配式高层钢结构体系创新、标准规范编制及产业化关键问题[J]. 工业建筑, 2014, 44(8): 1-6.

［50］ 刘学春, 商子轩, 张冬洁, 等. 装配式多高层钢结构研究要点与现状分析[J]. 工业建筑, 2018, 48(05): 1-10.

［51］ 朱智俊, 周湘江, 谭永强. 基于"远大可建"工程的 SAP 2000 与 MIDAS/GEN 软件应用[J]. 钢结构, 2014, 29(2): 80-84.

［52］ 冯路佳, 郝际平. 绿色是装配式钢结构建筑的底色[N]. 中国建设报, 2021-07-22(006).

［53］ 吕西林, 陈云, 毛苑君. 结构抗震设计的新概念: 可恢复功能结构[J]. 同济大学学报 (自然科学版), 2011, 39(07): 941-948.

［54］ Shervin M, Maryam T. Numerical study of Slotted-Web-Reduced-Flange moment connection[J]. Journal of Constructional Steel Research, 2012, 69(1): 1-7.

［55］ 马江萍, 刘清颖, 赵冉. 钢框架梁腹板两半圆孔削弱型节点滞回性能分析[J]. 工程抗震与加固改造, 2019, 41(01): 34-41,69.

［56］ Seyedbabak M, Mohammad T K, Masoud H A. Seismic performance of reduced web section moment connections[J]. International Journal of Steel Structures, 2017, 17(2): 413-425.

［57］ 王燕, 李庆刚, 董建莉, 等. 梁端翼缘削弱型节点空间钢框架抗震性能试验研究[J]. 建筑结构学报, 2016, 37(S1): 192-200.

［58］ 王燕, 冯双, 王玉田, 郁有升. 钢框架梁翼缘加强型节点低周反复荷载试验研究[J]. 建筑结构学报, 2010, 31(S1): 108-114. DOI: 10.14006/j.jzjgxb.2010.s1.021.

［59］ 王燕, 董立婷. 梁端腋板加强节点抗震性能试验研究[J]. 土木工程学报, 2014, 47(07): 9-17. DOI: 10.15951/j.tmgcxb.2014.07.028.

［60］ 李风军, 王燕, 韩明岚. 肋板加强型节点空间钢框架抗震性能研究[J]. 青岛理工大学学报, 2015, 36(02): 7-13+48.

［61］ Tartaglia R, Aniello D, Landolfo R. Seismic design of extended stiffened end-plate joints in the framework of Eurocodes[J]. Journal of Constructional Steel Research, 2017, 128: 512-527.

［62］ 张震. 梁端侧板加强型钢框架结构的抗震性能研究[D]. 扬州: 扬州大学, 2021.

［63］ Zhang A L, Li R, Jiang Z Q, et al. Experimental study of earthquake-resilient PBCSC with double flange cover plates[J]. Journal of Constructional Steel Research, 2018, 143: 343-356.

［64］ Jiang Z Q, Dou C, Zhang A L, et al. Experimental study on earthquake-resilient prefabricated cross joints with L-shaped plate[J]. Engineering Structures, 2019, 184: 74-84.

[65] Zhang A L, Zhang H, Jiang Z Q, et al. Low cycle reciprocating tests of earthquake-resilient prefabricated column-flange beam-column joints with different connection forms[J]. Journal of Constructional Steel Research, 2020, 164.

[66] 周宾. 带 U 型耗能板的装配式震后易恢复钢框架梁柱节点抗震性能研究[D]. 郑州: 郑州大学, 2024.

[67] 王沛怡. 新型震后可修复装配式梁柱连接节点抗震性能研究[D]. 重庆: 重庆大学, 2022.

[68] Saffari H, Hedayat A A, Nejad M P. Post-Northridge connections with slit dampers to enhance strength and ductility[J], Journal of Constructional Steel Research, 2013, 80: 138-152.

[69] Koetaka Y, Chusilp P, Zhang Z, et al. Mechanical property of beam-to-column moment connection with hysteretic dampers for column weak axis[J]. Engineering Structures, 2005, 27(1): 109-117.

[70] Ma Y C, Qi A, Yan G Y, et al. Experimental study on seismic performance of novel fabricated T-joint with replaceable steel hinges[J]. Structures, 2022, 40: 667-678.

[71] 沈培文. 设置自复位构件的钢框架结构抗震性能及设计方法研究[D]. 重庆: 重庆大学, 2021.

[72] 张艳霞, 叶吉健, 赵微, 等. 自复位平面钢框架推覆分析[J]. 地震研究, 2014, 37(03): 476-483, 490.

[73] Fang, Cheng, Yam, et al. A study of hybrid self-centring connections equipped with shape memory alloy washers and bolts[J]. Engineering Structures, 2018, 164: 155-168.

[74] 俞昊然. SMA 自复位装配式钢框架梁柱节点的抗震性能研究[D]. 徐州: 东南大学, 2022.

[75] 朱丽华, 韩伟, 宁秋君, 等. 碟形弹簧自复位梁柱钢节点受力性能分析[J]. 世界地震工程, 2022, 38(03): 38-47.

[76] 李星荣, 魏才昂, 秦斌. 钢结构连接节点设计手册[M]. 3 版. 北京: 中国建筑工业出版社, 2014.

[77] Liu Y, Guo Z, Liu X, et al. An Innovative Resilient Rocking Column with Replaceable Steel Slit Dampers: Experimental Program on Seismic Performance[J]. Engineering Structures, 2019, 183: 830-840.

[78] 陈鹏. 可更换屈曲约束耗能板的钢框架柱脚节点抗震性能研究[D]. 广州: 华南理工大学, 2023.

[79] Kamperidis V C, Karavasilis T L, George V. Self-centering steel column base with metallic energy dissipation devices[J]. Journal of Constructional Steel Research, 2018, 149: 14-30.

[80] Wang X T, Xie C D, Lin L H, et al. Seismic behavior of self-centering concrete-filled square steel tubular (CFST) Column Base[J]. Journal of Constructional Steel Research, 2019, 156: 75-85.

[81] Zirakian T, Zhang J. Buckling and yielding behavior of unstiffened slender, moderate, and stocky low yield point steel plates[J]. Thin-Walled Structures, 2015, 88: 105-118.

[82] Gheitasi A, Alinia M M. Slenderness classification of unstiffened metal plates under shear loading[J]. Thin-Walled Structures, 2010, 48(7): 508-518.

[83] 童根树, 陶文登. 竖向槽钢加劲钢板剪力墙剪切屈曲[J]. 工程力学, 2013, 30(9): 1-9.

[84] 陶文登, 童根树, 干钢, 等. 竖向槽钢加劲钢板剪力墙轴压屈曲[J]. 建筑结构, 2013, 43(15): 37-43.

[85] Tsai K C, Li C H, Lin C H, et al. Cyclic tests of four two-story narrow steel plate shear walls—Part1: Analytical studies and specimen design[J]. Earthquake Engineering & Structural Dynamics, 2010, 39(7): 775-799.

[86] Yu J G, Feng X T, Li B, et al. Effects of non-welded multi-rib stiffeners on the performance of steel plate shear walls-ScienceDirect[J]. Journal of Constructional Steel Research, 2018, 144: 1-12.

[87] Cortes G, Liu J. Experimental evaluation of steel slit panel-frames for seismic resistance[J]. Journal of Constructional Steel Research, 2011, 67(2): 181-191.

[88] He L, Togo T, Hayashi K, et al. Cyclic Behavior of Multirow Slit Shear Walls Made from Low-Yield-Point Steel[J]. Journal of Structural Engineering, 2016, 142(11).

[89] Lu J, Yu S, Xia J, et al. Experimental study on the hysteretic behavior of steel plate shear wall with unequal length slits[J]. Journal of Constructional Steel Research, 2018, 147: 477-487.

[90] Valizadeh H, Veladi H, Azar B F, et al. Corrigendum to "The cyclic behavior of butterfly-shaped Link Steel Plate Shear Walls with and without Buckling-restrainers"[J]. Structures, 2021, 34: 400.

[91] 钟恒, 侯健, 郭兰慧. 设置分块盖板的屈曲约束钢板剪力墙滞回性能研究[J]. 建筑结构学报, 2021(S02): 042.

[92] 路晨. 装配式防屈曲约束 ECC 约束钢板剪力墙抗震性能研究[D]. 郑州: 郑州大学, 2022.

[93] Jin S, Bai J, Ou J. Seismic Behavior of a Buckling-Restrained Steel Plate Shear Wall with Inclined Slots[J]. Journal of Constructional Steel Research, 2017, 129: 1-11.

[94] Jin S, Bai J. Experimental Investigation of Buckling-Restrained Steel Plate Shear Walls with Inclined-Slots[J]. Journal of Constructional Steel Research, 2019, 155: 144-156.

[95] 乔鹏双. 装配式开弧形口部分连接屈曲约束钢板剪力墙抗震性能研究[D]. 西安: 长安大学, 2023.

[96] Choi I R, Park H G. Steel plate shear walls with various infill plate designs[J]. Journal of Structural Engineering, 2009, 135(7): 785-796.

[97] 李奉阁, 臧帅聪, 相泽辉. 两边连接薄钢板剪力墙抗侧力性能研究[J]. 建筑结构学报, 2021, 42(S1): 260-267.

［98］ 臧帅聪. 两边连接薄钢板剪力墙抗侧力性能研究[D]. 包头: 内蒙古科技大学, 2021.

［99］ Zhang X, Zhang A L, Liu X C. Seismic performance of discontinuous cover-plate connection for prefabricated steel plate shear wall[J]. Journal of Constructional Steel Research, 2019, 160: 374-386.

［100］ Zhang A L, Zhang X, Liu X C, et al. Experimental study on seismic behavior of steel frame with prefabricated beam-only connected steel plate shear wall[J]. Engineering Mechanics, 2018, 9(35): 54-63, 72.

［101］ Zhang X, Liu Q, Xiao W, et al. Seismic Performance of U-Shaped Connection for Prefabricated Steel Plate Shear Wall[J]. Buildings, 2024, 14(1): 282.

［102］ 李妍, 吴斌, 王倩颖, 欧进萍. 防屈曲钢支撑阻尼器的试验研究[J]. 土木工程学报, 2006(07): 9-14.

［103］ Usami T, Wang C L, Jyunki F. Low-cycle fatigue tests of a type of buckling restrained braces[J]. Procedia Engineering, 2011, 14: 956-964.

［104］ 赵俊贤, 吴斌, 欧进萍. 新型全钢防屈曲支撑的拟静力滞回性能试验[J]. 土木工程学报, 2011, 44(04): 60-70. DOI: 10.15951/j.tmgcxb.2011.04.016.

［105］ Chou C C, Chen S Y. Subassemblage tests and finite element analyses of sandwiched buckling-restrained braces[J]. Engineering structures, 2010, 32(8): 2108-2121.

［106］ 张爱林, 封晓龙, 刘学春. H 型钢芯自复位防屈曲支撑抗震性能研究[J]. 工业建筑, 2017, 47(03): 25-30+69. DOI: 10.13204/j.gyjz201703005.

［107］ 张爱林, 叶全喜, 王琦. 装配式零初始索力摩擦耗能复位支撑抗震性能理论分析[J]. 土木工程学报, 2016, 49(S1): 72-77. DOI: 10.15951/j.tmgcxb.2016.s1.013.

［108］ Xie, Qin, et al. Influence of tube length tolerance on seismic responses of multi-storey buildings with dual-tube self-centering buckling-restrained braces[J]. Engineering Structures, 2016(116): 26-39.

［109］ 谢钦, 周臻, 卢璐, 等. 自复位摩擦耗能支撑的套管长度误差对多层结构地震响应的影响[J]. 土木工程学报, 2014, 47(S1): 96-101. DOI: 10.15951/j.tmgcxb.2014.s1.017.

［110］ Dolce, Mauro, et al. Shaking table tests on reinforced concrete frames without and with passive control systems[J]. Earthquake engineering & structural dynamics, 2005, 34(14): 1687-1717.

［111］ Berman J W, Taichiro O, Heidrun O H. Reduced link sections for improving the ductility of eccentrically braced frame link-to-column connections[J]. Journal of structural engineering, 2010, 136(5): 543-553.

［112］ Stephens, Max, Peter D. Continuously stiffened composite web shear links: Tests and numerical model validation[J]. Journal of Structural Engineering, 2014, 140(7).

［113］ 于安林, 赵宝成, 李仁达, 等. 耗能段腹板高厚比对 Y 型偏心支撑钢框架滞回性能影响的试验研究[J]. 地震工程与工程振动, 2009, 29(06): 143-148.

［114］ 李峰, 许军, 李发山, 等. 偏心支撑式钢板剪力墙的抗震性能研究[J]. 西安建筑科技大学学报 (自然科学版), 2013, 45(06): 784-790.